Collana di informatica

A cura di:

Carlo Ghezzi
Paolo Ancilotti
Carlo Batini
Stefano Ceri
Antonio Corradi
Alberto del Bimbo
Evelina Lamma
Paola Mello
Ugo Montanari
Paolo Prinetto

Ulrich Nehmzow

Robotica mobile

Un'introduzione pratica

Edizione italiana a cura di

Antonio Chella e Rosario Sorbello

 Springer

Ulrich Nehmzow
Professor of Cognitive Robotics
University of Ulster in Londonderry, Northern Ireland

Traduzione dall'edizione originale inglese:
Mobile Robotics. A practical Introduction, 2nd ed., di U. Nehmzow
Copyright © 2003 Springer-Verlag London Limited 2000, 2003
Springer is a part of Springer Science+Business Media
Tutti i diritti riservati

Curatori dell'edizione italiana
Antonio Chella e Rosario Sorbello
Dipartimento di Ingegneria Informatica
Università degli Studi di Palermo

Springer-Verlag fa parte di Springer Science+Business Media
springer.com
© Springer-Verlag Italia, 2008

ISBN 978-88-470-0385-9
ISBN 978-88-470-0386-6 (eBook)

Realizzazione editoriale: Scienzaperta S.r.l, Milano
Progetto grafico della copertina: Simona Colombo, Milano
Stampa: Grafiche Porpora, Segrate, Milano

Springer-Verlag Italia s.r.l., Via Decembrio, 28 - 20137 Milano

S. D. G.

Presentazione

La robotica è un grande campo di ricerca che combina discipline differenti, tra le quali informatica, ingegneria elettrica ed elettronica, matematica, ingegneria meccanica e progettazione. La robotica mobile è un importante settore della robotica. Pur condividendo alcuni aspetti e problemi con altri tipi di robot, come i robot manipolatori industriali, i robot mobili presentano importanti problematiche relative al movimento e allo svolgimento di azioni nel mondo reale.

I robot manipolatori industriali, oggi ampiamente diffusi nelle industrie automobilistiche, oltre a essere stazionari, lavorano in ambienti controllati e ben strutturati. Quasi tutto ciò che accade in tali ambienti è una diretta conseguenza delle azioni dei robot e vi sono piccolissime variazioni nella struttura dell'ambiente e nelle azioni che i robot devono compiere. Questi ambienti robotici, definiti *ben controllati e strutturati*, sono necessari affinché i robot industriali funzionino correttamente.

L'interesse per lo studio e lo sviluppo dei robot mobili è ampiamente motivato dal desiderio e dal bisogno di avere robot capaci di lavorare e collaborare con le persone nelle attività e negli ambienti di tutti i giorni: uffici, ospedali, musei e gallerie, librerie, supermercati e centri commerciali, centri sportivi, aeroporti, stazioni ferroviarie, università, scuole e, un giorno, anche nelle nostre case. Tali ambienti, tuttavia, sono assai diversi da quelli in cui operano i robot industriali. Essi *sono* strutturati: cioè ideati e costruiti per farci vivere, lavorare e giocare; non sono, quindi, progettati specificamente per i robot, e noi non vorremmo che lo fossero. È infatti inaccettabile per le persone modificare i luoghi dove lavorano o vivono solo per consentire ai robot di operare in essi.

Un robot mobile deve essere capace di operare negli ambienti in cui lavoriamo, viviamo e giochiamo, con tutte le variazioni e le incertezze che li caratterizzano. Questi ambienti sono definiti *non controllati semi-strutturati*, per distinguerli dai luoghi in cui operano i robot industriali. Per noi non è particolarmente difficile muoverci ed eseguire azioni in ambienti non controllati e semi-strutturati a meno di non essere costretti, per esempio, su una sedia a rotelle o di soffrire di disturbi motori o percettivi. Per i robot mobili, tuttavia, muoversi e svolgere compiti in ambienti reali è un grosso problema, poiché richiede un tipo di intelligenza che i robot industriali, e altri robot che operano in ambienti ben strutturati e controllati, non possiedono e di cui non hanno bisogno.

Non appena abbiamo bisogno che i nostri robot siano in qualche modo intelligenti, anche poco, l'orizzonte della robotica diventa ancora più vasto. È necessario acquisire concetti e tecniche da altri campi, quali l'intelligenza artificiale, le scienze cognitive, la psicologia e l'etologia. Così come le differenti discipline sopra menzionate, ciascuno di questi campi è una vasta area di studio e occorrono anni di specializzazione e pratica per diventarne esperti.

Così, se studiare e sviluppare robot mobili richiede una buona conoscenza di discipline così vaste e differenti tra loro, come possono essere avviati allo studio gli studenti della robotica mobile? Solo pochissime persone sarebbero capaci di studiare per anni ciascuna di queste discipline prima di potersi applicare alla robotica mobile. Tale processo potrebbe essere accelerato leggendo uno dei numerosi testi di robotica, ma questi molto spesso danno per scontato, o richiedono, la conoscenza di concetti e tecniche propri di altri campi correlati, oppure offrono soltanto un'introduzione superficiale alla materia.

Dalla mia esperienza, e da quella di un numero sempre crescente di insegnanti di robotica mobile, posso affermare che il modo di gran lunga migliore per imparare tutto ciò che è necessario conoscere e comprendere per lavorare nella robotica, è costruire e sperimentare un vero e proprio robot. Da alcuni anni è possibile acquistare, anche a prezzi economici, kit o parti sufficienti per costruire un piccolo robot mobile. Vi è anche un elevato numero di libri e siti internet che introducono e descrivono le nozioni elettroniche, meccaniche e di programmazione necessarie per la sua realizzazione. Tuttavia, non è mai stato pubblicato un buon libro che introducesse ai problemi, ai concetti e alle tecniche di base della robotica mobile, in modo da consentire a studenti neofiti una loro applicazione immediata, per iniziare a costruire robot mobili reali e avere un'esperienza diretta dei problemi basilari e importanti della materia.

Questo libro colma tale lacuna. Esso presenta una serie di capitoli che descrivono gli aspetti basilari concettuali e tecnologici della robotica mobile. In ciascun capitolo le idee e i concetti sono illustrati mediante casi di studio di robot reali, che rappresentano esempi specifici di come i problemi fondamentali possano essere risolti. Vi sono poi altri robot che risolvono gli stessi problemi in modi differenti. Tuttavia, l'aspetto più importante dei casi di studio qui presentati è costituito dal fatto che l'autore ha una stretta familiarità con essi, avendoli sviluppati in prima persona. Ciò vuol dire che la presentazione contiene tutti i dettagli necessari per comprendere come e perché ciascun robot sia stato costruito e sperimentato e, aspetto più importante, contiene anche tutte le informazioni necessarie per consentire allo studente di replicare con il proprio robot le idee e le tecniche illustrate.

Questo libro non insegna agli studenti, e non può farlo, tutto ciò che è necessario conoscere sulla robotica mobile, ma offre un buon punto di partenza per cominciare: l'esperienza diretta di realizzare un vero robot in grado di muoversi e di svolgere compiti nel mondo reale.

Donostia - San Sebastian, luglio 1999   TIM SMITHERS

Prefazione alla prima edizione

Lo scopo di questo libro è chiaramente espresso dal suo titolo *Robotica mobile: un'introduzione pratica.*

Robotica mobile Il testo analizza la progettazione di robot mobili autonomi, cioè dispositivi meccanici equipaggiati con fonti di alimentazione, sistemi di elaborazione, sensori e attuatori. La capacità dei robot di muoversi autonomamente e liberamente è al tempo stesso un vantaggio e uno svantaggio. Il vantaggio è rappresentato dal fatto che i robot possono essere impiegati per scopi che richiedono il movimento (come trasporto, sorveglianza, ispezione e pulizia di ambienti) e possono posizionarsi in modo ottimale per lo svolgimento dei loro compiti. Sono dunque adatti per operare in vaste aree inaccessibili o pericolose per gli esseri umani. Lo svantaggio, invece, è costituito dal fatto che il movimento autonomo in ambienti semi-strutturati (cioè non ideati specificamente per le azioni dei robot) può produrre eventi inattesi, fluttuazioni e incertezze. Gli algoritmi di controllo per i robot mobili autonomi devono pertanto tenere in considerazione tali fattori, per affrontare il rumore, l'imprevedibilità e le variazioni. Il libro tratta questi problemi, illustrando i metodi per costruire robot in grado di apprendere e adattarsi e introducendo algoritmi di navigazione che non risentono di modifiche all'ambiente e non richiedono la preinstallazione di conoscenze (come mappe). Il prodotto finale sono robot in grado di muoversi autonomamente nel loro ambiente, di imparare dagli errori e dai successi e di muoversi in modo sicuro verso specifiche locazioni – il tutto senza bisogno di modifiche all'ambiente o di mappe fornite dall'utente.

Introduzione Il libro è scritto innanzitutto per gli studenti di robotica. Fornisce un'introduzione alla materia, e spiega i concetti basilari in modo accessibile per un lettore con una conoscenza di base di matematica e fisica. Esso contiene inoltre numerosi esempi ed esercizi che sottolineano i punti chiave. Attraverso 13 casi di studio dettagliati, il libro fornisce anche materiale adatto agli studenti esperti e pratici di robotica mobile. Lo scopo dei casi di studio è dimostrare come possano essere affrontati i problemi della robotica mobile e come possano essere condotti e documentati gli esperimenti sui robot mobili e ,infine, incoraggiare il lettore a realizzare il proprio robot personale.

Pratica Con questo libro ho cercato di fornire, in particolare attraverso i casi di studio, tutti i dettagli necessari per la progettazione del vostro robot. L'essenza della robotica mobile sono i robot, e prima gli studenti iniziano a progettarli, meglio è. I casi di studio presentano numerosi esempi di ricerca nel campo della robotica mobile; oltre a illustrare i lavori esistenti, essi evidenziano problemi ancora aperti, che possono fornire lo spunto per nuove ricerche.

Ringraziamenti

In una disciplina di ricerca come questa, i fenomeni emergenti e i comportamenti collaborativi sono dei punti chiave, e questo libro ne è una prova tangibile: esso è il risultato di anni di fruttuosa e piacevole collaborazione con i miei colleghi e con i miei studenti e, scrivendolo, il mio principale obiettivo è stato strutturare il lavoro svolto e presentarlo in modo realistico. Sono grato per lo stimolante ambiente accademico in cui ho potuto lavorare, prima all'Università di Edinburgo, poi a Manchester. L'Università di Manchester, in particolare, ha supportato – non solo finanziariamente – la maggior parte del lavoro presentato in questo libro. Grazie al Dipartimento e a tutti i miei colleghi.

Alcuni degli esperimenti presentati in questo libro sono stati condotti dai miei studenti. Il lavoro di Carl Owen sull'apprendimento dei percorsi è descritto nel paragrafo 5.4.3, la ricerca di Tom Duckett sull'auto-localizzazione dei robot è l'argomento del paragrafo 5.4.4, mentre gli esperimenti di Ten Min Lee sulla simulazione di robot sono discussi nel capitolo 7. In quest'ultimo progetto, ho inoltre tratto ispirazione dalla collaborazione con il mio collega Roger Hubbold. Alan Hinton ha condotto il lavoro sperimentale descritto nel paragrafo 4.4.3. Andrew Pickering ha fornito consigli e supporto tecnico in tutti questi progetti. Il loro lavoro e il loro impegno sono stati per me fonte di grande gioia e incoraggiamento.

La scienza non è fatta in solitudine, ma dipende in modo cruciale dall'interazione con gli altri. Sono grato per l'amicizia con Tim Smithers e per le stimolanti discussioni con Jonathan Shapiro, Roger Hubbold, David Brée, Ian Pratt-Hartmann, Mary McGee Wood, Magnus Rattray e John Hallam, solo per nominarne alcuni. Grazie, Tim, per aver scritto la presentazione.

Vari gruppi di ricerca hanno fornito ambienti stimolanti, contribuendo in tal modo al materiale qui presentato. Tom Mitchell mi ha gentilmente invitato a visitare il suo gruppo all'Università di Carnegie Mellon e ha scritto l'articolo alla base del paragrafo 4.1. Il caso di studio 8 è il risultato di un anno sabbatico trascorso presso l'Electrotechnical Laboratory a Tsukuba, in Giappone. Questa visita è stata resa possibile dalla collaborazione della Japanese Science and Technology Agency e della Royal Society. Infine, le mie visite all'Università di Brema e al gruppo di Bernd Krieg-Brückner, grazie a un progetto di ricerca finanziato dal British Council e dal German Academic Exchange Service, mi hanno consentito di approfondire molti degli aspetti discussi in questo libro. Ho tratto enormi benefici da tutte queste collaborazioni, e ringrazio i miei ospiti e i miei sponsor. Sono anche in debito con David Brèe, Andrew Wilson, Jonathan Shapiro, Claudia Nehmzow e Tim Smithers per i loro commenti costruttivi sulle prime stesure di questo libro, e con Stephen Marsland per il suo aiuto nel curare la bibliografia.

Ringrazio tutta la mia famiglia per il costante sostegno e per il suo amore, e mia moglie Claudia per il suo aiuto nella preparazione finale di questo libro e per essere una così brillante compagna. Infine, devo eprimere la mia gratitudine per l'inestimabile aiuto di Henrietta, di quattro anni, che mi ha fornito i numerosi disegni di robot che decorano il mio ufficio e mi hanno ispirato nella progettazione di agenti animati e inanimati.

Manchester, luglio 1999   ULRICH NEHMZOW

Prefazione alla seconda edizione

La prima edizione di questo libro è stata ristampata, con lievi correzioni, e pubblicata in Germania. Sono grato a Springer Verlag London per il suggerimento di realizzare una nuova edizione ampliata.

La seconda edizione contiene un capitolo dedicato alla scoperta delle novità. Il lavoro sperimentale descritto è stato condotto dal mio studente di PhD Stephen Marsland: gli sono grato per il suo contributo e per le discussioni che abbiamo avuto sulla scoperta delle novità, insieme al mio collega Jonathan Shapiro.

Oltre a questo ampliamento, il libro contiene riferimenti aggiornati. Sono stati rivisti i link ai siti web e corretti alcuni errori minori.

Colchester (Essex), settembre 2002   ULRICH NEHMZOW

Prefazione all'edizione italiana

Sin dalla prima pubblicazione nel 1999, *Mobile Robotics: A Practical Introduction* è stato adottato come libro di testo in vari paesi in numerosi corsi universitari e post-laurea di robotica. È stato ristampato diverse volte e pubblicato successivamente anche in tedesco.

Esprimo perciò la mia gratitudine e riconoscenza ai colleghi Antonio Chella e Rosario Sorbello del Dipartimento di Ingegneria Informatica dell'Università degli Studi di Palermo per il loro suggerimento di pubblicare una versione in lingua italiana della seconda edizione del libro, diretta conseguenza del successo di un'adozione a largo raggio. Sono altresì molto grato per l'entusiasmo e l'impegno che hanno profuso nel portare a termine questo progetto. Dal 1999 la robotica mobile ha fatto molta strada: il problema della localizzazione dei robot è quasi del tutto risolto per molti ambienti della vita quotidiana, l'uso diffuso dei sensori laser ha migliorato l'accuratezza e l'attendibilità delle operazioni dei robot, nuovi campi (come l'uso di metodi scientifici nella robotica) sono stati aperti e le applicazioni robotiche di servizio stanno trovando la loro dimensione nel "mondo reale". È uno sviluppo in continua crescita, e credo che la robotica mobile autonoma giocherà un ruolo sempre più importante nella vita di tutti i giorni. Possa quindi questa edizione italiana del libro essere una tappa fondamentale di questo sviluppo!

University of Ulster, gennaio 2008   ULRICH NEHMZOW

Presentazione dell'edizione italiana

È con grande piacere che mi accingo a presentare l'edizione italiana dell'interessante testo di Ulrich Nehmzow, che ho conosciuto personalmente alcuni anni fa, avendolo invitato come Distinguished Speaker al VII Symposium sulla RoboCup, che si tenne a Padova nel luglio 2003.

Ulrich Nehmzow, attualmente professore di Robotica Cognitiva presso l'University of Ulster, a Londonderry, ha una lunga esperienza di ricerca sulla robotica mobile, con particolare enfasi sugli approcci sub-simbolici e *behavior-based*, nell'ambito della quale ha introdotto l'esigenza di investigare metodi capaci di descrivere quantitativamente l'interazione robot-ambiente. Il suo libro perciò si presenta sicuramente come un'iniziativa coraggiosa e attuale, perché innova la didattica nel settore della robotica, focalizzando l'attenzione del lettore sulla robotica mobile e puntando sulla sperimentazione, a cui il testo riserva l'analisi di svariati casi di studio. È questo un aspetto molto importante per il giovane pubblico delle nostre università e scuole superiori, a cui libro è principalmente dedicato, che possono così comprendere facilmente come passare dai principi di base di scienze esatte come la fisica e la matematica, che aiutano per esempio a comprendere il funzionamento dei sensori o a tracciare cammini privi di collisioni in mondi geometrici astratti, allo sviluppo sperimentale delle applicazioni nel campo della robotica mobile. L'uscita di questo libro in italiano avviene dunque tempestivamente, in un momento in cui tanto spazio sta guadagnando, nell'ambito delle attività promosse dai laboratori di ricerca di tutto il mondo, lo sviluppo di capacità autonome e intelligenti per i robot.

Condivido quindi pienamente l'iniziativa dei colleghi Antonio Chella e Rosario Sorbello, che hanno voluto e saputo portare all'attenzione del pubblico italiano il lavoro di Nehmzow. Auspico che ciò favorisca il diffondersi di competenze utili alla costruzione e sperimentazione di robot mobili tra i nostri giovani, preparandoli a generare innovazione, di cui il nostro Paese ha un gran bisogno in tempi resi sempre più difficili dalla carenza strutturale di adeguate risorse dedicate alla ricerca, e dalla presenza invece di un'aspra competizione internazionale scientifica e industriale. Ci auguriamo perciò che il libro costituisca uno stimolo a sviluppare nei giovani un vivace interesse verso la ricerca nel settore della robotica autonoma e intelligente, così che sempre più ricercatori decidano di dedicare i propri sforzi a far avanzare la scienza in quello che appare come l'aspetto disciplinare chiave per portare veramente i robot a diffondersi massicciamente in tutti gli ambiti sia industriali sia civili.

ENRICO PAGELLO
Ordinario di Fondamenti di Informatica
presso l'Università di Padova
Presidente della International Society
on Intelligent Autonomous Systems

Indice

1

Introduzione

Questo capitolo definisce il quadro di insieme. Presenta un'introduzione ai temi scientifici della robotica mobile, fornisce una descrizione dei contenuti di ciascun capitolo e incoraggia a costruire il proprio robot per mettere in pratica le teorie di questo libro.

La robotica mobile autonoma costituisce un'area di ricerca affascinante per molte ragioni. La prima riguarda l'ampia sfera di conoscenze coinvolte. Infatti, per trasformare un robot mobile da un computer su ruote – capace soltanto di percepire alcune delle proprietà fisiche dell'ambiente attraverso i suoi sensori – in un agente intelligente – in grado di identificare le caratteristiche dell'ambiente, determinare campioni e regolarità, imparare dall'esperienza, localizzare, costruire mappe e navigare – occorre la contemporanea applicazione di molte discipline. Per questa sua specificità, la robotica mobile capovolge la tendenza attuale della scienza verso una specializzazione sempre maggiore e richiede la combinazione di numerose aree di ricerca.

L'ingegneria e l'informatica sono ovviamente le discipline cardine della robotica; tuttavia, quando si affrontano i quesiti relativi al comportamento intelligente sono l'intelligenza artificiale, le scienze cognitive, la psicologia e la filosofia a offrire ipotesi e risposte. Altri aspetti, quali l'analisi dei comportamenti del sistema (per esempio mediante il calcolo degli errori e le valutazioni statistiche) e di tutti i sistemi in generale, rientrano nell'ambito della matematica che, supportata dalla fisica, fornisce molte spiegazioni (per esempio attraverso la teoria del caos).

In secondo luogo, i robot mobili rappresentano tuttora la migliore approssimazione di agenti intelligenti, un sogno antico. Da secoli gli uomini hanno desiderato costruire macchine in grado di imitare i comportamenti degli esseri viventi. La domanda "Che cos'è la vita e come possiamo comprenderla?" ha sempre stimolato la ricerca in questo campo, dalla realizzazione di animali meccanici con movimenti a orologeria fino allo sviluppo di software e agenti fisici di vita artificiale. Il sogno di sempre è stato riprodurre il comportamento intelligente.

Negli esseri viventi la percezione e l'azione sono strettamente legate. Gli animali, per esempio, compiono specifici movimenti della testa e degli occhi per osservare l'ambiente: per interagire con esso, anticipano il risultato delle loro azioni e prevedono il comportamento di tutto ciò che rientra nel loro campo visivo. Per comunicare, alterano l'ambiente (ciò che viene definita *stigmergia*): la costruzione dei formicai è un esempio di tale comportamento.

Questo stretto legame tra percezione e azione costituisce una motivazione importante per lo studio del comportamento intelligente per mezzo degli agenti "situati", cioè i robot mobili.

Per analizzare le simulazioni di agenti vivi o artificiali, che interagiscono intelligentemente con l'ambiente, è necessario chiudere il ciclo tra percezione e azione, permettendo all'agente di determinare la sua percezione del mondo esterno. Sia che i robot autonomi raggiungano livelli di intelligenza umana entro 50 anni, come alcuni autori predicono, o che gli esseri umani divengano obsoleti in questo arco di tempo (affermazioni molto vaghe, dato che le definizioni di "intelligente" e "obsoleto" non sono del tutto chiare), sia che si debbano attendere altri 100 anni per disporre di robot domestici veramente intelligenti, come sostengono altri, i robot autonomi mobili offrono una piattaforma unica di ricerca per indagare il comportamento intelligente.

Inoltre, esistono applicazioni commerciali di robot mobili: per esempio nel trasporto, nella sorveglianza, nell'ispezione, nella pulizia o anche in ambito domestico. Tuttavia, i robot mobili autonomi non hanno ancora un impatto significativo sulle applicazioni industriali e domestiche, principalmente a causa della mancanza di una navigazione robusta, affidabile e flessibile e di meccanismi di comportamento per robot mobili autonomi operanti in ambienti semi-strutturati e non modificati. Un modo per aggirare tale problema è installare marcatori, come *beacon*, tracciati visuali o circuiti a induzione (fili guida interrati), ma questa soluzione è costosa, non flessibile e qualche volta completamente impossibile. L'alternativa – ossia la navigazione in ambienti *non modificati* – richiede tecniche sofisticate di elaborazione dei segnali dei sensori, che sono tuttora in fase sperimentale. Alcune di queste tecniche sono illustrate nei casi di studio presentati nel corso della trattazione. La possibilità di disporre di robot mobili in grado di lavorare in aree inaccessibili agli esseri umani o di effettuare compiti ripetitivi, difficili o pericolosi, costituisce un'altra forte motivazione alla ricerca e alla realizzazione di robot intelligenti e autonomi.

Infine, vi è anche l'aspetto estetico o artistico della robotica mobile. Sciami di robot che collaborano per realizzare un particolare compito o che si muovono per evitare collisioni tra loro e con gli oggetti presenti nell'ambiente, robot mobili disegnati in maniera elegante – come i microrobot o i robot in miniatura muniti di "gambe" – stimolano il nostro senso estetico. Non è dunque sorprendente che robot mobili o dotati di braccia siano stati impiegati in rappresentazioni artistiche (per esempio Stelarc).

Costruire il proprio robot

La robotica mobile, per sua natura, deve essere "messa in pratica". È oggi disponibile una gamma di robot mobili relativamente economici, utilizzabili sia per esercitazioni e progetti di studenti, sia per applicazioni in ambito domestico (la robotica come hobby si sta diffondendo rapidamente).

Un esempio è Grasmoor (figura 1.1), realizzato presso l'Università di Manchester. Questo robot ha il proprio controllore a bordo, sensori a infrarossi, sensori di luce, sensori tattili e un sistema di guida differenziale[1]. Grasmoor è controllato da una variante del MIT 6270, un controllore con ingressi per sensori – sia analogici sia digitali – e uscite a modulazione di larghezza di impulso per guidare i motori (i diversi tipi di sensori utilizzabili sui robot sono discussi nel capitolo 3; la modulazione di larghezza consente di generare impulsi elettrici di larghezza variabile per azionare motori a velocità variabile). Analogamente a molti microcontrollori di robot, anche il controllore 6270 è basato su un microprocessore Motorola 6811.

Figura 1.1. Il robot mobile Grasmoor.

Per iniziare a progettare il proprio robot, è possibile procurarsi facilmente, per poche centinaia di euro, kit di costruzioni tecniche (simili ai giocattoli per bambini), alcuni dei quali sono dotati di microcontrollori e dell'ambiente di sviluppo necessario, per programmare i comportamenti dei robot. Informazio-

---

[1] In un sistema a guida differenziale la ruota destra e quella sinistra del robot sono azionate da motori indipendenti.

ni sulla competizione per la progettazione di robot MIT 6270 sono reperibili all'indirizzo *http://www.cs.uml.edu/~fredm/*; una buona introduzione per costruire il proprio robot è rappresentata dal testo di [Jones & Flynn 93]. Se avete esperienza nella costruzione di circuiti elettronici (che possono anche essere molto semplici), potete utilizzare dei microcontrollori disponibili in commercio e interfacciare a essi i sensori e il motore necessari per costruire il vostro robot. Il messaggio di base, dunque, è: non occorre una grande somma di denaro per costruire un robot mobile.

Esperimenti con i robot mobili

Questo volume contiene tredici casi di studio dettagliati che coprono le aree dell'apprendimento, della navigazione e della simulazione del robot. Sono inoltre proposti esempi, esercizi e anche considerazioni su questioni ancora aperte. Uno degli obiettivi è infatti segnalare aree di ricerca interessanti nel campo della robotica, identificando questioni irrisolte e problemi rilevanti.

Un'affascinante introduzione alla sperimentazione sui robot è il volume di Braitenberg sulla "psicologia sintetica" ([Braitenberg 84]), che propone numerosi esperimenti che possono essere implementati ed effettuati su robot reali.

Organizzazione del libro

Il progresso scientifico si basa sui successi e sui fallimenti del passato ed è possibile soltanto se la storia di un'area scientifica è stata ben compresa. Questo libro comincia perciò col guardare alla storia della ricerca nella robotica mobile autonoma, discutendo i primi esempi e i loro contributi per la comprensione della complessa interazione tra i robot, il mondo in cui essi operano e i compiti che si vuole che essi assolvano.

Un robot è costituito, ovviamente, dall'hardware e le funzionalità dei sensori e degli attuatori hanno enorme influenza sul suo comportamento. Il secondo capitolo del libro, pertanto, è dedicato specificamente agli aspetti hardware e discute dei più comuni sensori e attuatori dei robot.

Un robot veramente intelligente deve essere in grado di trattare dati incerti, ambigui, contraddittori e affetti da rumore; deve essere capace di imparare attraverso la propria interazione col mondo, poter valutare gli eventi rispetto all'obiettivo che sta cercando di raggiungere e modificare, se necessario, il suo comportamento. Il capitolo 4 illustra i meccanismi che possono supportare queste fondamentali competenze di apprendimento.

La mobilità è (*quasi*) superflua senza l'abilità di muoversi nella direzione dell'obiettivo, cioè senza la navigazione. Questo libro tratterà anche l'area della navigazione del robot mobile, ispirandosi ai navigatori che operano con più successo sulla terra: gli esseri viventi (capitolo 5).

Cinque casi di studio pongono in evidenza i meccanismi di maggior successo utilizzati nei sistemi di navigazione del robot: l'auto-organizzazione, il comportamento emergente e la ricostruzione autonoma dell'ambiente *come percepito dal robot*.

Una volta che un robot mobile è stato dotato dell'abilità di apprendere e di navigare, ci si domanda inevitabilmente quali compiti esso debba effettivamente svolgere. Fino a oggi le applicazioni industriali tipiche sono rappresentate dal trasporto di oggetti nelle fabbriche o dai compiti ripetitivi di pulizia in ambienti semistrutturati. Tuttavia i robot mobili autonomi potrebbero essere impiegati per svolgere funzioni di cui si sente sempre più l'esigenza, come l'ispezione e la sorveglianza, per le quali il mero controllo del motore non è sufficiente, ma è necessario disporre di un robot capace di prendere autonomamente decisioni sulla base delle proprie percezioni sensoriali.

Una competenza fondamentale per tali compiti è la capacità di distinguere le informazioni rilevanti da quelle secondarie. Il capitolo 6 presenta gli esperimenti sulla rilevazione delle novità, nei quali il robot mobile autonomo *FortyTwo* è in grado di discriminare le percezioni comuni da quelle più rare: il robot impara a focalizzarsi sugli stimoli nuovi.

La ricerca scientifica non riguarda soltanto la materia, ma anche il metodo. Data la complessità dell'interazione tra ambiente e robot e considerata la sensibilità dei sensori del robot ai lievi cambiamenti dell'ambiente, al colore e alla struttura della superficie degli oggetti eccetera, la valutazione del programma di controllo di un robot deve basarsi sugli esperimenti fisici. Per sapere quale comportamento svilupperà un robot a partire da uno specifico programma di controllo, si deve effettivamente eseguire il programma su un robot reale. A causa della sensibilità dei sensori del robot alle variazioni delle condizioni ambientali, i modelli numerici di interazione complessa tra i robot e l'ambiente sono ancora delle approssimazioni. Nel capitolo 7 si analizza un approccio per costruire un modello più fedele di interazione tra il robot e l'ambiente e si esaminano le condizioni in cui tale modello è realizzabile.

Lo scopo di questo libro non è soltanto offrire un'introduzione alla costruzione di robot mobili e alla progettazione di controllori intelligenti, ma anche dimostrare la validità dei metodi di valutazione di robot mobili autonomi: la scienza della robotica mobile.

Il metodo scientifico riguarda l'analisi della conoscenza esistente, l'identificazione di questioni aperte, la progettazione di un'appropriata procedura sperimentale per investigare tali questioni e l'analisi dei risultati. Nelle scienze naturali già affermate tale procedura è stata raffinata per decenni ed è stata ben compresa: non è questo il caso della scienza della robotica, relativamente più giovane. Non vi sono ancora procedure riconosciute universalmente, né per la conduzione degli esperimenti, né per l'interpretazione dei risultati.

Gli ambienti, i robot e i loro compiti non possono ancora essere descritti in termini inequivocabili, che permettano la replica indipendente degli esperimenti e la loro verifica. Al contrario, deve essere usata la descrizione qualitativa degli esperimenti e dei risultati. Nell'area della robotica mobile non sono disponibili test standardizzati di riferimento ampiamente accettati e le prove di esistenza, cioè l'implementazione di un particolare algoritmo su un particolare robot operante in un ambiente particolare, sono la norma.

Per sviluppare una scienza della robotica mobile autonoma, sono necessarie descrizioni quantitative dei robot, dei loro compiti e degli ambienti, e la replica indipendente e la verifica degli esperimenti devono diventare la procedura standard nella comunità scientifica.

Le sole prove di esistenza non sono sufficienti per investigare sistematicamente sui robot mobili; esse sono utili, per determinati scopi, nei primi stadi della manifestazione di un campo scientifico, ma devono in seguito essere sostituite da una sperimentazione rigorosa e quantitativamente definita.

Il capitolo 8, quindi, presenta gli strumenti matematici che permettono tali valutazioni quantitative delle prestazioni di un robot e illustra tre casi di studio di analisi quantitativa del comportamento di un robot mobile.

La trattazione si conclude con l'analisi delle ragioni dei successi nella ricerca della robotica mobile e identifica le sfide tecnologiche, di controllo e metodologiche che avranno maggiore importanza in futuro.

La robotica mobile è un vasta area di ricerca caratterizzata da molteplici aspetti che non possono essere ricoperti interamente da questo testo introduttivo, il cui scopo principale è accrescere l'interesse del lettore nei confronti di un campo così stimolante.

In aggiunta ai riferimenti bibliografici, ogni capitolo fornisce indicazioni per letture di approfondimento e collegamenti a siti internet di riferimento, che offrono la possibilità di comprendere come la robotica mobile sia effettivamente un argomento di ricerca affascinante che lancia uno sprazzo di luce su un'antichissima domanda: *quali sono i componenti fondamentali del comportamento intelligente?*

2

Fondamenti di robotica mobile

Questo capitolo introduce la terminologia tecnica utilizzata nel corso della trattazione, offre una panoramica dei primi lavori compiuti nel campo dell'intelligenza artificiale e della robotica e discute i due approcci fondamentali per il controllo robotico: l'approccio funzionale e l'approccio basato sui comportamenti.

2.1 Definizioni

L'obiettivo di questo capitolo è definire i termini tecnici che saranno utilizzati e fornire un'introduzione alla robotica mobile autonoma, partendo dai primi esempi di robot realizzati. Conoscere da dove si parte aiuta a comprendere dove si vuole arrivare.

L'ultimo paragrafo, dedicato alle letture di approfondimento, è particolarmente ampio, poiché lo scopo di questo testo è osservare i risultati attuali piuttosto che quelli storici; i riferimenti bibliografici forniti dovrebbero colmare le inevitabili lacune di questo capitolo.

2.1.1 Che cos'è un "robot"?

La parola *"robot"* deriva da *RUR* (Rossum's Universal Robots), una commedia del 1921 del drammaturgo ceco Karel Čapek, che ricavò la parola "robot" dal ceco "robota": ossia "lavoro forzato". Nel 1942, la parola "robotica" apparve per la prima volta in un romanzo intitolato *Run-around*, dello scienziato e scrittore americano Isaac Asimov. Secondo l'associazione robotica industriale giapponese (JIRA, Japanese Industrial Robot Association), i robot sono divisi nelle seguenti categorie.

Classe 1   *Dispositivo guidato manualmente*: dispositivo con diversi gradi di libertà guidato dall'operatore umano.

Classe 2   *Robot a sequenza fissa*: dispositivo manuale che esegue gli stadi consecutivi di un compito secondo un metodo predeterminato invariabile, difficile da modificare.

Classe 3   *Robot a sequenza variabile*: analogo al dispositivo manuale di classe 2, gli stadi possono però essere facilmente modificati.

Classe 4   *Robot che riproduce*: l'operatore umano esegue il compito manualmente guidando o controllando il robot, che memorizza le traiettorie; quando è necessario, l'informazione memorizzata viene richiamata e il robot può eseguire il compito automaticamente.

Classe 5   *Robot a controllo numerico*: l'operatore umano, anziché insegnare al robot il compito manualmente, gli fornisce un programma di movimento.

Classe 6   *Robot intelligente*: robot in grado di comprendere l'ambiente che lo circonda e capace di completare con successo un compito, nonostante avvengano cambiamenti nelle condizioni ambientali nelle quali il compito deve essere eseguito.

Secondo l'istituto di robotica americano (RIA, Robotics Institute of America) possono essere considerati robot soltanto le macchine appartenenti almeno alla classe 3: un robot è un manipolatore (o dispositivo) riprogrammabile, multifunzionale, progettato allo scopo di muovere materiali, parti, strumenti o dispositivi specializzati attraverso movimenti variabili programmati per l'esecuzione di una varietà di compiti.

Il robot mobile
Oggi i robot impiegati nell'industria sono per la maggior parte manipolatori (*robot assemblatori*), che operano in uno spazio di lavoro circoscritto e non possono muoversi.

I robot mobili, l'argomento principale di questo libro, sono completamente differenti: essi possono cambiare la loro posizione attraverso la locomozione. Il modello più comune di robot mobile è il veicolo guidato automaticamente (AGV, *automated guided vehicle*, si veda la figura 2.1).

Figura 2.1 Un veicolo guidato automaticamente.

I robot AGV operano in ambienti appositamente modificati (in particolare, contenenti circuiti a induzione, o *induction loop*, nella direzione di movimento[1], segnali o altri marcatori di guida) ed eseguono compiti di trasporto di oggetti lungo percorsi prefissati. Poiché l'AGV opera in un ambiente ingegnerizzato, è non flessibile e fragile. Alterare il percorso è costoso e qualsiasi cambiamento imprevisto (come oggetti che bloccano la strada) possono causare il fallimento di una missione. L'alternativa ai robot mobili a programma fisso è pertanto la costruzione di robot mobili *autonomi*.

Agente

Questo termine deriva dal latino *agere* che significa *fare*; la parola *agente* viene utilizzata in questo libro per descrivere un'entità che produce un effetto. In particolare, si usa *agente* quando si parla di entità software, per esempio la simulazione di un robot. Sebbene anche un robot – che è una macchina fisica – produca un effetto, e sia perciò un agente, in questo testo useremo il termine *robot* per indicare macchine fisiche e il termine *agente* per indicare i loro modelli matematici realizzati al computer.

Autonomia

Esistono due principali definizioni di autonomia ([Webster 81]):

a. autonomia senza controllo esterno;
b. autonomia dotata della capacità di auto-governo.

I robot che hanno a bordo controllori e generatori di energia – come gli AGV – sono autonomi nel senso più debole del significato della parola autonomia (*autonomia debole*).

Comunque, per far fronte a situazioni impreviste e adattarsi agli ambienti dinamici, è necessaria la capacità di autogoverno (*autonomia forte*). L'autogoverno implica che la macchina sia capace di determinare il corso delle sue azioni mediante il suo processo di ragionamento, piuttosto che seguendo una sequenza fissa di istruzioni fornite dall'esterno. L'autonomia forte richiede la capacità di costruire rappresentazioni interne del mondo, di pianificare e di apprendere dall'esperienza. Il capitolo 4 illustra il meccanismo di apprendimento dei robot mobili dotati di tali competenze.

Un robot mobile autonomo, quindi, ha la capacità di muoversi nel proprio ambiente per compiere un certo numero di compiti differenti, è capace di adattarsi ai cambiamenti di tale ambiente, di imparare dall'esperienza – modificando di conseguenza il proprio comportamento – e di costruire rappresentazioni interne del proprio mondo che possano essere utilizzate per processi razionali come la navigazione.

Intelligenza

Noi leggiamo di *macchine intelligenti* e di *robot intelligenti* in libri e riviste di divulgazione scientifica, ma non vi è una definizione chiara e utilizzabile di in-

---

[1] Cavi guida interrati sotto il pavimento.

telligenza. L'*intelligenza* si riferisce al comportamento e il metro di valutazione dipende molto dalla nostra istruzione, dal livello di comprensione e dal punto di vista. Nel 1947, Alan Turing scrisse:

> *"La misura in cui consideriamo qualcosa come un comportamento intelligente è determinata sia dal nostro stato mentale e dalla nostra formazione sia dalle proprietà dell'oggetto considerato. Se siamo capaci di spiegare e prevedere il suo comportamento o se sembra esservi anche solo un piccolo piano implicito, siamo poco propensi a definire tale comportamento intelligente. Uno stesso oggetto, pertanto, può essere considerato intelligente da un uomo e da un altro no: il secondo uomo avrebbe scoperto le regole che ne descrivono il comportamento."*

L'osservazione di Turing descrive l'intelligenza come un obiettivo irraggiungibile, poiché nel momento in cui si comprendono i meccanismi di una macchina o si può prevedere il suo comportamento o stabilire il piano implicito, questa non è più intelligente. Ciò significa che quanto più si progredisce nella comprensione del progetto e nell'analisi dei sistemi artificiali, tanto più l'intelligenza rimane fuori dalla nostra portata.

In qualunque maniera la si definisca, l'*intelligenza* è legata al comportamento umano. Noi ci consideriamo intelligenti; perciò una macchina che fa ciò che noi facciamo deve essere considerata a sua volta *intelligente*. Per la robotica mobile questa visione ha conseguenze interessanti. Le persone hanno sempre ritenuto che giochi come gli scacchi richiedano intelligenza, mentre muoversi nel mondo senza nessun problema è considerata un'azione *ordinaria*, che non richiede intelligenza. Se l'intelligenza è "ciò che gli umani fanno quasi sempre" (Brooks), allora questo comportamento *ordinario* è la chiave verso i robot intelligenti. È dimostrato che è assai più difficile costruire robot capaci di muoversi nel proprio ambiente senza problemi che costruire macchine che giocano a scacchi. Per lo scopo di questo libro si evita, ove possibile, di usare il termine *intelligenza*; quando è utilizzato, si riferisce al comportamento orientato verso uno scopo, cioè un comportamento correlato in modo comprensibile e spiegabile al compito che il robot sta cercando di portare a termine in quel momento.

Triangolo agente-compito-ambiente

Come l'*intelligenza*, anche il comportamento di qualsiasi robot non può essere valutato indipendentemente dall'ambiente in cui esso si trova e dal compito che sta eseguendo. Il robot, il compito e l'ambiente dipendono l'uno dall'altro e si influenzano a vicenda (figura 2.2).

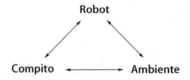

Figura 2.2 Il robot, il compito e l'ambiente sono intercorrelati tra loro e ciascuno di essi non può essere considerato indipendentemente dagli altri.

Il famoso esempio di Tim Smithers di questo concetto è il ragno: estremamente abile nella sopravvivenza in campagna, ma assolutamente inabile in una vasca da bagno. Lo stesso agente sembra essere intelligente in una situazione, ma incompetente in un'altra. Ciò significa, di conseguenza, che un robot adatto per tutti gli scopi non può esistere (allo stesso modo in cui non esiste un essere vivente capace di fare tutto).

La funzione e il funzionamento di un robot sono definiti dai comportamenti del robot stesso in un ambiente specifico, prendendo in considerazione un compito ben determinato. Solo la simultanea descrizione dell'agente, del compito e dell'ambiente, definisce completamente un agente, sia esso animato o inanimato.

2.2 Applicazioni dei robot mobili

La capacità dei robot mobili di muoversi autonomamente in un ambiente determina le loro migliori applicazioni: compiti che riguardano il trasporto, l'esplorazione, la sorveglianza, la guida, l'ispezione eccetera. In particolare, i robot mobili sono utilizzati per applicazioni in ambienti inaccessibili o ostili per gli umani. Esempi sono i robot sottomarini, quelli che esplorano le superfici di altri pianeti (*planetary rover*) o quelli che operano in ambienti contaminati.

Una seconda vasta area di applicazioni della robotica mobile è costituita dai campi dell'intelligenza artificiale, della scienza cognitiva e della psicologia. I robot autonomi mobili offrono un mezzo eccellente per verificare le ipotesi sul comportamento intelligente, sulla percezione e sulla cognizione. Il programma di controllo di un robot mobile autonomo può essere analizzato in dettaglio; le procedure e l'assetto sperimentali possono essere controllati con attenzione, permettendo la replica e la verifica indipendente degli esperimenti; inoltre i parametri sperimentali individuali possono essere modificati in modo controllato. Un esempio di ciò è il caso di studio 4 (p. 112 sgg.), nel quale il sistema di navigazione delle formiche è modellato mediante un robot mobile.

2.3 Storia della robotica mobile: le prime implementazioni

L'intelligenza artificiale e la robotica mobile sono sempre state legate tra di loro. Anche prima della Dartmouth College Conference del 1956, nella quale fu coniato il termine *intelligenza artificiale*, si sapeva che i robot mobili potevano essere costruiti per svolgere compiti interessanti e per imparare.

All'inizio degli anni cinquanta, William Grey Walter costruì due robot mobili capaci di apprendere compiti come l'aggiramento di ostacoli e il fototattismo mediante condizionamenti strumentali, cambiando la carica in un condensatore che controllava il comportamento del robot ([Walter 50]). I primi pionieri dell'intelligenza artificiale, come Marvin Minsky e John McCarthy, iniziarono a interessarsi di robotica quasi immediatamente dopo la conferenza di Dartmouth del 1956. Nell'ultimo periodo degli anni cinquanta Minsky, assieme a Richard Greenblood e William Gosper, tentò di costruire un robot capace di giocare a ping-pong. A causa delle difficoltà tecniche con l'hardware, il robot fu progettato per afferrare la palla con un cestino anziché con un artiglio.

A Stanford, nel 1969, Nils Nilsson sviluppò il robot mobile Shakey. Questo robot possedeva un sensore laser, una videocamera e dei sensori di contatto ed era collegato a un computer DEC PDP 10 per mezzo di un collegamento radio. I compiti di Shakey includevano sia l'aggiramento di ostacoli, sia il movimento di oggetti in un ambiente altamente strutturato. Tutti gli ostacoli erano semplici blocchi a forma di cuneo colorati uniformemente.

Shakey memorizzava una lista di formule, che rappresentavano gli oggetti del suo ambiente, e determinava i piani di azione che avrebbe eseguito utilizzando il *theorem prover* STRIPS.

Nonostante il sistema di ragionamento di Shakey lavorasse autonomamente, il robot ebbe spesso problemi nella generazione dell'informazione simbolica, necessaria al pianificatore, a partire dai dati grezzi ottenuti dai sensori. L'hardware fu la parte difficile nella progettazione del robot. Hans Moravec, allora studente a Stanford, ricorda ([Crevier 93, p. 115]):

"Un'esecuzione completa di Shakey poteva includere: il robot entrava in una stanza, trovava un blocco, gli veniva chiesto di muovere il blocco sulla parte superiore della piattaforma, spingeva un cuneo contro la piattaforma, saliva sulla rampa e vi spingeva sopra il blocco. Shakey non ha mai portato a termine tutto ciò con una sequenza completa. Lo ha realizzato con parecchi tentativi indipendenti, ognuno dei quali aveva un'alta probabilità di fallimento. Si sarebbe potuto comporre un video con tutti i pezzi, ma sarebbe stato veramente frammentario."

John McCarthy, anch'egli a Stanford, agli inizi degli anni settanta avviò un progetto per costruire un robot che avrebbe dovuto assemblare il kit di un televisore a colori; di nuovo l'hardware del robot – l'atto fisico di inserire, con sufficiente accuratezza, componenti a bordo del circuito stampato – è risultata la parte più difficile. Molti ricercatori, che si erano interessati alla robotica quando nacque l'intelligenza artificiale, accantonarono l'aspetto hardware della robotica e si concentrarono sul software e sui componenti di ragionamento del sistema di controllo.

A quel tempo vi era la diffusa percezione che il problema principale nel progettare un robot intelligente fosse la struttura di controllo. Infatti si riteneva che, una volta installati i componenti hardware per supportare il ragionamento intelligente del controllore, il comportamento intelligente del robot sarebbe emerso di conseguenza. Per tale motivo gran parte della ricerca si focalizzò sui paradigmi di controllo. Tuttavia, numerosi importanti progetti di robotica vennero portati avanti negli anni settanta.

Il JPL Rover, sviluppato negli anni settanta nel Jet Propulsion Laboratory (JPL) di Pasadena, fu progettato per esplorare i pianeti. Usando una videocamera, un sensore laser e dei sensori tattili, il robot categorizzava il suo ambiente come *attraversabile, non attraversabile* o *sconosciuto*. La navigazione era eseguita stimando la posizione in base al cammino fatto, mediante una bussola inerziale (*dead reckoning*) (il dead reckoning è discusso a pp. 101-102).

Sempre alla fine degli anni settanta, a Stanford, Hans Moravec sviluppò Cart. Il compito di questo robot mobile era aggirare un ostacolo utilizzando come sensore una videocamera. Il robot avrebbe acquisito nove immagini in una posizione per creare un modello 2D del mondo; dopodiché si sarebbe spostato in avanti di un metro e avrebbe ripetuto il processo. Per elaborare le nove immagini occorrevano 15 minuti: 5 minuti per digitalizzarle, 5 minuti per ottenerne la rappresentazione a bassa risoluzione (in cui gli ostacoli venivano raffigurati come cerchi) e 5 minuti per memorizzare il modello del mondo e pianificare il percorso. Sebbene fosse assai lento, Cart riusciva a evitare gli ostacoli; tuttavia, aveva problemi a raggiungere la posizione corretta o a vedere gli ostacoli con basso contrasto.

In Europa, verso la fine degli anni settanta, al LAAS di Tolosa fu sviluppato *Hilare*, uno dei primi progetti europei sui robot mobili. Per navigare nel suo ambiente, Hilare usava la visione artificiale, il sensore laser e i sensori a ultrasuoni. I principi fondamentali alla base del controllo erano un lento processo di analisi della scena, eseguito ogni 10 secondi, e un processo di visione più veloce e dinamico, compiuto ogni 20 cm di movimento. Gli ostacoli nelle vicinanze venivano evitati usando i sensori ultrasonici; la navigazione e la pianificazione del percorso erano ottenute utilizzando una rappresentazione dello spazio con poligoni 2D e un sistema di coordinate globali.

2.4 Storia della robotica mobile: i paradigmi di controllo

2.4.1 Cibernetica

Agli albori della ricerca sulla robotica mobile il punto di partenza per costruire una macchina intelligente era, nella maggior parte dei casi, la formazione ingegneristica: la cibernetica, una disciplina che ha precorso l'intelligenza artificiale, è il migliore esempio di ciò.

La cibernetica è l'applicazione della teoria del controllo ai sistemi complessi. Un comparatore – che può essere rappresentato sia da una funzione interna sia da un osservatore umano – paragona lo stato attuale del sistema, x_t al tempo t, con lo stato desiderato del sistema, τ_t. L'errore $\varepsilon_t = x_t - \tau_t$ è il segnale di ingresso a un controllore il cui scopo è minimizzare l'errore ε_t. Il controllore porterà un'azione y_{t+k} al nuovo passo (momento successivo) $t+k$ e l'equazione

$$y_{t+k} = f(\varepsilon_t) = f(x_t - \tau_t) \qquad (2.1)$$

descrive il modello completo di controllo, dove f è una funzione di controllo (inizialmente sconosciuta).

Lo scopo della cibernetica è definire la funzione di controllo f e tutti i parametri di controllo (come i ritardi, i rallentamenti, i segnali di ingresso e di uscita ecc.) in maniera tale che il sistema risponda appropriatamente agli stimoli sensoriali: l'intelligenza è la minimizzazione di una funzione di errore.

Vi sono molti approcci correlati allo sviluppo di agenti intelligenti fondati sulla teoria del controllo: per esempio l'omeostasi, un processo di autoregolazione ottimale per la sopravvivenza, che mantiene un equilibrio stabile tra i processi che governano la vita. L'idea principale è sempre che la *funzione di intelligenza* è espressa come una legge di controllo e che un errore è definito e minimizzato attraverso la teoria di controllo.

2.4.2 Approccio funzionale

Il ciclo percezione-pensiero-azione (figura 2.3) è un'estensione dell'approccio della cibernetica. Nella cibernetica lo scopo è minimizzare l'errore di controllo di un sistema controllato. Nel ciclo percezione-pensiero-azione viene, invece, utilizzata una definizione più generale di errore e l'obiettivo è minimizzare quell'errore. Esso lavora in maniera molto simile a un sistema a percolazione (per esempio la macchina del caffè del bar): i segnali del sensore entrano nel sistema dall'alto, vengono filtrati mediante diversi livelli di controllo, il cui scopo è minimizzare le discrepanze tra comportamento osservato e comportamento desiderato, per emergere trasformati nelle azioni motorie allo strato più basso. Il ciclo è ripetuto continuamente e, supposto che gli strati di controllo intermedi siano scelti accuratamente, in generale il comportamento intelligente totale sarà il risultato di questo processo.

Nella figura 2.3 il sistema di controllo è scomposto in cinque moduli funzionali. Il primo modulo elabora i dati ricevuti dai sensori del robot (*sensor signal processing* ossia *elaborazione dei segnali sensoriali*).

I dati pre-elaborati sono utilizzati sia per costruire sia per aggiornare un modello del mondo interno, oppure vengono confrontati con un modello del mondo già esistente, per essere classificati. Il modello del mondo è il criterio di valutazione dei dati e la base per tutte le decisioni di controllo.

Il terzo modulo, il pianificatore, usa il modello del mondo e la percezione attuale per decidere il piano di azione. È importante rendersi conto che tale piano è basato sulla natura del mondo assunta dal robot (il modello del mondo che è, per sua natura, una rappresentazione astratta e generalizzata del mondo reale come si presenta "là fuori"). Una volta che una sequenza di azioni è stata generata, il quarto e il quinto modulo eseguono le azioni controllando gli at-

Figura 2.3 Ciclo percezione-pensiero-azione: scomposizione funzionale del sistema di controllo di un robot mobile. L'informazione sensoriale è elaborata in maniera sequenziale, utilizzando un modello interno del mondo.

tuatori del robot (cioè i motori). Spesso queste componenti sono anche basate su alcuni modelli interni del mondo, che descrivono in una forma astratta i risultati di una particolare azione.

Questo processo di percezione-pensiero-azione è ripetuto continuamente fino al conseguimento dell'obiettivo principale.

Costruire una rappresentazione del mondo ed escogitare una lista di azioni per raggiungere uno scopo (pianificazione), sono problemi classici dell'IA (*intelligenza artificiale*). Dunque, secondo la scomposizione funzionale della figura 2.3, l'IA può essere considerata una parte della robotica. Per costruire un robot che si comporti in modo intelligente, è sufficiente aggiungere i sensori e gli attuatori a un sistema IA:

robot intelligente = sistema classico IA + corretta ingegneria

Ipotesi del sistema di simboli fisici
La maggior parte dei primi robot nell'ambito della ricerca sulla robotica erano basati sull'approccio funzionale. L'ipotesi fondamentale che ha generato questo lavoro è stata quella del sistema di simboli fisici di Newell e Simon. Nel 1976, i due scienziati definirono un sistema di simboli fisici secondo la seguente definizione:

> *"Un sistema di simboli fisici consiste in una serie di entità chiamate simboli, che sono campioni fisici che possono trovarsi come componenti di un altro tipo di entità, chiamata espressione o struttura simbolica. Dunque, una struttura simbolica è composta da un numero di istanze o segni di simboli collegati in qualche maniera fisica (come un simbolo o segno che sta accanto a un altro). In ogni istante di tempo, il sistema conterrà una collezione di queste strutture simboliche. Oltre a queste strutture, il sistema conterrà anche una collezione di processori che operano sulle espressioni per produrre altre espressioni: i processori per la creazione, modifica, riproduzione e distruzione. Un sistema di simboli fisici è una macchina che produce, nel tempo, una collezione di strutture simboliche che si evolve. Un tale sistema esiste in un mondo di oggetti più vasto delle stesse espressioni simboliche."*

L'ipotesi del sistema di simboli fisici (**PSSH**, *physical symbol system hypothesis*) fu formulata come segue:

> *"Un sistema di simboli fisici ha i mezzi necessari e sufficienti per una generica azione intelligente."*

Ovviamente l'ipotesi del sistema di simboli fisici è un'ipotesi e, in quanto tale, non può essere provata né confutata sulla base di ragioni logiche. È comunque interessante e ha dato vita a molto lavoro nelle prime fasi della ricerca nel campo della robotica.

Problemi dell'approccio funzionale
L'approccio funzionale è stato il paradigma fondamentale della maggior parte dei primi lavori di robotica mobile. Tuttavia, nonostante i buoni risultati ottenuti utilizzando la teoria di controllo nelle applicazioni tecniche, e nonostante il considerevole sforzo di ricerca, i progressi verso un comportamento intelli-

gente da parte dei robot sono stati così modesti che i ricercatori hanno abbandonato le ricerche sugli aspetti hardware per focalizzarsi sulla parte *intelligente* (il software). Come si è già accennato, ciò ha portato all'opinione che, una volta risolto l'aspetto ingegneristico robotico, il controllore intelligente poteva essere inglobato in una base robotica funzionante, dando vita a un robot intelligente. Finché tali basi non fossero state utilizzabili, era più conveniente concentrarsi sugli aspetti di controllo (cioè sul software), piuttosto che sforzarsi di costruire dei robot reali.

Negli anni ottanta questa opinione – robotica intelligente come unione della corretta ingegneria con l'IA simbolica classica – ha ricevuto sempre più commenti critici, per le ragioni esposte di seguito.

Innanzitutto, un sistema funzionale è estremamente instabile. Se qualche modulo fallisce, fallirà l'intero sistema. Il problema principale è l'interfaccia tra i sensori e il modulo di rappresentazione, che è responsabile della costruzione del modello del mondo. Il robot deve essere capace di decidere cosa debba essere rappresentato nel modello e in quale forma.

Un modello è utilizzato per una diversa gamma di scopi. L'ambiente deve essere rappresentato in modo che il robot possa muoversi senza collisioni e, dal momento che il robot ha un compito particolare da compiere, la rappresentazione deve includere tutte le informazioni necessarie per lo sviluppo del piano. Il punto cruciale è che il modulo di pianificazione si riferisce solamente al modello del mondo e non può accedere ai sensori. Potrebbe facilmente verificarsi il caso in cui i sensori rilevano un oggetto interessante per il pianificatore, che non essendo però rappresentato nel modello del mondo viene trascurato (pensate a John Cleese in *Un pesce di nome Wanda*, quando è così distratto da Jamie Lee Curtis da guidare con la sua borsa sul tetto della macchina: se ha un modello del mondo in funzione in quel momento, questo non contiene un simbolo per rappresentare il concetto di "borsa sul tetto della macchina"). Troppi particolari, d'altra parte, porterebbero a un incremento del tempo necessario per costruire e mantenere il modello del mondo (ricordate quanto impiegò Cart a processare le immagini digitali ottenute dalla videocamera e ad aggiornare la sua rappresentazione del mondo).

In un ambiente dinamico è necessario un tempo di elaborazione breve, poiché non è improbabile che l'ambiente cambi mentre il pianificatore sta sviluppando un piano basato sul precedente aggiornamento della rappresentazione del mondo. Mantenere aggiornato un modello del mondo è computazionalmente oneroso. Gran parte del processo di elaborazione serve semplicemente per mantenere il modello del mondo. Sarebbe più sensato che il robot rispondesse immediatamente ai cambiamenti effettivi dell'ambiente e – sebbene un pianificatore possa prendere in considerazione obiettivi multipli – usasse differenti comportamenti di base, ciascuno dei quali riferito a uno specifico aspetto del comportamento complessivo del robot.

Un tempo di reazione breve è particolarmente importante per i robot mobili che, dopo tutto, stanno operando e interagendo con un mondo dinamico. Vi sono situazioni in cui è richiesta una risposta molto rapida (per evitare, per esempio, ostacoli in movimento o di cadere dalle scale) e un considerevole tempo di elaborazione, necessario per pre-elaborare i segnali provenienti dai sensori e mantenere un modello del mondo: ciò rappresenta un impedimento serio. In altri termini, l'approccio funzionale non risponde adeguatamente alla necessità di un robot di avere reazioni veloci.

Inoltre, sembra sempre meno probabile che il comportamento intelligente del robot si possa ottenere manipolando i simboli in un sistema di simboli fisici che agisce su una base robotica mobile adeguatamente ingegnerizzata. La domanda che emerge è se il comportamento intelligente sia effettivamente il risultato di una manipolazione di simboli o se manchino alcuni ingredienti. Nel frattempo sono state proposte alternative all'approccio funzionale, al quale sono state mosse diverse critiche. Una di queste è il problema dell'ancoraggio dei simboli.

Il problema dell'ancoraggio dei simboli

Il problema dell'ancoraggio dei simboli, espresso da Stevan Harnad ([Harnad 90]), afferma che il comportamento, sebbene interpretabile come retto da regole, non deve essere governato da regole simboliche, poiché la semplice manipolazione dei simboli non è sufficiente per la cognizione. Invece i simboli devono essere basati su alcune entità significative. In altre parole: il simbolo da solo è privo di significato, ma è il suo effetto (fisico) sul robot a essere rilevante per il funzionamento di quest'ultimo (se chiamo un complemento d'arredo *sedia* o *tavolo* non importa realmente: il significato dell'una o dell'altra parola è definito dalla sua connessione con gli oggetti fisici del mondo reale).

Il problema dell'ancoraggio dei simboli è una seria sfida per il controllo basato su modelli simbolici del mondo. Esso afferma che i simboli *in quanto tali* sono senza significato e da ciò segue che il ragionamento basato sui simboli privi di significato è esso stesso senza significato. Ma quali sono le alternative?

2.4.3 Robotica basata sul comportamento

Basandosi sulle precedenti obiezioni all'approccio funzionale – dipendenza da simboli potenzialmente privi di significato, fragilità dei processi razionali, complessità di calcolo dovuta all'elaborazione di modelli del mondo – la comunità scientifica ha cercato di sviluppare paradigmi di controllo del robot che potessero operare senza le rappresentazioni simboliche, che avessero un legame più stretto tra percezione e azione e che fossero computazionalmente più convenienti. Tuttavia, riducendo la complessità a tutti questi diversi livelli, il *bit intelligente* doveva provenire da qualche altra parte, cioè dal modo di interazione tra i vari processi, che comandano i cosiddetti *fenomeni emergenti* e gli *effetti sinergetici*. Esamineremo ora i diversi aspetti del nuovo paradigma di controllo del robot.

Né simboli né modelli del mondo

Un paradigma della robotica basata sui comportamenti è che le rappresentazioni simboliche sono un fardello non necessario; esse sono difficili da ottenere, difficili da mantenere e instabili. Come afferma Brooks ([Brooks 90]):

"La nostra esperienza è che ... una volta optato per l'ancoraggio fisico, la necessità delle rappresentazioni simboliche tradizionali presto svanisce completamente. L'osservazione chiave è che il mondo è il miglior modello di se stesso. È sempre aggiornato esattamente. Contiene sempre ogni dettaglio che deve essere conosciuto. Il trucco è rilevarlo mediante sensori in maniera appropriata e abbastanza frequentemente."

Scomposizione comportamentale e funzionalità emergenti

L'*effetto filtro* (vedi par. 2.4.2) della scomposizione funzionale viene evitato utilizzando una struttura parallela del sistema di controllo, piuttosto che una in serie (figura 2.4). Qui, il compito di controllo totale è scomposto in *comportamenti per eseguire compiti* che operano in parallelo. Ogni modulo comportamentale implementa un comportamento completo e funzionale del robot, piuttosto che un singolo aspetto di un compito di controllo totale, e ha accesso immediato ai sensori e agli attuatori.

L'idea fondamentale è che i *comportamenti per eseguire compiti* – cioè i moduli di comportamento – operano indipendentemente uno dall'altro e che il comportamento totale del robot emerge attraverso questa operazione concorrente: la *funzionalità emergente*. Tale idea è correlata alla teoria degli automi, secondo la quale il comportamento complesso è osservato in un insieme di macchine (automi), dove ognuna obbedisce a regole molto semplici e trattabili. Nonostante la semplicità di un singolo automa, l'interazione tra automi produce un comportamento complesso, spesso intrattabile. Ciò dimostra che il comportamento complesso non richiede regole complesse.

Il parallelo di questo fenomeno nel mondo attuale sono le società. Anche qui emerge un comportamento complesso e imprevedibile attraverso l'interazione di agenti che eseguono regole locali.

L'idea fondamentale è che il comportamento intelligente non viene raggiunto progettando una struttura di controllo complessa e monolitica (scomposizione funzionale), ma mettendo insieme i tipi "giusti" di comportamenti semplici, che genereranno un comportamento complessivo intelligente attraverso la loro interazione, senza che un agente "sappia" che sta contribuendo a qualche compito esplicito, ma semplicemente eseguendo le sue stesse regole. (Il legame con gli insetti sociali è ovvio. Non vi è alcuna indicazione che una singola formica abbia idea dell'intera colonia di formiche; piuttosto, sembra che essa segua semplici regole locali. Il comportamento complessivo della colonia delle formiche emerge dal comportamento della singola formica e dall'interazione tra le formiche).

Architettura a sussunzione

L'*architettura a sussunzione* ([Brooks 85]) è un esempio di questo approccio al controllo del robot. La figura 2.4 mostra un esempio di scomposizione basata sul comportamento di un sistema di controllo di un robot mobile secondo questo tipo di architettura.

Il concetto di architettura a sussunzione è che ogni comportamento del controllore viene implementato indipendentemente dagli altri. Agli inizi questo significava persino che ogni comportamento veniva implementato su una diver-

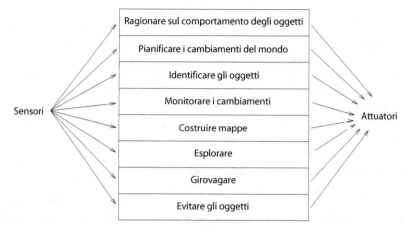

Figura 2.4 La scomposizione basata sul comportamento di un sistema di controllo di un robot mobile (da [Brooks 85]).

sa scheda di controllo elettronico; le divisioni concettuali tra i comportamenti si manifestavano quindi anche fisicamente. La comunicazione tra i comportamenti era limitata al minimo: la comunicazione tra un comportamento di livello più alto e uno di livello più basso era usata per inibire (o *sussumere*) il comportamento del livello più basso. Il progetto si basava sulla convinzione che, una volta finito, un comportamento non si sarebbe mai più alterato e che i nuovi comportamenti potessero essere aggiunti al sistema all'infinito, usando la sussunzione come unico punto d'incontro tra i comportamenti[2].

Ecco un esempio concreto di livelli di comportamento in un'architettura a sussunzione. [Brooks 85] propone i seguenti otto livelli di competenza (si veda anche la figura 2.4).

1. Evitare il contatto con gli oggetti, sia in movimento sia fermi.
2. Girovagare nell'ambiente senza meta e senza colpire nessun oggetto.
3. Esplorare il mondo osservando i luoghi a una distanza tale che sembrino raggiungibili e dirigersi verso di essi.
4. Costruire una mappa dell'ambiente e pianificare traiettorie da un luogo all'altro della mappa.
5. Annotare i cambiamenti nell'ambiente statico.
6. Ragionare sul mondo in termini di oggetti identificabili ed eseguire i compiti legati ad alcuni oggetti.
7. Formulare ed eseguire i piani che comportano dei cambiamenti desiderabili nello stato del mondo.
8. Ragionare sul comportamento degli oggetti nel mondo e modificare i piani di conseguenza.

---

[2] In pratica il processo non si esauriva completamente in questo, ma qui ci stiamo interessando degli aspetti concettuali del controllo basato sui comportamenti. Gli aspetti pratici saranno considerati nella pagina seguente.

Accoppiamento stretto tra percezione e azione
Nella scomposizione comportamentale di un compito di controllo ogni comportamento (semplice e di basso livello) ha accesso diretto alle letture sensoriali grezze e può controllare direttamente i motori del robot.

Nella scomposizione funzionale ciò non avveniva; in essa il segnale grezzo dei sensori veniva lentamente filtrato attraverso una serie di moduli di elaborazione fino a quando non emergeva un comando per il motore. L'accoppiamento stretto tra percezione e azione domina l'approccio basato sui comportamenti, mentre tale accoppiamento viene perso nell'approccio funzionale.

Vantaggi del controllo basato sui comportamenti
Come detto in precedenza, vi erano buone ragioni per cercare soluzioni alternative e abbandonare l'approccio funzionale al comportamento intelligente. L'approccio basato sui comportamenti è un tentativo per raggiungere questo obiettivo e presenta un certo numero di vantaggi.

– Il sistema supporta gli obiettivi multipli ed è più efficiente. Non vi è alcuna gerarchia funzionale tra i diversi strati: uno strato non richiama l'altro. Ogni strato può funzionare su diversi obiettivi individualmente. Gli strati lavorano in parallelo. La comunicazione, non sincronizzata, tra i diversi strati è ottenuta tramite lo scambio di messaggi. Potrebbe verificarsi che ogni strato produca diversi messaggi e che questi non vengano letti da nessun altro strato. Ciò ha il vantaggio che ogni strato può rispondere direttamente ai cambiamenti dell'ambiente; non vi è alcun modulo centralizzato di pianificazione che debba prendere in considerazione tutti i sotto-obiettivi. In altre parole, non è necessaria alcuna strategia per la risoluzione dei conflitti.

– Il sistema è più facile da progettare, da correggere ed estendere. Il sistema di controllo viene costruito implementando per primo il livello più basso di competenza (che è quello che consente di evitare gli ostacoli). Questo strato viene quindi testato: se mostra un comportamento corretto, possono essere aggiunti ulteriori strati. Gli strati di livello superiore possono elaborare i dati degli strati a più basso livello, ma non possono influenzarne il comportamento.

– Il sistema è robusto. Mentre nell'approccio funzionale il fallimento di un modulo produce il fallimento dell'intero sistema, nell'approccio basato sui comportamenti il fallimento di un piano ha solo un'influenza minore sulla prestazione dell'intero sistema, poiché il comportamento del robot è il risultato di un'operazione concorrente dei diversi strati di controllo.

Limiti del controllo basato sui comportamenti
L'argomento più forte in contrapposizione all'approccio basato sui comportamenti è che in un controllore basato sui comportamenti è assai difficile vedere come i piani possano essere espressi. Un robot basato sui comportamenti risponde direttamente agli stimoli sensoriali: non ha alcuna memoria di stato interna ed è quindi incapace di eseguire sequenze specifiche di azioni.

La domanda che si pone è: quali competenze richiedono la pianificazione (e vanno quindi oltre un approccio meramente basato sui comportamenti) e quali no? Molte competenze sensomotorie, come evitare ostacoli o seguire una traiettoria, non richiedono uno stato interno; altre, come le sequenze di azioni che dipendono l'una dall'altra, richiedono memoria e pianificazione. Dove si trovi la linea di demarcazione tra i due ambiti è tuttavia poco chiaro.

La robotica basata sul comportamento conduce a robot che si comportano bene in un ambiente specifico; essi rispondono agli stimoli ambientali in modo significativo e assolveranno ai compiti attraverso l'interazione agente-ambiente. Il problema è che il controllo basato sui comportamenti rende molto difficile – finora impossibile – esprimere piani così come li conosciamo. Non sappiamo come tradurre in comportamenti "vai lì, vai a prendere questo, prendilo lassù e poi spazza il pavimento" e nemmeno se una tale traduzione esista. Poiché siamo abituati a esprimere i compiti del robot in tali termini, questa traduzione costituisce un problema, nonostante i robot basati sui comportamenti siano impiegati in un ambiente strutturato ed eseguano compiti ben definiti.

2.5 Letture di approfondimento

Primi robot mobili

Shakey (Stanford Research Institute):
- N.J. Nilsson, A Mobile Automation: An Application of Artificial Intelligence Techniques. *First International Joint Conference on Artificial Intelligence*, pp. 509-520. Washington DC, 1969.
- N.J. Nilsson (ed.), Shakey the robot. *Technical Note 323*. Artificial Intelligence Center Menlo Park, SRI International, 1984.

JPL-Rover (Jet Propulsion Laboratory, Pasadena): A.M. Thompson, The navigation system of the JPL robot. *Proc. 5th IJCAI*, Cambridge MA, 1977.

CART-CMU Rover (Stanford University, Carnegie Mellon University):
- H. Moravec, Visual mapping by a robot Rover. *Proc. 6th IJCAI*, Tokyo, 1979.
- H. Moravec, *Robot Rover visual navigation*. UMI Research Press, Ann Arbor, Michigan, 1981.
- H. Moravec, The CMU Rover. *Proceedings AAAI 82*, Pittsburgh, 1982.
- H. Moravec, The Stanford Cart and the CMU Rover. *Proceedings of the IEEE*, vol. 71 (7), pp. 872-884, 1983.

Hilare/Hilare II (LAAS, CNRS, Toulouse):
- G. Giralt, R.P. Sobek, R. Chatila, A multi-level planning and navigation system for a mobile robot: a first approach to Hilare. *Proc. 6th IJCAI*, Tokyo, 1979.
- G. Giralt, Mobile robots. In: *Robotics and artificial intelligence*. NASA ASI, Serie F(1), 1984.
- G. Giralt, R. Alami, R. Chatila, P. Freedman, Remote operated autonomous robots. *Proceedings of the SPIE - The International Society for Optical Engineering*, vol. 1571, pp. 416-427, 1991.

Navlab/Ambler (Carnegie Mellon University):
- S. Shafer, A. Stenz, C. Thorpe, An architecture for sensor fusion in a mobile robot. *Proceedings of the IEEE International Conference on Robotics and Automation*, 1986.
- C. Thorpe, Outdoor visual navigation for autonomous robots. *Proc International Conference on Intelligent Autonomous Systems 2*, vol 2, Amsterdam, 1989.
- C. Thorpe et al., Vision and navigation for the Carnegie-Mellon Navlab. In: S.S. Iyengar, A. Elfe (eds.) *Autonomous mobile robots: central planning and architecture*, vol 2. Los Alamitos CA, 1991.
- C. Thorpe, Outdoor visual navigation for autonomous robots. *J Robotics and Autonomous Systems*, vol. 7 (2-3), pp. 85-98, 1991.

Flakey (SRI International): M.P. Georgeff et al., *Reasoning and planning in dynamic domains: an experiment with a mobile robot, TR 380*. Artificial Intelligence Center, SRI International, Menlo Park CA, 1987.

Yamabico (University Tsukuba, Japan):
- T. Tsubouchy, S. Yuta, Map assisted vision system of mobile robots for reckoning in a building environment. *Proceedings of the IEEE International Conference on Robotics and Automation*. Raleigh NC, 1987.
- T. Tsubouchy, S. Yuta, The map assisted mobile robot's vision system: an experiment on real time environment recognition. *Proc. IEEE RSJ International Workshop on Intelligent Robots and System*, Japan, 1988.

Kamro (University Karlsruhe): U. Rembold, The Karlsruhe autonomous mobile assembly robot. *Proceedings of the IEEE International Conference on Robotics and Automation*. Philadelphia, 1988.

Paradigmi di controllo

Discussione generale: C. Malcolm, T. Smithers, J. Hallam, An emerging paradigm in robot architecture. *Proc. International Conference on Intelligent Autonomous Systems 2*, Amsterdam, 1989.

CMU Rover: A. Elfes, S.N. Talukdar, A distributed control system for the *CMU Rover*. *Proc. 8th IJCAI*, Karlsruhe, 1983.

Mobot-1 (MIT Artificial Intelligence Lab): R. Brooks, A robust layered control system for a mobile robot. *IEEE Journal of Robotics and Automation*, vol. 2 (1), 1986.

Mobot-2 (MIT Artificial Intelligence Lab): R. Brooks et al., A mobile robot with onboard parallel processor and large workspace arm. *Proc. AAAI 86*, Philadelphia, 1986.

Yamabico (University Tsukuba, Japan): M.K. Habib, S. Suzuki, S. Yuta, J. Iijima, A new programming approach to describe the sensor based real time action of autonomous robots, Robots: coming of age. *Proc. of the International Symposium and Exposition on Robots*, 1010-1021, 1988.

Kamro (University of Karlsruhe): A. Hörmann, W. Meier, J. Schloen, A control architecture for an advanced fault-tolerant robot system. *J Robotics and Autonomous Systems*, vol. 7 (2-3), pp. 211-225, 1991.

3

L'hardware del robot

In questo capitolo saranno discussi i più comuni sensori e attuatori utilizzati nei robot mobili, i loro punti di forza e i loro limiti, e alcune delle applicazioni più frequenti.

3.1 Introduzione

Il robot, il compito a esso assegnato e l'ambiente sono strettamente collegati. Il comportamento complessivo di un robot è il risultato dell'interazione di questi tre elementi. Nel capitolo 7 sarà trattato il problema dell'identificazione delle leggi fondamentali che governano l'interazione tra il robot e l'ambiente. Ma prima di affrontare questo problema è necessario capire come sono costruiti i robot. Quale tipo di informazione può essere ottenuta dai vari sensori? Quale tipo di attuatore è preferibile per ogni categoria di operazione da svolgere? In questo capitolo proveremo a dare una risposta a queste domande.

3.2 Sensori robotici

I sensori sono dispositivi capaci di percepire e misurare proprietà fisiche dell'ambiente, quali la temperatura, la luminosità e la resistenza alla pressione, il peso, le dimensioni eccetera. I sensori trasmettono informazioni *a basso livello* relative all'ambiente in cui opera il robot. Queste informazioni sono affette da rumore (cioè imprecise), spesso contraddittorie e ambigue.

Nel precedente capitolo ci siamo soffermati sul confronto tra l'approccio per il controllo dei robot classico, simbolico e funzionale, da un lato, e quello distribuito, subsimbolico e basato sui comportamenti dall'altro. I sensori non producono simboli che possano essere utilizzati immediatamente da un sistema capace di effettuare ragionamenti. Se adottiamo un approccio simbolico, i segnali prelevati dai sensori devono essere tradotti in simboli prima di essere utilizzati; per tale ragione, più d'ogni altra, l'approccio subsimbolico risulta più promettente per il controllo dei robot.

Questo capitolo descriverà le più comuni tipologie di sensori e di attuatori utilizzate nei robot mobili, presentando esempi delle letture ottenibili e illustrando le più importanti applicazioni.

3.2.1 Caratteristiche dei sensori

I sensori sono progettati per percepire o misurare una particolare proprietà fisica che *solitamente* ha una qualche relazione importante con una proprietà dell'ambiente che vogliamo *veramente* conoscere.

Per esempio: un sonar misura il tempo trascorso tra l'invio di un impulso acustico e la ricezione dell'eco da parte di un ricevitore posizionato accanto al trasmettitore. L'idea su cui si basa è che l'impulso emesso dal sonar sia riflesso da un oggetto posto di fronte a esso. È possibile calcolare la distanza dall'oggetto utilizzando il tempo necessario all'impulso per viaggiare fino all'oggetto e tornare indietro, essendo nota la velocità del suono. Il sonar, quindi, non misura distanze, ma tempi di viaggio dell'impulso. Pur essendo in qualche modo correlati, tempo e distanza restano tuttavia distinti (per maggiori dettagli si veda il par. 3.2.4).

Tutti i sensori sono caratterizzati da una serie di proprietà che ne descrivono le capacità. Le più importanti sono le seguenti.
- *Sensibilità*: rapporto tra la variazione dell'uscita e quella dell'ingresso;
- *linearità*: misura della costanza del rapporto tra ingresso e uscita;
- *intervallo di misura*: differenza tra i valori minimi e massimi misurabili;
- *tempo di risposta*: tempo necessario affinché una variazione unitaria dell'ingresso mostri i suoi effetti in uscita;
- *accuratezza*: differenza tra il valore vero e il valore misurato;
- *ripetibilità*: differenza tra due misurazioni successive della stessa entità;
- *risoluzione*: il più piccolo incremento osservabile all'ingresso;
- *tipo di uscita*.

3.2.2 Sensori di contatto

I sensori di contatto rilevano il contatto fisico con un oggetto; più precisamente misurano una proprietà fisica (come la chiusura di un interruttore), che è solitamente causata da un contatto fisico con un oggetto (ma che potrebbe anche essere causata da un sensore difettoso, da vibrazioni o da altre cause).

I sensori di contatto più semplici sono i microinterruttori, o sensori a baffo. Quando una molla è in contatto con un oggetto, si chiude un microinterruttore che invia un segnale elettrico che può essere rilevato dal controllore. Inol-

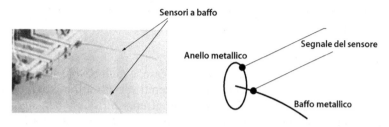

Figura 3.1 Progettazione essenziale e implementazione fisica di un sensore a baffo.

tre, quando viene piegato (figura 3.1) il baffo metallico crea un contatto con un anello metallico, che chiude il circuito e genera un segnale rilevabile.

Un altro metodo per costruire semplici sensori di contatto prevede l'uso di estensimetri o di trasduttori piezoelettrici. Gli estensimetri sono strati sottili di materiale resistivo costruiti sopra un strato flessibile. Quando lo strato flessibile è piegato da una forza esterna, il materiale resistivo si piega (aumentando la resistenza) o si comprime (diminuendo la resistenza). Questa variazione di resistenza può essere utilizzata per rilevare la deformazione e anche il suo grado. Gli estensimetri offrono perciò maggiori informazioni rispetto ai sensori a microinterruttore.

I trasduttori piezoelettrici sono cristalli (per esempio di quarzo o tormalina) che generano cariche elettriche quando vengono deformati lungo uno degli assi (*polari*) di sensibilità. Questi cambiamenti possono essere rilevati tramite piccoli picchi di voltaggio, le cui ampiezze sono indicative della forza della deformazione.

I sensori di contatto, come gli estensimetri, possono essere sistemati in griglie bidimensionali per formare pannelli tattili capaci di rilevare la presenza di oggetti, come pure di misurare le loro forme e dimensioni.

3.2.3 Sensori a infrarosso

I sensori a infrarosso (IR) costituiscono probabilmente la categoria di sensori non di contatto più semplici; essi sono largamente utilizzati nei robot mobili per rilevare gli ostacoli.

I sensori a infrarosso operano mediante l'emissione di una luce infrarossa e il rilevamento della sua riflessione dovuta alle superfici poste di fronte al robot. Per distinguere l'infrarosso riflesso da quello emesso dall'ambiente dovuto a tubi fluorescenti o al sole, il segnale emesso è usualmente modulato a bassa frequenza (per esempio 100 Hz). Supponendo che tutti gli oggetti dell'ambiente in cui opera il robot abbiano una struttura con colori e superfici uniformi, i sensori a infrarosso possono essere calibrati in modo da misurare le distanze dagli oggetti: l'intensità della luce riflessa è inversamente proporzionale al quadrato della distanza.

Tuttavia, in scenari realistici le superfici degli oggetti possiedono colori differenti, che riflettono quantità più o meno grandi di luce; le superfici nere, per esempio, sono praticamente invisibili all'infrarosso. Per tale ragione questi sensori possono essere effettivamente usati solamente per la ricerca degli oggetti, ma non per le misurazioni di distanza.

Problemi con i sensori a infrarosso

Se viene rilevato un segnale infrarosso riflesso, è ragionevole assumere che sia presente un oggetto. È raro che siano percepiti segnali infrarosso *fantasma*.

D'altro canto, l'assenza di un segnale infrarosso riflesso non significa che non siano presenti oggetti. Certamente gli oggetti scuri sono invisibili all'infrarosso. I sensori a infrarosso, quindi, non sono totalmente affidabili per la rilevazione degli ostacoli. Inoltre, poiché la quantità di segnale infrarosso non è funzione solo della distanza, ma anche del colore della superficie, nessuna informazione sulla vicinanza di un oggetto è disponibile per il robot. Perciò è preferibile che il robot inizi a evitare l'oggetto il più presto possibile, non appena questo viene rilevato.

Poiché l'intensità del segnale è proporzionale a d^{-2}, cioè decresce rapidamente all'aumentare della distanza d, questi sensori sono utilizzati come sensori a corto raggio. La massima distanza rilevabile è solitamente compresa tra 50 e 100 cm.

3.2.4 Sensori sonar

Il principio fondamentale alla base del funzionamento del sonar è lo stesso utilizzato dai pipistrelli. Viene emesso un impulso breve (per esempio 1,2 millisecondi) e potente, in un certo intervallo di frequenze, e la sua riflessione dovuta agli oggetti posti di fronte al sensore è rilevata da un ricevitore. La sensibilità del ricevitore non è uniforme, ma consiste di un lobo principale e da lobi laterali, somiglianti a una mazza da baseball. Un esempio di questo diagramma, detto segnale campione (*beam pattern*), è mostrato in figura 3.2. Esso mostra che in un cono di venti gradi, centrato lungo l'asse di trasmissione, la sensibilità scende di 10 dB (cioè di un fattore 10).

Poiché la velocità del suono è nota, la distanza dell'oggetto che ha riflesso il segnale può essere calcolata a partire dal tempo trascorso tra l'emissione e la ricezione, utilizzando l'equazione

$$d = \frac{1}{2}vt \qquad (3.1)$$

dove d è la distanza dall'oggetto più vicino nel cono del sonar, v la velocità del segnale emesso (344 ms^{-1} per il suono nell'aria a 20 °C) e t il tempo trascorso tra l'emissione del segnale e la ricezione della sua eco.

La distanza minima d_{min} che può essere misurata è data dall'equazione 3.2, dove v è la velocità del suono nel mezzo e t_{burst} è la durata dell'impulso trasmesso in secondi. Per $t_{burst} = 1,2$ millisecondi, la distanza è appena inferiore a 21 cm

$$d_{min} = \frac{1}{2}vt_{burst} \qquad (3.2)$$

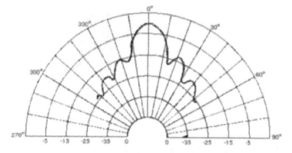

Figura 3.2 Diagramma del segnale campione del trasduttore elettrostatico Polaroid serie 600 a 50 KHz.

La massima distanza d_{max} che può essere misurata è funzione del tempo t_{wait} tra i *burst*, ed è data dall'equazione

$$d_{max} = \frac{1}{2} v t_{wait} \qquad (3.3)$$

Infine, la risoluzione d_{res} del sonar è funzione del numero di passi di quantizzazione q, disponibili per la codifica della distanza, e della massima distanza misurabile

$$d_{res} = \frac{d_{max}}{q} \qquad (3.4)$$

Problemi dei sensori sonar

Vi sono numerose incertezze associate alle letture dei segnali dei sonar.

In primo luogo, l'esatta posizione dell'oggetto rilevato è sconosciuta; inoltre, poiché la sensibilità di un sonar ha la forma di un cono (figura 3.2), un oggetto rilevato a distanza d potrebbe essere ovunque all'interno del cono del sonar stesso, in un arco con distanza d dal robot. L'accuratezza della misura della posizione di un oggetto è funzione dell'ampiezza del cono del segnale campione del sonar.

In secondo luogo, esiste un problema chiamato *riflessione speculare* che dà luogo a letture errate. Le riflessioni speculari si verificano quando il segnale del sonar colpisce una superficie levigata con un angolo basso, e quindi non viene riflesso all'indietro verso il robot ma lateralmente. Solo quando un ulteriore oggetto riflette il segnale si ottiene una lettura, che indica l'esistenza di uno spazio libero maggiore di quello effettivo.

Sono stati sviluppati alcuni metodi per eliminare le riflessioni speculari. Per esempio, le *regioni a profondità costante* ([Leonard et al. 90]) possono essere utilizzate per interpretare le letture di un sonar che mostri riflessioni speculari. Per ciascuna scansione a 360 gradi, vi sono regioni angolari nelle quali le letture rimangono costanti per un arco ampio circa 10 gradi. Leonard, Durrant-Whyte e Cox si riferiscono a queste regioni angolari come a regioni a profondità costante (RCD). Un esempio è mostrato in figura 3.3.

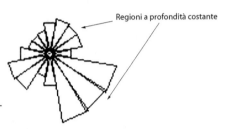

Regioni a profondità costante

Figura 3.3 Lettura di un sonar: sono indi-
cate due regioni a profondità costante.

Le regioni a profondità costante possono essere usate per differenziare le
letture che indicano la presenza di muri da quelle che indicano angoli, mediante l'uso di due letture sonar da locazioni differenti. Tutte le letture che non provengono da regioni a profondità costante non sono considerate.

Come spiegato in figura 3.4, gli archi ottenuti a partire da spigoli si inter-
secheranno, mentre quelli ottenuti dai muri saranno tangenti ai muri stessi.

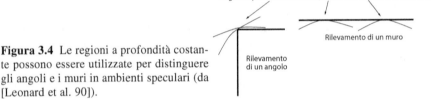

Regioni a profondità costante (due letture da locazioni differenti)

Rilevamento di un muro

Rilevamento
di un angolo

Figura 3.4 Le regioni a profondità costante possono essere utilizzate per distinguere
gli angoli e i muri in ambienti speculari (da
[Leonard et al. 90]).

Esiste un terzo problema che può verificarsi quando si utilizzano delle
schiere di sonar. A meno che non venga impiegata un'emissione codificata, si
verifica la diafonia o interferenza acustica (*crosstalk*). Può accadere che un
sensore rilevi un segnale emesso da un altro sensore, provocando false misurazioni delle distanze (sono possibili letture sia troppo lunghe sia troppo cor-
te, a seconda dello scenario).

La velocità del suono determina la misura della distanza. Sfortunatamente,
la velocità del suono è fortemente dipendente dalla temperatura e dall'umidità
dell'aria; cosicché, quando si sta misurando una distanza di circa 10 metri, un
cambiamento di temperatura di 16 °C determinerà un errore nella distanza di
30 cm. Un errore di tale entità potrebbe non destare preoccupazione per semplici comportamenti stimolo-risposta (come l'aggiramento di ostacoli), ma potrebbe, per esempio, causare la creazione di mappe non precise dell'ambiente
del robot.

Esercizio 1: Sensori sonar
Un robot mobile equipaggiato con un sonar è stato guidato lungo un corridoio
avente porte poste a intervalli regolari e muri tra di esse. Le letture di due sonar sono mostrate in figura 3.5, dove in alto è riportata la lettura del sonar di
fronte al robot e in basso la lettura di quello laterale. Che osservazioni possiamo trarre dalle letture del sonar? (Risposta a pp. 247-248).

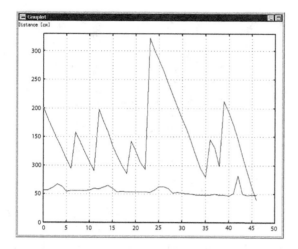

Figura 3.5 Un esempio di letture di un sensore sonar di un robot durante l'attraversamento di un corridoio. La linea superiore illustra la lettura del sensore frontale, quella inferiore la lettura del sensore laterale. L'asse delle x fornisce la distanza in unità di circa 20 cm.

3.2.5 Sensori laser per la distanza

I sensori laser per la distanza (*laser range finder*), anche conosciuti come *laser radar* o *lidar*, trovano ora comunemente applicazione nei robot mobili per la misurazione di distanze, velocità e accelerazioni di oggetti percepiti. Il principio operativo del sensore laser è lo stesso del sonar; però, anziché un breve impulso acustico, in questo caso viene emesso un breve impulso di luce: il tempo che trascorre tra l'emissione e la rilevazione dell'impulso di ritorno è utilizzato per determinare la distanza (si applica l'equazione 3.1, con v che indica in questo caso la velocità della luce).

La differenza è nella natura dell'impulso emesso. La lunghezza d'onda vicina a quella infrarossa, spesso impiegata in questi sensori laser, è molto più corta di quella di un impulso del sensore sonar. Questo riduce la probabilità di riflessione totale di una superficie a specchio e, di conseguenza, il problema delle riflessioni speculari è meno pronunciato.

Le massime distanze che i sensori laser disponibili in commercio sono in grado di rilevare possono essere di diverse centinaia di metri. A seconda dell'applicazione, comunque, si può scegliere di utilizzare una distanza massima inferiore. Mentre nelle applicazioni in ambienti esterni (*outdoor*) è conveniente poter rilevare una distanza massima di diverse centinaia di metri, negli ambienti interni (*indoor*) ne sono solitamente sufficienti alcune decine.

L'accuratezza dei laser disponibili in commercio è di solito nell'ordine dei millimetri (per esempio 50 mm per una singola scansione, 16 mm per una media di 9 scansioni[1], il tempo di scansione per 180 gradi è circa 40 metri al secondo).

---

[1] Sensus 550 Laser della Nomadic Technologies.

Figura 3.6 Immagine di distanza (in alto) e immagine di intensità (in basso) di un sensore laser Lara-52000. Gli oggetti neri nell'immagine di distanza sono vicini, invece gli oggetti bianchi sono molto distanti. (Riproduzione autorizzata da Zoller+Frohlich Gmbh.)

Misure della variazione di fase

Anziché utilizzare il principio del tempo di volo, la distanza può essere determinata tramite la differenza di fase tra il segnale emesso e l'eco; a tale scopo, l'intensità del segnale del laser viene modulato (variato nel tempo). Poiché trascorre del tempo tra l'emissione del segnale e il ritorno della sua eco, si avrà una differenza di fase tra il segnale trasmesso e quello ricevuto. Tale differenza di fase è proporzionale alla distanza e alla modulazione di frequenza e può essere utilizzata per determinare la distanza dagli oggetti. La figura 3.6 mostra un'immagine in scala di grigi e l'uscita ottenuta tramite un sensore laser.

3.2.6 Altri sensori basati sul tempo di volo

Il principio fondamentale per i sensori sonar e laser è l'emissione di un segnale a impulsi e la misura del tempo di volo necessario al segnale per ritornare al trasmettitore. Utilizzando la velocità dell'onda emessa (che è conosciuta), il tempo di volo indica la distanza dall'oggetto che ha riflesso l'impulso.

Tutti i sensori funzionanti con il principio del tempo di volo sono basati su questa tecnica, con l'unica differenza nella frequenza dell'onda trasmessa. Il RADAR (*Radio Detection And Ranging*) rappresenta un ulteriore esempio; in questo caso viene emesso un impulso radio (solitamente nell'ordine dei GHz), che viene utilizzato per il rilevamento dell'oggetto e della sua distanza.

3.2.7 Altri sensori non di contatto

È disponibile una vasta gamma di sensori per differenti applicazioni della robotica mobile; per una discussione approfondita sulle proprietà di tali sensori si può fare riferimento al volume di Borenstein e collaboratori ([Borenstein et al. 96]).

Per gli scopi di questo libro è sufficiente una panoramica generale sui più comuni sensori e sulle loro principali caratteristiche.

L'effetto Hall

Quando un materiale solido che conduce corrente, per esempio un semiconduttore, viene collocato all'interno di un campo magnetico, si sviluppa un campo elettrico che ha direzione opposta al campo magnetico corrente. Questo effetto è chiamato effetto Hall (scoperto nel 1879 da Edwin Herbert Hall) e può essere utilizzato per l'individuazione di campi magnetici.

Applicazioni tipiche nella robotica mobile includono sensori di movimento, o bussole a effetto Hall (si vedrà più avanti). Un semplice contagiri per una ruota può essere costruito posizionando un magnete permanente sulla ruota stessa e un sensore Hall nel robot. Il passaggio del magnete può essere dedotto dal sensore Hall poiché induce un cambiamento nel campo magnetico. Per rilevare sia la velocità sia la direzione di rotazione possono essere impiegati due sensori Hall: il modello temporale dei loro segnali indica la direzione di rotazione, mentre la frequenza indica la velocità della ruota.

Correnti indotte

Le variazioni nel campo magnetico o elettrico inducono correnti nei conduttori; queste possono essere rilevate e utilizzate per misurare i cambiamenti nei campi magnetici come nei sensori a effetto Hall.

3.2.8 Sensori a bussola

Le bussole sono molto importanti per la navigazione e sono largamente usate a tale scopo. Nei robot mobili, i meccanismi basati sulla bussola sono impiegati come sensori per misurare la componente orizzontale del campo magnetico terrestre, così come fa ogni bussola utilizzata per le passeggiate in montagna (nel campo magnetico terrestre vi è anche una componente verticale, che per esempio gli uccelli utilizzano per la loro navigazione).

Bussole a flussometri elettronici

Le bussole più comunemente utilizzate nei robot mobili sono quelle a flussometri elettronici, che misurano l'entità del campo magnetico mediante il cambiamento controllato delle proprietà di un elettromagnete. Il principio di funzionamento di una bussola a flussometro elettronico è il seguente. Una bobina di azionamento e una di sensore sono avvolte attorno a un nucleo magnetico comune (figura 3.7). Quando un nucleo altamente permeabile e non saturo viene introdotto in un campo magnetico, le linee di flusso magnetico penetreranno all'interno del nucleo stesso (figura 3.7). Se invece il nucleo è saturo, le linee di flusso rimarranno inalterate.

Saturando e desaturando alternativamente il nucleo, e quindi alterando il flusso magnetico lungo di esso, viene indotta una tensione nella bobina di sensore; questa tensione dipende dal campo magnetico ambientale ed è quindi una misura della sua entità.

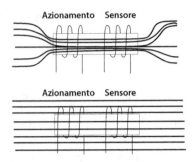

Figura 3.7 Funzionamento di una bussola a flussometri elettronici. Il nucleo è saturato (in basso) e desaturato (in alto) da una corrente applicata alla bobina induttrice. Il cambiamento che risulta nel flusso magnetico induce nella bobina ricevente una forza elettromotrice negativa dipendente dal campo magnetico dell'ambiente (da [Borenstein et al. 96]).

Per misurare la direzione del nord magnetico, sono necessarie due bobine perpendicolari, l'angolo Θ tra il nord e la direzione del robot è dato dai due voltaggi V_x e V_y misurati dalle due bobine

$$\Theta = \arctan \frac{V_x}{V_y} \qquad (3.5)$$

Bussole a effetto Hall
Due sensori Hall sistemati ortogonalmente possono anche essere utilizzati come una bussola magnetica. Qui, viene calcolata la direzione Θ, usando le due componenti B_x e B_y del campo magnetico

$$\Theta = \arctan \frac{B_x}{B_y} \qquad (3.6)$$

Altri meccanismi
Per misurare il campo magnetico terrestre, si possono utilizzare numerosi altri meccanismi, come bussole magnetiche meccaniche, bussole magnetoresistive e bussole magnetoelastiche. Una presentazione di tali meccanismi può essere reperita nel testo di Borenstein e collaboratori ([Borenstein et al. 96]).

Uso di sensori in ambienti interni
Tutte le bussole, indipendentemente dal principio di funzionamento, percepiscono il campo magnetico della terra anche se è molto debole. In ambienti interni sono inevitabili le distorsioni dovute a oggetti metallici (come colonne d'acciaio, cemento armato o porte metalliche) o a campi magnetici artificiali causati da linee elettriche, motori elettrici eccetera.

Ciò significa che la bussola non fornirà sempre un riferimento assoluto effettivo. Essa può comunque essere utilizzata per fornire un riferimento locale in tutte le situazioni nelle quali le influenze esterne sono costanti nel tempo (per esempio, una colonna metallica che rimane costantemente nella sua posizione). Qualunque sia la lettura della bussola, essa sarà (approssimativamente) la stessa se misurata nella stessa posizione e può, pertanto, essere utilizzata come riferimento locale. Per applicazioni di navigazione basate su mappe topologiche, come quella descritta nel paragrafo 5.4.4, l'impiego della bussola è ancora molto utile.

3.2.9 Codificatori ad albero (*shaft encoder*)

Nei robot mobili è spesso necessario misurare la rotazione, per esempio la rotazione degli assi del robot, per effettuare l'integrazione del percorso (par. 5.1).

I potenziometri (resistori variabili meccanicamente) o, più comunemente, codificatori ad albero, possono essere utilizzati a tale proposito. I codificatori ad albero sono sensori montati sull'albero di rotazione, che generano una rappresentazione binaria della posizione dell'albero.

Esistono due principali tipi di codificatori ad albero: assoluti e incrementali. Nei codificatori ad albero assoluti, un disco che mostra un *codice Gray* (un codice binario nel quale solo un bit cambia tra due parole successive) è rilevato da un sensore ottico e indica la posizione dell'albero. I codificatori assoluti forniscono la posizione corrente dell'albero, ma non sono adatti per integrare (cioè per sommare) i movimenti nel tempo. I codificatori incrementali vengono invece utilizzati a tale scopo. Il disco è letto da due fotorecettori, A e B: la traccia A precede sempre la traccia B, se il disco sta girando in una direzione, e lo segue se il disco gira nella direzione opposta. La sequenza nella quale entrambe le fotocellule sono attivate indica la direzione di rotazione, mentre il numero di passaggi on/off di ciascun recettore indica l'angolo. La logica binaria è utilizzata per sommare correttamente i movimenti dell'albero.

Oltre agli alberi di rotazione, i robot possono anche usare alberi che possiedono un movimento obliquo, per esempio nei manipolatori (bracci robotici). Per misurare lo spostamento laterale, possono essere usati i trasformatori differenziali a variabile lineare (LVDTs, *linear variable differential transformers*). Il diagramma del circuito base è mostrato in figura 3.8. La tensione di uscita indica la direzione e la misura dello spostamento laterale della bobina.

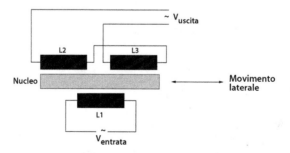

Figura 3.8 Diagramma circuitale di un trasformatore differenziale lineare variabile. L1 è la bobina primaria, L2 e L3 sono le bobine secondarie. V_{uscita} è il voltaggio di uscita che indica la direzione e l'estensione del movimento laterale.

Uso dei codificatori ad albero come sensori odometrici

I codificatori ad albero, come si è detto, possono essere usati per misurare il movimento dei motori del robot, sia il movimento traslazionale sia quello rotazionale (l'integrazione delle rotazioni degli assi del robot fornisce la traslazione, l'integrazione delle rotazioni dello sterzo fornisce l'orientamento complessivo del robot). Teoricamente, l'integrazione delle loro uscite fornisce la posizione corrente del robot. Questo metodo è chiamato *integrazione di percorso* (o *dead reckoning*, vedi pp. 101-102). Nella pratica, tuttavia, il dead reckoning è inaffidabile specie per distanze molto piccole; la ragione è che il robot effettua anche movimenti, come lo slittamento, non dovuti al moto delle ruote.

La figura 3.9 mostra la posizione del robot stimata dal sistema di dead reckoning a bordo del robot per tre giri consecutivi attraverso lo stesso ambiente. Appaiono chiaramente le due componenti relative all'errore del dead reckoning: l'errore traslazionale e l'errore rotazionale.

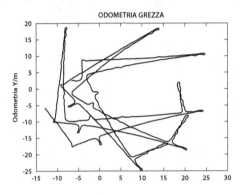

Figura 3.9 L'errore nella stima della posizione del robot a causa dello slittamento delle ruote e, ancora più importante a causa dell'errore rotazionale.

Trattamento dell'errore odometrico

L'errore odometrico può essere corretto con ulteriori segnali del sensore o attraverso apposite elaborazioni successive.

La figura 3.10 mostra gli stessi dati della figura 3.9, con l'errore rotazionale rimosso per mezzo di una bussola magnetica. È ancora visibile la componente dell'errore traslazionale. Se sono disponibili punti di riferimento del-

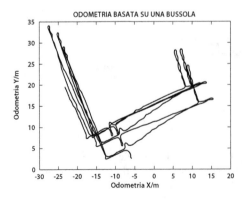

Figura 3.10 Gli stessi dati sono illustrati in figura 3.9, con la rimozione dell'errore rotazionale mediante l'utilizzo di una bussola magnetica.

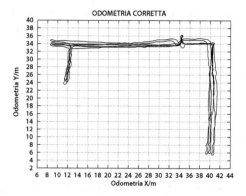

Figura 3.11 Il restante errore di traslazione corretto post-hoc, off-line.

l'ambiente chiaramente identificabili, questo errore può essere rimosso con uno *stiramento* o con un *restringimento* delle lunghezze mediante un opportuno fattore ([Duckett & Nehmzow 98]). Ciò è realizzato identificando manualmente i punti di passaggio principali, come gli angoli nei diversi giri, e calcolando il migliore fattore di stiramento, allo scopo di rendere omogenea la misura di uno stesso tratto percorso più volte. Il risultato di tale procedura è mostrato in figura 3.11.

Questo metodo, ovviamente, non è adatto per la navigazione del robot in tempo reale, mentre è comunque utile per l'analisi del comportamento del robot. Un esempio è fornito nel caso di studio 12 (p. 218 sgg.).

3.2.10 Sensori di movimento

Per un agente in movimento è ovviamente importante misurare la propria velocità, per esempio per la navigazione tramite il dead reckoning. A tale scopo, si possono utilizzare molti dei metodi già menzionati in questo capitolo, come i codificatori ad albero o i contatori di rotazione, ma ve ne sono anche altri.

I sensori che misurano la distanza attraverso il tempo di volo possono essere impiegati per misurare la velocità relativa tra la sorgente e l'oggetto che riflette l'impulso emesso, sfruttando l'effetto Doppler. L'equazione 3.7 fornisce la relazione tra la frequenza dell'impulso trasmesso f_{trans}, la frequenza dell'impulso ricevuto f_{rec}, la velocità v_t del trasmettitore e la velocità v_r del ricevitore (velocità positive corrispondono a movimenti verso la sorgente del suono); c è la velocità della luce

$$f_{rec} = f_{trans}\frac{c - v_r}{c - v_t} \qquad (3.7)$$

Dall'equazione 3.7 è chiaro che la velocità relativa tra il trasmettitore e il ricevitore $v_r = v_t - v_r$ può essere calcolata se f_{trans} e f_{rec} possono essere misurate.

Infine, gli accelerometri micromeccanici possono essere usati per misurare l'accelerazione (e quindi, tramite integrazione, velocità e distanza, il cosiddetto sistema di navigazione inerziale). Il principio degli accelerometri è semplice: lungo ciascuno dei tre assi cardinali, la forza F generata da un movimento di una massa sospesa m viene misurata per determinare l'accelerazione a secondo la legge di Newton $a = Fm^{-1}$.

La doppia integrazione di a fornisce la posizione corrente. In pratica, è difficile costruire accelerometri accurati per robot mobili, poiché le accelerazioni da misurare sono piccole e, di conseguenza, gli errori sono grandi. Per quasi tutte le applicazioni su robot mobili gli accelerometri di sufficiente precisione sono troppo costosi (si può arrivare a un'accuratezza pari allo 0,1% della distanza percorsa, ma a un costo molto elevato).

3.2.11 Sensori di visione e di elaborazione delle immagini

Le telecamere CCD

Le telecamere CCD (*charge coupled device*) usano strumenti ad accoppiamento di carica per generare matrici di numeri che corrispondono alla distribuzione dei livelli di grigio di un'immagine. Matrici di fotodiodi misurano i valori di intensità della luce in punti dell'immagine (le cosiddette celle dell'immagine, *picture cell* o *pixel*). Il vettore bidimensionale di livelli di grigio risultante costituisce l'immagine. La figura 3.12 mostra un'immagine reale a livelli di grigio e la sua rappresentazione numerica.

Le telecamere CCD sono disponibili per l'acquisizione dell'immagine, a livelli di grigio e a colori, con un'ampia gamma di risoluzioni dell'immagine (cioè numero di pixel per immagine) e di frequenze di fotogrammi (*frame rate*, cioè velocità di acquisizione di un'immagine). 800×600 pixel è una tipica dimensione di immagine; circa 30 Hz una tipica frequenza di fotogramma. Vi sono varianti di telecamere CCD per scopi specifici, come le telecamere omnidirezionali mostrate in figura 5.46, utilizzate per la navigazione del robot.

Elaborazione delle immagini

Un'immagine è un grande vettore di valori di livelli di grigio (luminosità) di singoli pixel. Presi singolarmente, questi numeri sono quasi privi di significato, poiché contengono una quantità molto bassa di informazione relativa al-

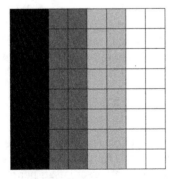

255	255	200	200	100	100	0	0
255	255	200	200	100	100	0	0
255	255	200	200	100	100	0	0
255	255	200	200	100	100	0	0
255	255	200	200	100	100	0	0
255	255	200	200	100	100	0	0
255	255	200	200	100	100	0	0
255	255	200	200	100	100	0	0

Figura 3.12 Un'immagine a livelli di grigio, con la sua rappresentazione numerica.

a	b	c
d	e	f
g	h	i

Figura 3.13 Generico operatore di elaborazione delle immagini.

l'ambiente. Per eseguire i suoi compiti, un robot ha bisogno di informazioni come "c'è un oggetto di fronte", "c'è un tavolo sulla sinistra" o "una persona è in avvicinamento"; d'altra parte riceve solamente 480 000 sequenze circa di 8 bit ogni trentesimo di secondo.

La conversione di questa enorme quantità di informazioni di basso livello in informazioni di alto livello è lo scopo della visione artificiale e va oltre l'obiettivo di questo libro. Il volume di Sonka e collaboratori fornisce un'utile introduzione alla visione artificiale ([Sonka et al 93]).

Comunque, sono disponibili molti semplici meccanismi di elaborazione dell'immagine di basso livello che consentono una veloce ed effettiva pre-elaborazione dell'immagine. Solitamente essi consistono nell'applicazione ripetuta di semplici procedure per riconoscere contorni e rimuovere il rumore. Questi metodi vengono presentati in questa parte del libro poiché sono utilizzati nelle applicazioni robotiche descritte in seguito.

Il principio fondamentale dei cosiddetti operatori d'immagine è modificare un singolo pixel in base al valore del pixel stesso e a quello dei suoi vicini. Spesso viene utilizzata una matrice 3×3, ma sono anche applicati operatori più grandi. Un generico operatore è mostrato in figura 3.13. L'elemento e è il pixel che sarà modificato dall'operatore, gli altri otto elementi sono i vicini di e.

Sono esposti di seguito alcuni esempi di operatori d'immagine comunemente utilizzati.

– *Filtro mediano.* Il filtro mediano, un operatore che sostituisce il pixel e con il valore mediano dei valori di tutti e nove i pixel (che è il quinto valore di una lista ordinata di nove valori), rimuove i *picchi* dall'immagine, cioè i valori di pixel che differiscono molto da quelli dei loro vicini.

– *Filtro passa-alto.* Questo filtro aumenta le variazioni del valore dei livelli di grigio (per esempio nei contorni) e rimuove le aree di livelli di grigio a distribuzione uniforme. Usando le equazioni 3.8 e 3.9, un valore Δ è definito come $\Delta = (\delta x)^2 + (\delta y)^2$. Se Δ supera una soglia predefinita, i pixel sono mantenuti (fissati a un valore pari a 1), altrimenti sono scartati (fissati a un valore pari a 0).

$$\delta x = c + f + i - (a + d + g) \tag{3.8}$$

$$\delta y = g + h + i - (a + b + c) \tag{3.9}$$

con i pixel da a a i distribuiti come indicato in figura 3.13.

Figura 3.14 Operatore discreto di Laplace per la determinazione dei contorni. Ogni valore dei pixel è rimpiazzato dalla somma dei quattro valori vicini dalla quale è sottratto il quadruplo del valore del pixel stesso.

L'angolo α del contorno è dato da

$$\alpha = \arctan\frac{\delta x}{\delta y} \tag{3.10}$$

– *Operatore di Sobel.* Questo operatore effettua una funzione simile al filtro passa-alto, ma è definito in modo leggermente diverso dalle equazioni

$$\delta x = c + 2f + i - (a + 2d + g) \tag{3.11}$$

$$\delta y = g + 2h + i - (a + 2b + c) \tag{3.12}$$

– *Operatore di Laplace.* Lo svantaggio dei due riconoscitori di contorni appena descritti è che deve essere fissata a priori una soglia per il riconoscimento. Tale problema può essere ovviato. Considerando la distribuzione dei livelli di grigio di un'immagine come una funzione, la derivata prima della funzione indica il cambiamento dei livelli di grigio attraverso l'immagine. La derivata seconda indica se il cambiamento è positivo o negativo, e i punti dove la derivata seconda è zero (*passaggio per il valore zero*) appartengono ovviamente al contorno dell'immagine, poiché i valori di livelli di grigio cambiano bruscamente. L'operatore di Laplace mostrato in figura 3.14 determina la derivata seconda della distribuzione dei livelli di grigio e può essere utilizzato per riconoscere i contorni.

Vi sono numerosi altri operatori per scopi differenti, ma il principio generale è lo stesso: applicare l'operatore a tutti i pixel e calcolare il nuovo valore per poi aggiornare l'intera immagine.

3.2.12 Fusione delle informazioni sensoriali

Anche per compiti di media complessità non è sufficiente usare un unico sensore. Per esempio, nell'esplorazione casuale e nell'aggiramento di ostacoli alcuni oggetti possono essere riconosciuti solo tramite i sensori a infrarossi IR, altri solo tramite i sensori sonar, altri solo con l'uso di entrambi. La *fusione delle informazioni sensoriali* è il termine tecnico utilizzato per descrivere il processo che utilizza le informazioni provenienti da sensori differenti per formare un'immagine unica del mondo del robot.

Poiché i sensori possiedono caratteristiche diverse, punti di forza e di debolezza differenti, la fusione delle informazioni sensoriali è un processo estremamente difficile. L'informazione proveniente dai vari tipi di sensori non è sempre consistente. Numerose assunzioni devono essere considerate per formare una visione globale del mondo e i risultati devono essere corretti alla luce di ogni nuova evidenza.

Un metodo di fusione delle informazioni sensoriali prevede l'utilizzo di reti neurali artificiali che apprendono il modo in cui associare la percezione con alcune tipologie di uscita (per esempio un'azione o una classificazione). Un'applicazione esemplare di fusione delle informazioni sensoriali, ottenuta utilizzando reti neurali artificiali, è esposta nel caso di studio 2 (p. 76 sgg.).

3.3 Attuatori dei robot

3.3.1 Attuatori elettrici, pneumatici e idraulici

Il tipo più comune di attuatore usato nei robot mobili è il motore elettrico, solitamente un motore a corrente continua (DC) o un motore *passo passo*. Il primo è più facile da controllare: il motore opera grazie all'erogazione di corrente continua. Nel secondo caso le bobine dello statore sono sezionate, cosicché il movimento del rotore può essere determinato applicando una tensione alla sezione desiderata della bobina, che genera una rotazione con un angolo noto (l'angolo tra i segmenti della bobina). I motori *passo passo* possono quindi essere usati per un movimento accurato e preciso. I motori elettrici sono facili da utilizzare, forniscono torsioni moderate (forze rotazionali) e controllo accurato.

I più semplici ed economici di tutti gli azionatori sono gli attuatori pneumatici, che operano normalmente tra posizioni fissate (*controllo bang bang*) pompando aria compressa tra le camere d'aria, muovendo così un pistone. Nonostante siano economici e semplici da controllare, non forniscono una precisione elevata.

Gli attuatori idraulici utilizzano olio pressurizzato per generare il movimento. Sono in grado di generare elevate potenze e alta precisione di movimenti, ma solitamente sono troppo pesanti, sporchi e costosi per essere utilizzati sui robot mobili.

3.3.2 Leghe a memoria di forma (*shape memory alloy*)

Le leghe a memoria di forma (SMA, *shape memory alloy*) sono materiali metallici – come leghe al nichel e titanio o leghe a base di rame (come CuZnAl o CuAlNi) – che possono, dopo una deformazione, ritornare a una forma precedente mediante riscaldamento. Tale effetto può essere utilizzato per creare *muscoli artificiali* per applicazioni su robot mobili.

Il principio fondamentale per creare una forza nelle SMA è una trasformazione di fase nella lega tra la forma più forte (*austenite*), ad alta temperatura, e la forma più debole (*martensite*), a bassa temperatura. Questa trasformazione di fase è realizzata attraverso un riscaldamento (tipicamente conducendo una corrente attraverso un filo SMA) e un raffreddamento (tipicamente attra-

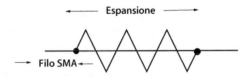

Figura 3.15 Il principio di funzionamento di un "muscolo artificiale" è l'utilizzo di una lega con memoria di forma (SMA). La transizione di fase tra l'austenite e la martensite è ottenuta riscaldando e raffreddando la lega, il che porta a una contrazione del filo SMA e alla conseguente espansione a causa della sua elasticità.

verso lo spegnimento della corrente e con l'aria fredda). Il principio è mostrato in figura 3.15.

Il muscolo artificiale schematizzato in figura 3.15 lavora nel modo seguente: nello stato "freddo" la molla espande il muscolo artificiale; se il filo SMA è riscaldato da una corrente elettrica, il muscolo si contrae e quindi genera un movimento laterale. (Letture di approfondimento sulle leghe a memoria di forma sono reperibili all'indirizzo: http://www.sma-inc.com/SMAPaper.html)

3.3.3 Movimento olonomo e anolonomo

Il movimento di un robot può essere limitato da vincoli. I sistemi anolonomi sono soggetti a vincoli che coinvolgono le velocità, che non risultano invece coinvolte dai vincoli olonomi. Un esempio di vincolo anolonomo è il movimento di una ruota su un asse. La velocità del punto di contatto tra la ruota e la terra nella direzione dell'asse è vincolata a zero, il movimento della ruota è quindi soggetto a un vincolo anolonomo.

3.4 Un esempio: il robot mobile *FortyTwo*

Molti esperimenti presentati in questo libro sono stati condotti con FortyTwo, un robot mobile Nomad 200 (figura 3.16). FortyTwo è completamente autonomo, dotato di un PC a bordo per controllare la percezione e l'azione del robot e trasporta la propria batteria di alimentazione (batterie all'acido di piombo). Questo robot a 16 lati è equipaggiato con 16 sensori di rilevamento ultrasonici (raggio d'azione fino a 6,5 m), 16 sensori a infrarossi (IR) (raggio d'azione fino a 60 cm), 20 sensori di contatto e una telecamera CCD monocromatica (492×512 pixel, con lunghezza focale di 12,5 mm).

Il robot è guidato da tre motori DC indipendenti per la traslazione, la direzione e la rotazione della torretta. Un PC 486 è il controllore principale con diversi processori *slave* (Motorola 68HC11) che gestiscono i sensori del robot.

Un modello numerico di questo robot, un simulatore, può essere utilizzato per sviluppare una versione iniziale del programma di controllo. Un'istantanea dell'interfaccia del simulatore è mostrata in figura 7.1. Questo simulatore incorpora modelli semplificati delle caratteristiche dei sensori sonar, infrarossi e di contatto montati sul robot FortyTwo.

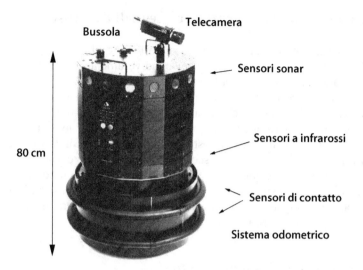

Figura 3.16 Il robot mobile Nomad 200 *FortyTwo*.

Un collegamento opzionale via radio tra il robot FortyTwo e una workstation può essere usato per controllare il robot in remoto.

Il software per FortyTwo, quindi, può essere sviluppato in tre modi diversi:
1. solo in simulazione, lanciato ed eseguito su un computer remoto;
2. software di controllo lanciato su un computer remoto, ma eseguito sul robot;
3. software di controllo lanciato ed eseguito sul robot.

Il primo metodo è la maniera più facile e veloce per sviluppare il software. Nessuna percezione sensoriale errata si ripercuote sul comportamento del robot e l'ambiente deterministico facilita la ripetibilità degli esperimenti. Lo svantaggio di questo metodo è insito nell'inadeguatezza del modello numerico di base utilizzato e nell'impossibilità di simulare le percezioni anomale con le quali il robot dovrà in definitiva interagire. Solo per compiti molto basilari è possibile eseguire, senza alterare il buon funzionamento del robot, il codice di controllo sviluppato in simulazione.

Il secondo metodo consente uno sviluppo ragionevolmente rapido del software, senza i problemi dovuti all'utilizzo di simulazioni troppo semplificate. Il solo artificio introdotto da questo metodo consiste nelle differenze nell'esecuzione del programma a causa dei ritardi di trasmissione tra il robot e la workstation, che non si verificano se il codice è eseguito direttamente sul robot. Se l'obiettivo ultimo è eseguire il programma di controllo direttamente sul robot, un altro possibile problema è causato dalla maggiore potenza di calcolo della workstation rispetto al PC a bordo del robot FortyTwo, cosicché il codice verrà eseguito molto più lentamente sul robot rispetto a quanto non avvenga sul computer esterno.

Il terzo metodo genera ovviamente un codice che funziona sul robot; si tratta anche del metodo più lento fra i tre.

3.5 La necessità di interpretare i segnali dei sensori

Dalla descrizione dei vari sensori e attuatori disponibili per i robot mobili, è chiaro che quello che i sensori percepiscono veramente è qualche proprietà fisica dell'ambiente che il robot ha necessità di conoscere. Non vi sono "sensori di ostacoli", ma soltanto microinterruttori, sensori sonar, sensori a infrarossi eccetera, i cui segnali rivelano la presenza o l'assenza di un oggetto. Ma un microinterruttore potrebbe innescarsi perché il robot ha subito un urto, un sensore sonar potrebbe indicare un ostacolo a causa di una diafonia e un sensore a infrarosso potrebbe non riconoscere un oggetto perché questo è nero.

Con questo avvertimento, nel capitolo 4 analizzeremo il compito di raccogliere informazioni significative a partire dalle letture sensoriali grezze. Un modo per raggiungere tale obiettivo consiste nel permettere al robot di imparare dall'esperienza, attraverso prove ed errori.

3.6 Letture di approfondimento

Leghe a memoria di forma
http://www.sma-inc.com/SMAPaper.html

Sensori
J. Borenstein, H.R. Everett, L. Feng, *Navigating mobile robots*. AK Peters, Wellesley MA, 1996.

Sensori e attuatori
A. Critchlow, *Introduction to robotics*. Macmillan, New York, 1985.

Informazioni specifiche sui sensori sonar
D.C. Lee, *The Map-Building and Exploration Strategies of a Simple Sonar-Equipped Mobile Robot; an Experimental Quantitative Evaluation*, PhD Thesis. University College London, London, 1995.
J. Leonard, H. Durrant-Whyte, I. Cox, Dynamic Mapbuilding for an Autonomous Mobile Robot. *Proc. IEEE IROS*, pp. 89-96, 1990.

Informazioni sui sensori laser per la distanza
http://www.zf-usa.com

4

L'apprendimento robotico:
dare senso alle informazioni sensoriali

Questo capitolo illustra i principi alla base dell'apprendimento dei robot e delle macchine e ne esamina i meccanismi più comunemente usati, quali l'apprendimento per rinforzo e gli approcci connessionistici. Presenta inoltre tre casi di studio di robot che possiedono la capacità di imparare.

4.1 Introduzione

Il paragrafo 4.1 di questo capitolo presenta i principi fondamentali dell'apprendimento dei robot e pone quest'ultimo in relazione con l'apprendimento delle macchine. Questa parte della trattazione è piuttosto astratta e ha lo scopo di introdurre definizioni di carattere generale.

Il paragrafo 4.2 è invece più pratico e illustra alcuni meccanismi comunemente utilizzati nell'apprendimento per rinforzo in ambito robotico.

Il capitolo si conclude con tre casi di studio di apprendimento dei robot e con un esercizio. I casi di studio presentano esempi di apprendimento auto-supervisionato, supervisionato e non supervisionato.

4.1.1 Motivazioni

L'apprendimento dota l'agente di un processo di una capacità, o di una conoscenza, che non era stata fornita in fase di progettazione. L'apprendimento non è necessario per implementare capacità ben definite, che possono essere facilmente realizzate da una struttura *fissa* quale potrebbe essere la logica cablata.

Tuttavia, se questa struttura fissa non può essere identificata in fase di progettazione, l'apprendimento è il modo migliore per determinare successivamente le competenze desiderate attraverso l'interazione con l'ambiente.

Vi sono molte ragioni per cui potrebbe risultare impossibile implementare una competenza in fase progettuale. A volte possono mancare informazioni precise sugli obiettivi o sull'agente oppure sull'ambiente circostante. Potremmo non avere una conoscenza completa dell'ambiente nel quale l'agente robotico deve operare o del compito che deve svolgere. Potremmo anche non conoscere le proprietà specifiche dei sensori e degli attuatori dell'agente ed eventuali piccoli difetti dell'agente stesso.

Un'altra ragione che impedisce l'implementazione di una competenza specifica nella fase progettuale è legata all'imprevedibile dinamicità dell'ambiente, del compito o dell'agente. Negli ambienti abitati dagli uomini, per esempio, vi sono oggetti che possono subire continue variazioni di posizione (per esempio i mobili) o di proprietà (per esempio i muri dipinti); anche le condizioni luminose dell'ambiente possono essere soggette a mutazioni (per esempio la luce può essere spenta o accesa).

Il compito dell'agente può cambiare se esso sta inseguendo un obiettivo d'alto livello che richiede vari e differenti sotto-obiettivi.

Infine, lo stesso agente può cambiare in modo imprevedibile; per esempio le caratteristiche dei sensori e degli attuatori del robot possono avere prestazioni differenti al diminuire della carica della batteria, oppure al variare della temperatura e dell'umidità. Alder (mostrato in figura 4.14) possiede la fastidiosa caratteristica di tendere leggermente a sinistra quando gli si chiede di avanzare, per iniziare a tendere a destra solo quando la carica della batteria diminuisce; era quindi impossibile compensare tale difetto utilizzando una struttura di controllo cablata.

Infine, per noi (che siamo progettisti umani) potrebbe essere impossibile realizzare una struttura di controllo cablata a livello hardware, essenzialmente perché percepiamo il mondo che ci circonda in maniera differente da un robot. Usualmente ci si riferisce a questo argomento come al *problema della discrepanza percettiva (perceptual discrepancy)*. A volte semplicemente non conosciamo quale sia la migliore strategia di controllo.

Ecco un esempio di discrepanza percettiva. Molte persone potrebbero pensare che, per un robot mobile che naviga in un ufficio, le porte siano buoni punti di riferimento. Si potrebbe intuitivamente pensare che le porte siano una scelta valida, poiché risultano visibili in lontananza e da diversi angoli visuali, in quanto progettate per essere facilmente distinguibili; tuttavia, le porte sono realizzate in modo da essere facilmente distinguibili *dall'uomo* (gli esperimenti mostrano che per un robot è più semplice individuare i telai, che sono leggermente più sporgenti, piuttosto che le porte stesse). I telai riflettono molto bene i segnali del sonar e brillano come fari nel buio; mentre per un essere umano i telai delle porte sono quasi completamente inosservati e invisibili.

Non vi è nulla che appaia identico a una seconda osservazione. Alcuni oggetti cambiano la loro apparenza nel tempo (come gli esseri viventi), a volte invece sono le condizioni esterne a essere differenti (come le condizioni luminose), altre volte ancora cambia il punto di vista prospettico. La *generalizzazione*, che è una forma d'apprendimento, aiuta a identificare le peculiarità salienti di un oggetto e a tralasciare quelle che mutano nel tempo.

È per queste ragioni che siamo interessati a inserire in un robot mobile la capacità di apprendere. L'apprendimento consentirà al robot di acquisire quelle competenze che non possono essere implementate da un progettista umano, per le ragioni appena illustrate.

4.1.2 Apprendimento dei robot e apprendimento delle macchine

La metafora dello strato metallico

Esaminiamo un robot autonomo come FortyTwo, raffigurato in figura 3.16. Questo robot è dotato di uno strato metallico che separa il suo interno dalla "realtà esterna" (alla quale si farà riferimento d'ora in poi semplicemente con il termine *mondo*). Nello strato metallico del robot sono insiti i suoi sensori, come i sonar e i sensori a infrarossi.

Alcune proprietà del mondo sono percepite dai sensori del robot e rese disponibili alla sua componente interna sotto forma di segnali elettrici. Per esempio una certa proprietà del mondo, che fa sì che un impulso sonar ritorni al robot dopo 4 ms, è resa disponibile all'interno del robot come un'informazione del tipo "66 cm". Questo segnale non è equivalente alla proprietà del mondo, ma è soltanto una delle possibili sensazioni che possono emergere dallo stato del mondo esterno. Lo strato metallico separa il mondo dall'interno del robot, e la metafora dello strato metallico ci permette di distinguere tra il problema dell'apprendimento del robot e quello dell'apprendimento delle macchine.

Il *problema dell'apprendimento del robot* si focalizza sul far eseguire correttamente al robot certi compiti nel mondo con successo, mentre il *problema dell'apprendimento delle macchine* è come ottenere uno stato obiettivo ben definito a partire dallo stato corrente del mondo. Il *problema dell'apprendimento delle macchine* è ciò che accade "dentro" allo strato metallico, mentre il problema dell'apprendimento del robot considera l'agente, l'ambiente e il compito da eseguire come un'unica entità (come si può osservare in figura 4.1).

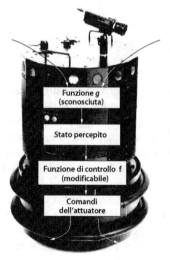

Vero stato del mondo

Figura 4.1 Il problema dell'apprendimento robotico. Il vero stato del mondo è inaccessibile al robot: per il processo di apprendimento è disponibile soltanto lo stato percepito.

Lo stato effettivo del mondo esterno è trasformato nello stato percepito del mondo da una funzione *g* sconosciuta. Lo stato del mondo percepito può essere associato alle azioni da compiere mediante una funzione di controllo *f*, modificabile con l'apprendimento. La modifica della funzione *f* è il problema dell'apprendimento delle macchine, nonché l'argomento di questa trattazione.

Descrizione formale dell'apprendimento delle macchine

Ogni processo di apprendimento consta di un certo obiettivo; una prima puntualizzazione necessaria riguarda come definire un obiettivo.

Dato che si può disporre solamente di informazioni relative allo stato percepito del mondo, piuttosto che allo stato reale del mondo "esterno", la definizione più precisa di obiettivo è formulata in base agli stati percepiti, come gli stati del sensore.

Tuttavia, non sempre è possibile fare ciò, poiché spesso non vi è una corrispondenza biunivoca tra i comportamenti desiderati del robot nel mondo e lo stato del mondo percepito. Tipicamente, durante l'esecuzione delle azioni, gli stessi stati si possono percepire diverse volte, così è impossibile definire un comportamento finalizzato mediante la percezione di uno stato obiettivo del mondo. In questi casi le descrizioni qualitative dell'obiettivo devono essere sufficienti e ciò rende l'analisi del sistema di apprendimento più difficile.

Assumendo che *G* sia uno stato obiettivo identificabile e *X* e *Y* siano due stati del mondo percepiti e differenti tra loro, il problema dell'apprendimento delle macchine può essere formalmente espresso come

$$G : X \to Y; R \tag{4.1}$$

inteso come: "se un robot si trova in uno stato che soddisfi la condizione *X*, allora l'obiettivo di raggiungere uno stato che soddisfi la condizione *Y* diventa attivo, per cui si ottiene una ricompensa *R*".

Per esempio, l'obiettivo di ricaricare una batteria quasi scarica si può rappresentare in questo modo, ponendo:

X = Livello di batteria basso
Y = Il robot è collegato al caricabatterie
R = 100

Dato questo insieme di obiettivi, possiamo definire una misura quantitativa della prestazione del robot come la percentuale del numero di volte che un robot raggiunge con successo la condizione *Y*, supposta raggiunta la condizione di partenza *X*, oppure come la somma delle ricompense ricevute nel tempo. Se volessimo, si potrebbe elaborare ulteriormente la nostra misura introducendo un costo o un ritardo di tempo per le azioni che conducono dalla condizione *X* alla condizione *Y*.

Una volta così definito un indice di *prestazione del robot* relativo ad alcuni insiemi di obiettivi *G*, possiamo affermare che il problema dell'apprendimento del robot consiste essenzialmente nel migliorare le sue prestazioni con l'esperienza. È evidente che l'apprendimento del robot è anche vincolato ai particolari obiettivi e al criterio scelto per la misurazione delle prestazioni. Un algoritmo di apprendimento per il robot soddisfacente relativamente a un insieme di obiettivi potrebbe rivelarsi inefficiente rispetto a un altro. Naturalmente siamo molto interessati a trovare algoritmi universali che consentano al robot di migliorare progressivamente le prestazioni nel raggiungimento di una grande varietà di obiettivi.

Caratterizzazione del problema dell'apprendimento delle macchine mediante la funzione obiettivo

In precedenza il problema dell'apprendimento delle macchine è stato espresso in termini di scelta della strategia che permetta la massimizzazione della ricompensa accumulata. Utilizzando i descrittori s per lo stato attuale del sistema ($s \in S$, dove con S s'intende l'insieme finito di tutti i possibili stati), a per l'azione correntemente selezionata ($a \in A$, con A insieme finito delle possibili azioni) e V per la ricompensa futura attesa, si possono descrivere diversi scenari per l'apprendimento delle macchine.

La situazione più semplice potrebbe essere apprendere direttamente una funzione di controllo f dagli *insiemi di addestramento* costituiti da coppie di input-output di f (equazione 4.2)

$$f : S \to A \qquad (4.2)$$

Un esempio di sistema che apprende la funzione f direttamente è Alvinn di Pomerlau ([Pomerlau 93]): esso apprende la funzione f per guidare un veicolo. Tale sistema apprende dai dati di addestramento che ottiene osservando per alcuni minuti un pilota umano che guida un veicolo. Ogni esempio di addestramento è costituito da uno stato percepito (le immagini di una telecamera che inquadra la strada) e dalla corrispondente manovra di guida (ottenuta osservando il pilota umano). Una rete neurale è stata addestrata con questi esempi. Il sistema ha imparato a guidare con successo in diverse strade pubbliche.

Un altro esempio di tale situazione è illustrato nel caso di studio 2 (p. 76 sgg.), nel quale FortyTwo apprende differenti competenze sensomotorie osservando le azioni di un *addestratore* umano.

In altri casi gli insiemi di addestramento della funzione f potrebbero essere non direttamente accessibili. Consideriamo per esempio un robot senza alcun addestratore, dotato solo della capacità di determinare quando gli obiettivi nel suo insieme G sono soddisfatti e quale ricompensa è elargita al raggiungimento di quell'obiettivo. Per esempio si consideri un compito di navigazione in cui il robot deve raggiungere una posizione obiettivo, inizialmente non visibile, e si supponga che il robot non possa ottenere nessuna informazione dall'ambiente. In questo caso è necessaria una sequenza di tante azioni prima che il compito sia eseguito; tuttavia, se il robot non ha un addestratore che gli suggerisca l'azione corretta per ogni stato intermedio, l'unica informazione sarà la ricompensa ritardata che otterrà alla fine, quando avrà raggiunto l'obiettivo mediante tentativi ed errori. In questo caso non è possibile apprendere direttamente la funzione f, poiché non è disponibile nessuna coppia di input-output.

Un modo comune per ovviare a tale problema è definire una funzione ausiliaria $Q : S \times A \rightarrow V$, ovvero una funzione di stima della possibile ricompensa futura V, che prenda in considerazione lo stato del sistema s e l'azione da intraprendere a. Questo metodo è noto in letteratura con il nome di Q-learning e sarà discusso più a fondo nel paragrafo 4.2.

Utilizzando la funzione Q l'immediata retroazione (che non è disponibile) è sostituita dalla predizione interna della bontà dell'azione futura.

Vi sono altri argomenti relativi al problema dell'apprendimento delle macchine: il robot può imparare a prevedere il prossimo stato percepito del mondo s' a partire da una qualunque azione specifica a in uno stato s

$$NextState : s \times a \rightarrow s'$$

dove s' è lo stato risultante dall'applicazione di un'azione in uno stato s. Proprietà molto utili di *NextState* sono l'indipendenza dai compiti e il poter essere di supporto a qualunque processo di apprendimento. Un esempio di applicazione efficiente di tale tecnica è illustrato in [O'Sullivan et al. 95].

Infine un robot può imparare a stabilire una corrispondenza dagli input sensoriali e dalle azioni per un'utile rappresentazione dello stato del robot

$$Perceive : Sensor^* \times a^* \rightarrow s'$$

Questo meccanismo si traduce in un apprendimento di una rappresentazione degli stati, dove lo stato s è calcolato a partire dalla storia dei dati sensoriali, *Sensor**, e dalla storia delle azioni eseguite a^*. Anche questa volta, *Perceive* è indipendente dal compito e può essere utilizzato come supporto per qualunque applicazione di apprendimento.

Caratterizzazione del problema dell'apprendimento delle macchine con le informazioni di addestramento

Esistono tre importanti categorie di informazioni d'addestramento che si possono utilizzare per controllare il processo di apprendimento: *supervisionato, auto-supervisionato e non supervisionato*.

- *Apprendimento supervisionato*. Le informazioni sui valori della funzione di controllo obiettivo sono fornite esternamente al meccanismo di apprendimento. Un esempio è fornito dai dati di addestramento supervisionato ottenuti da un addestratore umano per il sistema Alvinn sopra descritto. L'*algoritmo di retropropagazione degli errori* per l'addestramento di reti neurali artificiali è tra le tecniche utilizzate comunemente per l'apprendimento supervisionato. Le informazioni di addestramento fornite sono di solito un esempio dell'azione da eseguire, come in Alvinn o nel caso di studio 2.

- *Apprendimento auto-supervisionato*. Il meccanismo di apprendimento è essenzialmente lo stesso di quello supervisionato; tuttavia, la retroazione *esterna* data da un addestratore nel caso supervisionato è sostituita da una retroazione *interna*, generata da una *struttura* di controllo interna e indipendente. Nell'apprendimento con rinforzo, discusso nel paragrafo 4.2, questa struttura è definita *critica*, mentre nel caso di studio 1 è detta *monitor*.

– *Apprendimento non supervisionato.* Raggruppa le informazioni sfruttando la struttura sottostante dei dati in ingresso, anziché usando coppie di ingresso e di uscita per l'addestramento. La mappa auto-organizzante di Kohonen è un esempio ben conosciuto di meccanismo di apprendimento non supervisionato ([Kohonen 88]). L'apprendimento non supervisionato, cioè l'analisi dei cluster, riveste una notevole importanza nell'ottimizzazione della gestione delle informazioni sensoriali (che fungono da insieme di addestramento). Per esempio, l'apprendimento non supervisionato può identificare dei cluster di punti simili, consentendone la rappresentazione in termini di caratteristiche ortogonali (altamente peculiari). Questo avviene senza che un operatore conosca o specifichi quali debbano essere tali caratteristiche. In tal modo si riduce l'effettiva dimensionalità dei dati, offrendone una rappresentazione più concisa e un supporto all'apprendimento supervisionato più accurato. Un esempio di applicazione è il caso di studio 3. (Per informazioni più dettagliate sugli algoritmi presentati in questo paragrafo, si rinvia alle letture consigliate riportate in fondo al capitolo.)

4.2 Metodi di apprendimento in dettaglio

4.2.1 L'apprendimento per rinforzo

> *"[Il termine apprendimento per rinforzo riguarda le tecniche] di apprendimento mediante prova ed errore attraverso una retroazione della prestazione cioè una retroazione che valuta il comportamento, [...] ma che non indica il comportamento corretto."* ([Sutton 91])

> *"Durante l'addestramento non sono forniti esempi di soluzioni ottimali."* ([Barto 95])

Solitamente la forma assunta da questo retroazione della prestazione è un semplice segnale *buono/cattivo* alla fine di una sequenza di azioni, per esempio dopo aver finalmente raggiunto una posizione obiettivo, preso un oggetto eccetera. Questo tipo di situazione è comune in robotica e l'apprendimento per rinforzo può perciò essere applicato a molti compiti. L'apprendimento per rinforzo può essere considerato a tutti gli effetti un problema di ottimizzazione, il cui obiettivo è stabilire una politica di controllo che ottenga un rinforzo massimo, a partire dallo stato nel quale si trova il robot (figura 4.2).

Queste tecniche di apprendimento per rinforzo, inoltre, sono particolarmente adatte per quelle applicazioni della robotica nelle quali gli errori del robot non sono immediatamente critici e per le quali esista una qualche funzione di valutazione delle prestazioni del robot. L'apprendimento per rinforzo utilizza infatti una misura di valutazione globale (il rinforzo), che controlla il processo di apprendimento ([Barto 90] e [Torras 91]). Sotto questo aspetto esso differisce dagli schemi di apprendimento supervisionato (come alcuni tipi di architetture connessioniste), che utilizzano valori obiettivo specifici per le singole unità.

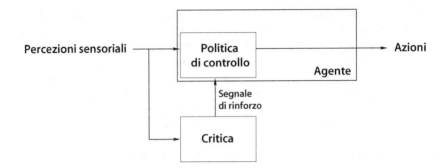

Figura 4.2 Schema dell'apprendimento per rinforzo. L'agente, con l'attuazione di azioni nel mondo, tenta di massimizzare la ricompensa cumulativa.

Per la robotica tale proprietà può essere particolarmente vantaggiosa in quelle situazioni in cui è noto solamente il comportamento complessivo desiderato del robot; tuttavia allo stesso tempo ciò può essere un problema, poiché è difficile stabilire quale parametro debba essere modificato all'interno del controllore per incrementare il rinforzo.

È proprio attraverso il feedback (segnale di retroazione) delle prestazioni che si apprende la corrispondenza tra lo stato (la rappresentazione di una particolare situazione) e l'azione da intraprendere.

Sutton fornisce la seguente visione d'insieme delle architetture dell'apprendimento per rinforzo per agenti intelligenti ([Sutton 91]).

– *Architettura basata sulla politica*: è la più semplice architettura. La politica dell'agente è l'unica struttura modificabile. Queste architetture funzionano bene solo se le ricompense sono disposte attorno allo zero (un rinforzo positivo è un numero positivo, mentre un rinforzo negativo è un numero negativo. Non possono essere entrambi positivi, con il primo maggiore del secondo).

– *Tecniche comparative di rinforzo*: utilizzano una predizione della ricompensa come punto di riferimento e sono quindi in grado di gestire ricompense distribuite intorno a un valore diverso da zero.

– *Euristica critica adattativa*: questa architettura utilizza una predizione del ritorno, cioè una ricompensa accumulata a lungo termine, in modo da tenere in considerazione anche le ricompense non immediate; a differenza delle due architetture precedenti è in grado di fare anche questo.

– *Q-learning*: in questo caso la predizione del ritorno è funzione non solo dello stato, ma anche dell'azione selezionata.

– *Architettura Dyna*: questa architettura di apprendimento per rinforzo contiene un modello interno del mondo; per ogni ciclo di scelta di un'azione e della relativa attuazione nel mondo reale, l'architettura realizza *k* cicli di apprendimento, utilizzando il modello interno del mondo (dove *k* è un numero intero).

L'apprendimento per rinforzo può essere lento

[Sutton 91] mostra che in una simulazione di individuazione del percorso, dove l'inizio e la fine sono distanti 16 quadratini in una griglia 9×6, utilizzando un'architettura Dyna con un'euristica critica adattativa sono stati necessari quattro passi nel mondo simulato e 100 cicli ($k = 100$) per ogni passo, per trovare il percorso corretto; se viene posto un ostacolo, il nuovo percorso è individuato mediante un processo molto lento. Sutton mostra anche una simulazione di un sistema Dyna-Q che deve trovare un percorso della lunghezza di 10 quadratini. Sono necessari 1000 passi di simulazione e altri 800 se viene introdotto un ostacolo sul percorso. Con $k = 10$ occorrono 100 passi nell'ambiente simulato e altri 80 per calcolare il nuovo percorso.

Per un robot reale questo tempo di apprendimento può essere molto lento. Infatti in una simulazione l'unico costo è il tempo di calcolo, mentre nella robotica la funzione di costo è qualcosa di differente. A causa della durata della batteria, i robot operano solo per un certo lasso di tempo e certe competenze, come evitare gli ostacoli, *devono* essere acquisite molto velocemente, in modo da assicurare un funzionamento del robot senza pericoli.

In conclusione, per i robot mobili è cruciale che l'algoritmo di apprendimento sia veloce. Sulla bassa velocità dell'apprendimento per rinforzo si veda anche [Brooks 91a].

Altri studiosi hanno dimostrato che l'algoritmo di apprendimento può essere molto lento. Prescott e Mayhew ([Prescott & Mayhew 92]) hanno simulato il robot autonomo Aivru e hanno utilizzato un algoritmo di apprendimento per rinforzo simile a quello descritto da Watkins ([Watkins 89]). Lo spazio degli input sensoriali dell'agente simulato è codificato con una funzione continua, simulando un sensore che restituisce informazioni sull'angolo e sulla distanza dell'ostacolo più vicino. Il mondo simulato è costituito da un'area di 5 m × 5 m, mentre il robot simulato è 30 cm × 30 cm. Senza l'algoritmo di apprendimento, l'agente urta gli ostacoli per il 26,5% del tempo totale di simulazione, mentre solo dopo 50 000 passi di simulazione tale percentuale si riduce al 3,25%.

Kaelbling mette a confronto diversi algoritmi e le relative prestazioni in un mondo simulato ([Kaelbling 90]). L'agente deve stare lontano dagli ostacoli, assegnandogli un rinforzo negativo se ne urta uno, e riceve un rinforzo positivo se si avvicina a una sorgente luminosa. Kaelbling riporta che tutti gli algoritmi di apprendimento per rinforzo esaminati (Q-learning, stima dell'intervallo più Q-learning ed euristica critica adattativa con stima dell'intervallo) soffrono spesso di ritardi nell'adozione della strategia corretta, poiché nelle fasi iniziali del processo di addestramento il robot non si avvicina frequentemente alle sorgenti luminose e non può quindi avvantaggiarsi del rinforzo positivo. Dopo 10 000 cicli, i differenti algoritmi ottenevano un rinforzo con un valore medio di 0,16 (Q-learning), 0,18 (stima dell'intervallo più Q-learning) e 0,37 (algoritmo di euristica critica adattativa con stima dell'intervallo). Con un controllore ottimale scritto *ad hoc* si otteneva un valore di 0,83. Come nel caso precedentemente menzionato ([Prescott & Mayhew 92]), l'apprendimento richiedeva molto tempo e le prestazioni ottenute erano abbondantemente al di sotto di quelle ottimali.

Trovare la critica appropriata per l'architettura dell'apprendimento per rinforzo e determinare come modificare le uscite del controllore in maniera da migliorare le prestazioni, rappresentano i problemi principali che è necessario affrontare quando si implementa un apprendimento per rinforzo sui robot ([Barto 90]).

Un altro "problema che ha impedito a queste architetture di essere applicate a compiti di controllo più complessi è stata l'incapacità dei suddetti algoritmi di apprendimento per rinforzo di dialogare con ingressi sensoriali limitati. Questi algoritmi di apprendimento devono possedere un accesso completo allo stato dell'ambiente" ([Whitehead & Ballard 90]). Per le applicazioni robotiche tutto ciò è irrealistico ed estremamente limitante. Esistono infatti più simulazioni di architetture di apprendimento per rinforzo che implementazioni sui robot reali. Di seguito sono illustrati due esempi di robot che utilizzano l'apprendimento per rinforzo.

Due esempi di robot che utilizzano l'apprendimento per rinforzo
Il robot mobile Obelix ([Mahadevan & Connell 91]) utilizza l'apprendimento per rinforzo (Q-learning) per acquisire la capacità di spingere una scatola. Per superare il problema dell'attribuzione di ricompense[1], il compito complessivo è stato suddiviso in tre sotto-compiti: la ricerca della scatola, la spinta della scatola e l'evitare che essa si incastri. Questi tre obiettivi sono stati implementati come comportamenti differenti in una determinata architettura a sussunzione, dove la ricerca della scatola costituisce il livello più basso e non incastrarla il livello più alto.

Obelix possiede otto sensori a ultrasuoni e uno solo a infrarossi; inoltre il robot può monitorare la corrente degli attuatori (che indica se il robot sta spingendo un ostacolo fisso). Invece di usare i dati non elaborati, Mahadevan e Connell quantizzano gli input sensoriali in un vettore di 18 bit che viene poi ridotto a 9 bit combinandone alcuni. Questo vettore di bit è usato come input all'algoritmo Q-learning. Le possibili azioni motorie di Obelix sono ridotte a cinque: avanti, gira a destra e a sinistra, sterza bruscamente a sinistra e a destra. L'informazione d'ingresso al controllore di Obelix è piccola, e usa una serie di dati pre-elaborati, dove le letture dei segnali sonar sono opportunamente codificate.

I risultati sperimentali confermano che l'algoritmo Q-learning richiede un gran numero di cicli di apprendimento: infatti dopo un tempo relativamente lungo di addestramento di 2000 passi, il comportamento di ricerca della scatola ha ottenuto un valore medio di ricompensa di 0,16, laddove un algoritmo implementato appositamente ottiene un valore di circa 0,25.

Genghis è un robot in grado di camminare e impara a coordinare i movimenti delle sue gambe per compiere tale azione ([Maes & Brooks 90]). Diversamente da quanto illustrato in [Brooks 86a], che determina l'arbitraggio tra

---

[1] Com'è possibile assegnare correttamente una ricompensa positiva o negativa a un'azione nel caso in cui le conseguenze di questa si sviluppino nel tempo o interagiscano con le conseguenze di altre azioni?

comportamenti manualmente, in Genghis la *rilevanza* di un particolare comportamento è determinato da un processo di apprendimento statistico. Infatti, un particolare comportamento è tanto più rilevante, quanto più forte è la correlazione con una valutazione positiva. Più un comportamento risulta rilevante in un particolare contesto, più è probabile che esso venga adottato. In Genghis i segnali di feedback positivo sono inviati da una ruota che funge da sensore di riconoscimento di avanzamento. La retroazione negativa è inviata da due interruttori (switches) montati sotto il corpo del robot (gli interruttori permettono di capire se il robot è sollevato da terra).

La velocità di apprendimento è fortemente influenzata dalle dimensioni dello spazio di ricerca (in questo caso lo spazio delle possibili azioni motorie), ossia dalla quantità di ricerca necessaria per ottenere il primo rinforzo positivo. Kaelbling scrive che gli esperimenti con il robot Spanky, il cui compito era quello di muoversi verso una sorgente luminosa, mostravano che l'agente imparava a svolgere il suo compito con successo solo se era stato inizialmente aiutato, in modo da ricevere le prime ricompense ([Kaelbling 90]). Analogamente nelle sperimentazioni effettuate con Genghis lo spazio di ricerca è abbastanza piccolo per ricevere fin dall'inizio retroazioni positive. Ciò vale anche per l'esempio del robot illustrato più avanti nel caso di studio 1.

Le architetture ad apprendimento per rinforzo

Q-learning

In molte applicazioni di apprendimento l'obiettivo è adottare una politica di controllo che stabilisca una corrispondenza fra uno spazio *discretizzato* degli input e uno spazio *discretizzato* degli output tale da ottenere il massimo rinforzo cumulativo (ricompensa). Il Q-learning è uno dei meccanismi applicabile in queste situazioni di apprendimento.

Considerando un insieme di stati discreti $s \in S$ (in questo contesto la parola "stato" si riferisce alla particolare configurazione di parametri rilevanti che possono avere influenza sulle operazioni del robot, per esempio: la lettura dei sensori, il livello di carica della batteria, la sua locazione fisica eccetera, mentre con S si intende l'insieme finito di tutti i possibili stati) e un insieme discreto di azioni $a \in A$ (essendo A lo spazio finito di tutte le possibili azioni) che il robot può eseguire (il termine "azione" si riferisce alle possibili risposte del robot, per esempio: movimenti, riscontri visivi e acustici ecc.), si può dimostrare che il Q-learning converge verso una procedura di controllo ottimale ([Watkins 89]).

L'idea alla base del Q-learning è che l'algoritmo apprende la funzione di valutazione ottima sull'intero spazio degli stati e delle azioni S × A. Successivamente, la funzione Q fornisce una corrispondenza nella forma $Q: S \times A \rightarrow V$, dove V è il valore della *ricompensa futura* dell'azione a eseguita nello stato s. Una volta appresa la funzione Q ottimale, e dato che il partizionamento dello spazio delle azioni e dello spazio degli stati del robot non introduce alterazioni e non omette informazioni rilevanti, il robot conoscerà precisamente quale azione porterà alla più alta ricompensa futura in una particolare situazione s.

La funzione $Q(s, a)$ delle ricompense future attese, ottenuta dopo aver eseguito l'azione a nello stato s, è appresa mediante un meccanismo di prova ed errore come descritto nell'equazione

$$Q_{t+1}(s,a) \leftarrow Q_t(s,a) + \beta[r + \lambda E(s)] - Q_t(s,a) \qquad (4.3)$$

dove con β si indica il tasso di apprendimento, r è la ricompensa positiva o negativa da pagare per l'azione a intrapresa nello stato s, λ è un fattore di risparmio ($0 < \lambda < 1$), che riduce l'influenza delle previsioni delle ricompense future, ed $E(s) = max[Q(s,a)]$ rappresenta l'utilità dello stato s risultante dall'azione a, utilizzando la funzione Q che è stata appresa precedentemente.

Un esempio di applicazione dell'apprendimento Q-learning è già stato illustrato (il robot Obelix). Ulteriori esempi possono essere trovati nel volume di Arkin ([Arkin 98]).

Euristica critica adattativa
Un aspetto fondamentale dell'apprendimento per rinforzo è il *problema del momento dell'attribuzione della ricompensa*: poiché il rinforzo è ricevuto solamente una volta raggiunto lo stato obiettivo, è difficile assegnare porzioni di ricompensa alle azioni che precedono quella finale.

Generalmente il problema è affrontato imparando una funzione interna di valutazione, capace di prevedere la ricompensa a lungo termine di un'azione a di questo tipo intrapresa nello stato s. Sistemi che apprendono una funzione di valutazione interna sono definiti *critiche adattive* (*adaptive critics*) ([Sutton 91]).

Apprendimento per differenze temporali
Uno dei più grandi inconvenienti del Q-learning è che le azioni effettuate all'inizio del processo di esplorazione non contribuiscono in nessun modo al processo di apprendimento; infatti, solamente quando si raggiunge uno stato obiettivo si può applicare una regola d'apprendimento. Questo rende l'algoritmo Q-learning abbastanza pesante in termini di tempo.

Un modo per affrontare questo problema potrebbe consistere nel fare previsioni del risultato delle azioni man mano che il robot esplora il suo mondo, e nello stimare il valore di ogni azione a in uno stato s con queste previsioni. Questo tipo di apprendimento è chiamato *apprendimento per differenze temporali* o *apprendimento TD*.

In effetti il sistema di apprendimento prevede la ricompensa e utilizza tale ricompensa nel sistema di apprendimento finché non riceve la vera ricompensa esterna. Una discussione più approfondita di questo metodo si può trovare in [Sutton 88].

4.2.2 Ragionamento probabilistico

Si è già discusso in precedenza della differenza tra il problema dell'apprendimento delle macchine e quello dell'apprendimento del robot: il primo cerca di trovare una funzione ottimale rispetto a qualche criterio di ricompensa, che fa corrispondere uno stato in ingresso completamente conosciuto con uno stato obiettivo altrettanto conosciuto, mentre il secondo è ulteriormente complicato dal fatto che il vero stato del mondo non è noto. L'incertezza è il punto più importante nell'interazione tra il robot e l'ambiente con cui dovrà operare. Per esempio i segnali che provengono dai sensori non rilevano necessariamente la presenza di oggetti; essi indicano semplicemente che l'ambiente è tale per cui un impulso sonar ritorna al robot dopo un certo periodo di tempo, il che significa che probabilmente vi è un oggetto che riflette i segnali inviati.

Inoltre un robot non conosce mai esattamente la propria posizione (il problema della localizzazione è discusso in dettaglio nel capitolo 5), ma può solamente stimarla con diverse probabilità. In alcune situazioni queste probabilità sono conosciute, o possono essere stimate con sufficiente accuratezza da permettere una modellazione matematica. I processi di Markov sono modelli probabilistici largamente utilizzati a tale scopo.

I processi di Markov

Un processo di Markov è una sequenza di variabili casuali (possibilmente dipendenti) $(x_1, x_2, ..., x_n)$ con la proprietà che qualunque predizione di x_n può basarsi sull'unica ed esclusiva conoscenza di x_{n-1}. In altre parole, qualunque valore futuro di una variabile dipende solamente dal valore corrente della variabile stessa e non dalla sequenza dei valori passati. In figura 4.3 è mostrato un esempio di processo di Markov, che determina se una stringa di bit contiene un numero pari o dispari di bit unitari.

Iniziando in uno stato *pari* prima di esaminare il primo bit e seguendo poi le transizioni tra i due possibili stati, a seconda che il bit corrente nella stringa sia "0" o "1" si giungerà a uno stato finale che determinerà la parità della stringa in esame. Tutte le transazioni dipendono esclusivamente dal bit correntemente esaminato e non dalla sequenza di bit elaborati precedentemente. Non viene infatti contato il numero dei bit unitari.

Processi di decisione di Markov

La definizione di processo di Markov (che si è detto essere dipendente solamente dallo stato corrente s e dal processo di transizione a: nell'esempio della parità è il fatto che uno "0" o un "1" sia stato elaborato) può essere ampliata aggiungendo un modello di transizione dell'ambiente e una funzione di ricompensa che valuti la prestazione dell'agente.

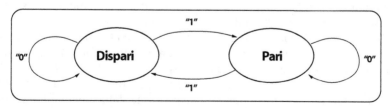

Figura 4.3 Un esempio di processo di Markov, che determina la parità di una stringa di bit.

Un processo di decisione di Markov è definito da una tupla $<S, A, T, R>$, dove S è l'insieme finito degli stati del sistema, A un insieme finito di azioni, T un modello di transizioni di stato che stabilisce una corrispondenza tra le coppie stato-azione e una distribuzione di probabilità su S (che indica la probabilità di raggiungere uno stato s' se un'azione a è eseguita nello stato s), ed R è una funzione che specifica la ricompensa che il robot riceve per aver intrapreso un'azione $a \in A$ nello stato $s \in S$. In un processo di Markov la conoscenza di s e di a è sufficiente per determinare il nuovo stato s' e per calcolare la ricompensa r ottenuta muovendosi verso lo stato s'.

Il valore $V(s)$ è la somma attesa dalle ricompense future, modulata da un fattore di sconto $0 < \lambda < 1$, che viene incrementato quando le ricompense attese sono distanti nel tempo.

In un processo di decisione di Markov è possibile determinare la politica ottimale rispetto a V e, quindi, è possibile determinare come l'agente dovrebbe agire per ottenere il massimo valore V ([Puterman 94]).

Processi di Markov parzialmente osservabili

Un problema comune nelle applicazioni robotiche è che generalmente uno stato non è completamente osservabile, per esempio non sempre è conosciuto lo stato corrente in cui il sistema si trova. In questo caso si deve aggiungere un modello di osservazione. Tale modello specifica la probabilità di ottenere l'osservazione o dopo aver intrapreso un'azione a nello stato s.

Lo stato di credenza (*belief state*) allora è la distribuzione di probabilità su S (cioè l'insieme di tutti i possibili stati), che rappresenta per ogni stato $s \in S$ la credenza che il robot sia correntemente nello stato s.

La procedura per il processo di decisione di Markov appena discusso può ora essere adattata ad ambienti parzialmente osservabili, stimando lo stato corrente s del robot e applicando una politica che faccia corrispondere stati di credenza ad azioni. Anche in questo caso l'obiettivo è determinare la politica che massimizzerà la ricompensa futura.

4.2.3 Il connessionismo

Le architetture connessionistiche (dette anche *reti neurali artificiali*) sono algoritmi matematici che possono apprendere le corrispondenze tra input e output, attraverso un apprendimento supervisionato, o possono raggruppare le informazioni in ingresso in maniera non supervisionata. La loro caratteristica è che molte unità di calcolo indipendenti lavorano contemporaneamente e che il comportamento globale della rete non è dovuto a una componente specifica dell'architettura, ma è il risultato del lavoro concorrente di tutte le unità. Grazie alla capacità di imparare ad associare spazi di input a spazi di output, di generalizzare dai dati in ingresso, di raggruppare le informazioni in ingresso senza supervisione, di essere resistenti e robuste rispetto a disturbi (la definizione *degradazione graduale* o *graceful degradation* si riferisce al fatto che le prestazioni di tali reti non dipendono esclusivamente dalla singola unità, poiché la perdita di un'unità determina sì una degradazione, ma non una perdita totale delle prestazioni), le architetture connessionistiche possono essere ben utilizzate in robotica. [Torras 91] propone una visione d'insieme di diverse simulazioni realizzate a tale proposito: schemi di apprendimento supervisionati sono stati applicati alla generazione di sequenze; schemi di apprendimento supervisionati e non supervisionati sono stati utilizzati per apprendere le funzioni non lineari come quelle che intervengono nella cinematica inversa, nella dinamica inversa o nell'integrazione sensomotoria. L'apprendimento per rinforzo è stato largamente utilizzato per compiti di ottimizzazione, come la pianificazione del percorso.

Le reti neurali artificiali possono essere impiegate in molte applicazioni della robotica, in particolare per apprendere le corrispondenze tra i segnali in ingresso (per esempio i segnali dei sensori) e i segnali in uscita (per esempio le risposte motorie). I casi di studio 1 e 2 sono esempi di tali applicazioni.

Possono anche essere utilizzate per determinare la struttura sottostante (sconosciuta) dei dati, utile per sviluppare le rappresentazioni interne, o per la compressione dei dati. Nel caso di studio 3 FortyTwo utilizza una rete neurale auto-organizzante per determinare la struttura sottostante della percezione visuale del suo ambiente e applica questa struttura per determinare gli oggetti d'interesse nell'immagine.

I paragrafi seguenti, e i casi di studio che saranno proposti, offrono una sintetica visione d'insieme delle reti neurali artificiali comunemente usate e delle loro applicazioni nella robotica mobile.

Neuroni di McCulloch e Pitts

L'ispirazione per le reti neurali artificiali viene dai neuroni biologici, che sono in grado di eseguire operazioni complesse – come il riconoscimento di modelli, la focalizzazione dell'attenzione, l'apprendimento e il controllo del movimento – e sono estremamente robusti e affidabili. Un neurone biologico semplificato, che è essenzialmente il modello per i neuroni artificiali, consta di un corpo centrale (il *soma*) che realizza i calcoli, di una serie di input (i *dendriti*) e di uno o più output (gli *assoni*) che si connettono ad altri neuroni. I segnali nel modello semplificato biologico sono codificati in impulsi elettrici, la cui frequenza codifica il segnale.

Le connessioni tra i dendriti e il soma, dette *sinapsi*, sono modificabili dai neurotrasmettitori. Ciò vuol dire che i segnali in ingresso possono essere amplificati o attenuati.

Il modello semplificato prevede che la *frequenza di eccitazione* (*firing rate*) del neurone (per esempio la frequenza d'uscita degli impulsi) sia proporzionale alla sua attività. Nelle reti neurali artificiali, in base alle esigenze dell'applicazione, l'output del neurone artificiale è trattato a volte come segnale analogico, a volte come una funzione di soglia per produrre un output binario.

Nel 1943 McCulloch e Pitts proposero un semplice modello computazionale di neuroni biologici. In questo modello gli impulsi in ingresso dei neuroni biologici sono stati sostituiti da un segnale di ingresso continuo e a singolo valore; la *codifica chimica* della forza sinaptica è stata sostituita da un coefficiente moltiplicatore, la funzione di soglia del neurone biologico è stata modellata

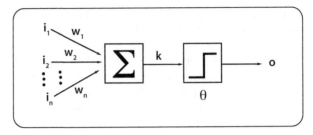

Figura 4.4 Il neurone di McCulloch e Pitts.

utilizzando un comparatore e, infine, il segnale in uscita è stato sostituito da un valore binario. Il neurone di McCulloch e Pitts è mostrato in figura 4.4. La sua funzionalità è la seguente. Il neurone calcola la somma pesata k su tutti gli n input i, coerentemente con l'equazione

$$k = \sum_{j=1}^{n} i_j w_j \tag{4.4}$$

La somma pesata viene poi confrontata con un valore di soglia fissato Θ per produrre un valore d'uscita fissato o. Se k è maggiore di Θ, il neurone è in posizione *on* (generalmente si definisce $o = 1$); se k è inferiore al valore di soglia, allora il neurone è in posizione *off* (definito di conseguenza $o = 0$ oppure $o = -1$).

McCulloch e Pitts ([McCulloch & Pitts 43]) hanno dimostrato che, dato un insieme di pesi scelti opportunamente, un raggruppamento sincrono di tali neuroni semplici è capace di computazione universale, cioè qualunque funzione computazionale può essere implementata utilizzando i neuroni di McCulloch e Pitts. Il problema, ovviamente, è scegliere dei pesi opportuni e l'argomento dei prossimi paragrafi riguarda tale scelta.

Esempio: Evitare un ostacolo utilizzando i neuroni di McCulloch e Pitts
Un robot, illustrato in figura 4.5, deve evitare gli ostacoli quando uno o ambedue i baffi (i sensori di contatto) vengono stimolati, altrimenti deve muoversi in avanti. I baffi, contrassegnati con le sigle LW e RW, producono in uscita il segnale 1 quando vengono stimolati, e 0 in caso contrario. I motori LM e RM

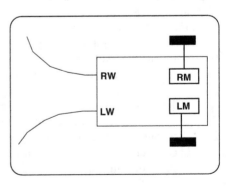

Figura 4.5 Un semplice veicolo.

Tabella 4.1 Tabella di verità per il comportamento di aggiramento degli ostacoli

LW	RW	LM	RM
0	0	1	1
0	1	–1	1
1	0	1	–1
1	1	don't care	don't care

avanzano quando ricevono un segnale 1 e indietreggiano quando ricevono un segnale –1. (Per il comportamento di aggiramento degli ostacoli, vedi la tabella di verità 4.1).

Possiamo realizzare questa funzione utilizzando un neurone di McCulloch e Pitts per ogni motore, le cui uscite sono –1 o +1. In questo esempio determineremo i pesi necessari w_{RW} e w_{LW} solamente per il neurone che governa il motore sinistro, il procedimento è simile per l'altro neurone. Sceglieremo un valore di soglia Θ appena al di sotto dello zero, per esempio –0,01.

La prima linea della tabella di verità 4.1 stabilisce che ambedue i neuroni che comandano i motori devono produrre come uscita +1 se nessuno dei due sensori LW o RW viene stimolato. Poiché il valore di soglia precedentemente scelto è $\Theta = -0,01$, allora il vincolo è rispettato.

La seconda linea della tabella indica che il peso w_{RW} deve essere minore di Θ per il neurone relativo al motore di sinistra. Scegliamo quindi un valore di $w_{RW} = -0,3$.

La terza linea della tabella indica che w_{LW} deve essere più grande di Θ, per esempio $w_{LW} = 0,3$.

Come dimostra un controllo veloce della tabella 4.1, questi pesi implementano già il comportamento di aggiramento di un ostacolo per il motore sinistro. La rete funzionante è mostrata in figura 4.6.

Il modo in cui abbiamo scelto i pesi è quello del "buon senso". Guardando infatti alla semplice tabella di verità della funzione *evita ostacoli*, risulta un esercizio semplice determinare i pesi che diano le uscite desiderate.

Tuttavia, per le funzioni più complicate determinare i pesi con il "buon senso" è molto difficile, e sarebbe molto importante disporre un meccanismo di apprendimento che determini questi pesi automaticamente. Il raggiungimento

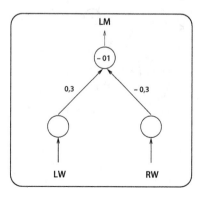

Figura 4.6 Rete neurale per il motore di sinistra per l'aggiramento degli ostacoli.

di questo traguardo permetterebbe di costruire robot che imparano. La rete neurale chiamata *percettrone* (*perceptron*) è costituita da neuroni di McCulloch e Pitts che soddisfano pienamente questi requisiti.

Esercizio 2: Aggiramento degli ostacoli con i neuroni di McCulloch e Pitts
Cosa dovrebbe fare il robot se *entrambi* i baffi fossero toccati contemporaneamente? Quale rete neurale artificiale, basata sui neuroni di McCulloch e Pitts, implementerebbe la funzione indicata nella tabella di verità 4.1 e farebbe muovere all'indietro il robot se i due baffi fossero toccati? Le risposte sono fornite nell'appendice a pagina 248.

Percettrone e associatore
La rete neurale artificiale a *singolo strato* chiamata percettrone ([Rosenblatt 62]) è di semplice implementazione, di basso costo computazionale ed è veloce nell'apprendimento. Consiste in due livelli di unità: un livello di input, che si limita semplicemente a inoltrare i segnali, e un livello di output di neuroni di McCulloch e Pitts, che realizzano le effettive computazioni; per questo motivo è definita *a singolo stato* (si veda la figura 4.7).

La funzione delle unità di ingresso e di uscita è la seguente: le unità di input semplicemente passano i segnali ricevuti in input i a tutte le unità di output, e l'output o_j dell'unità j è determinato dall'equazione

$$o_j = f\left(\sum_{k=1}^{M} w_{jk} i_k\right) = f\left(\vec{w}_j \cdot \vec{i}\right) \qquad (4.5)$$

Dove $\vec{w}_j$ è il vettore peso individuale dell'unità di output j, M il numero di unità di input e f la cosiddetta funzione di trasferimento.

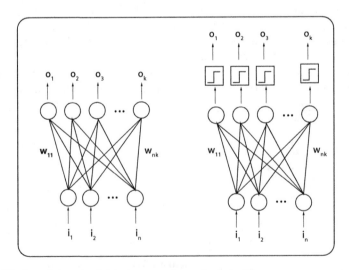

Figura 4.7 Associatore (a sinistra) e percettrone (a destra).

Tale funzione *f* del percettrone è definita come una *funzione a gradino*:

$$f(x) = \begin{cases} 1 & \forall x > \Theta \\ 0 \ (oppure-1) & \text{altrimenti} \end{cases}$$

Θ è ancora una valore di soglia.

Una variante del percettrone è l'*associatore* (*pattern associator*, si veda la figura 4.7), con la sola differenza che $f(x) = x$. La principale differenza tra il percettrone e l'associatore è che il primo genera output binari, mentre l'uscita del secondo è a valori continui. A parte ciò, le due reti sono molto simili, come è dimostrato da Kohonen ([Kohonen 88]) e da Rumelhart e McClelland ([Rumelhart & McClelland 86]).

Regola di apprendimento del percettrone
Nel caso dei neuroni di McCulloch e Pitts, sono stati determinati dei pesi opportuni facendo uso del "buon senso". Per reti e corrispondenze tra input e output complesse questo metodo non è adatto. Infatti, vorremmo poter disporre di una regola di apprendimento da poter usare in un robot autonomo.

La semplice [2] regola per determinare i pesi è data dalle seguenti equazioni:

$$\Delta \vec{w}_k(t) = \eta(t)(\tau_k - o_k)\vec{i} \qquad (4.6)$$

$$\vec{w}_k(t+1) = \vec{w}_k(t) + \Delta \vec{w}_k \qquad (4.7)$$

Con τ_k valore obiettivo per l'unità k, per esempio l'uscita desiderata dell'unità del livello output k, e o_k valore realmente ottenuto per l'unità k. La velocità di apprendimento è determinata dal parametro di apprendimento $\eta(t)$. Con un valore di η grande (come 0,8) si avrà una rete che si adatta molto rapidamente ai cambiamenti, ma che sarà anche "instabile", (cioè dimenticherà tutto ciò che ha imparato e imparerà qualcosa di nuovo anche in presenza di un paio di segnali anomali). D'altra parte, un valore di η piccolo (come 0,1) caratterizzerà una rete piuttosto "fiacca", ovvero che impiegherà molto tempo prima di imparare una funzione. In genere il parametro di apprendimento η è scelto in modo da essere costante, ma potrebbe anche variare nel tempo.

Esempio: Aggiramento di ostacoli usando il percettrone
Considereremo ancora l'esempio precedente, ovvero quello dell'aggiramento degli ostacoli; questa volta verrà però utilizzato un percettrone e determineremo i pesi opportuni utilizzando la regola di apprendimento fornita dalle equazioni 4.6 e 4.7.

Supponiamo che η sia pari a 0,3 e che Θ sia nuovamente inferiore a zero, con un valore pari a $-0,01$. I due pesi del neurone relativo al motore sinistro

---

[2] La derivazione di questa regola può essere reperita in [Hertz et al. 91].

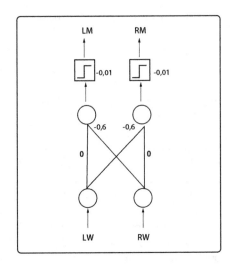

Figura 4.8 Configurazione di un percettrone per l'aggiramento degli ostacoli.

inizialmente sono nulli. La configurazione iniziale è mostrata in figura 4.8. Esamineremo anche in questo caso ogni linea della tabella di verità 4.1, applicando le equazioni 4.6 e 4.7.

La prima linea afferma:

$$w_{LW\,LM} = 0 + 0,3(1-1)\,0 = 0$$
$$w_{LW\,LM} = 0 + 0,3(1-1)\,0 = 0$$

Analogamente gli altri 2 pesi rimangono pari a 0.
La linea 2 della tabella 4.1 dà i seguenti risultati:

$$w_{LW\,LM} = 0 + 0,3(-1-1)\,0 = 0$$
$$w_{LW\,LM} = 0 + 0,3(1-1)\,0 = 0$$
$$w_{LW\,LM} = 0 + 0,3(-1-1)\,1 = -0,6$$
$$w_{LW\,LM} = 0 + 0,3(1-1)\,1 = 0$$

La linea 3 della tabella dà come risultato:

$$w_{LW\,LM} = 0 + 0,3(1-1)\,1 = 0$$
$$w_{LW\,LM} = 0 + 0,3(-1-1)\,1 = -0,6$$
$$w_{LW\,LM} = -0,6 + 0,3(1-1)\,0 = -0,6$$
$$w_{LW\,LM} = 0 + 0,3(-1-1)\,0 = 0$$

Un calcolo veloce mostra che questa rete riesce già a implementare perfettamente la funzione che aggira gli ostacoli descritta nella tabella 4.1. La rete

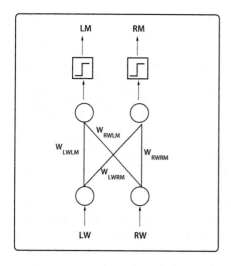

Figura 4.9 Percettrone completo per l'aggiramento degli ostacoli.

completa è mostrata in figura 4.9. È essenzialmente la stessa rete ottenuta in precedenza (mostrata in figura 4.6).

Limitazioni del percettrone
Consideriamo una rete, come quella mostrata nella figura 4.6, e la tabella di verità 4.2 (la funzione di OR esclusivo).

Tabella 4.2 Funzione di OR esclusivo (XOR)

A	B	Out
0	0	0
0	1	1
1	0	1
1	1	0

Se la rete mostrata in figura 4.6 esegue questa funzione correttamente, le seguenti disuguaglianze dovrebbero essere vere:

$$w_{LW} > \Theta$$
$$w_{RW} > \Theta$$
$$w_{LW} + w_{RW} < \Theta$$

La somma delle prime due espressioni fornisce $w_{LW} + w_{RW} > 2\Theta$, che contraddice la terza disuguaglianza. La rete non può essere quindi realizzata. In generale i percettroni non sono in grado di apprendere funzioni che non siano linearmente separabili, ossia le funzioni dove 2 classi non possono essere separate da una linea, da un piano o, in generale, da un iperpiano. Questo significa, naturalmente, che un robot addestrato mediante l'impiego di un percettrone o di un associatore può apprendere soltanto funzioni linearmente separabili. Di seguito è riportato un esempio di funzione che il robot non può apprendere utilizzando il percettrone: si supponga di volere che il robot esca da un vicolo cieco girando a sinistra ogni volta che uno dei due baffi è toccato e che si muova all'indietro quando i baffi sono toccati contemporaneamente. Il nodo che controlla la svolta a sinistra del percettrone deve essere attivo se uno dei due sensori di contatto è attivo, mentre deve essere disattivato negli altri due casi. Questa è la funzione di "OR esclusivo", una funzione che non è linearmente separabile e che, pertanto, non può essere appresa da un nodo di uscita del percettrone.

Fortunatamente, molte delle funzioni che i robot devono imparare sono linearmente separabili; ciò significa che possono essere utilizzati per l'apprendimento del robot percettroni molto veloci nell'apprendimento (un esempio è dato nel caso di studio 1).

Infatti, la velocità risulta il maggiore vantaggio nella scelta del percettrone rispetto a reti quali il *percettrone multistrato* (MLP, *multilayer perceptron*) o la *rete a retropropagazione*. Un numero molto piccolo di esempi di addestramento è sufficiente per produrre le corrette associazioni tra lo stimolo e la risposta. Una rete a retropropagazione richiede solitamente diverse centinaia di esempi di addestramento prima che una funzione sia appresa. Riapprendere (per esempio quando la rete si adatta a nuove circostanze) comporta di nuovo diverse centinaia di passi di addestramento, mentre l'associatore riapprende con una velocità pari a quella della prima volta. Questa proprietà è importante nella robotica: alcune competenze, come l'aggiramento degli ostacoli, devono essere apprese molto velocemente, poiché la capacità del robot di rimanere operativo dipende in maniera cruciale da esse.

Percettroni multistrato

Sinora abbiamo visto che una rete costituita da neuroni di McCulloch e Pitts è capace di computazioni universali, posto che si sappia come impostare i pesi in maniera adatta. Abbiamo visto inoltre che una rete a singolo strato realizzata con neuroni di McCulloch e Pitts – il percettrone – può essere addestrata dalle regole di apprendimento del percettrone. Tuttavia, abbiamo anche osservato che il percettrone può apprendere solamente funzioni linearmente separabili. La spiegazione di ciò è che ciascuno strato di una rete costituita da neuroni di McCulloch e Pitts realizza un iperpiano per separare le due classi che la rete deve apprendere (gli 1 e gli 0). Se la separazione tra le due classi non può essere ottenuta mediante un solo iperpiano (come nel caso del problema XOR), una rete a singolo strato non sarà in grado di apprendere la funzione.

A ogni modo, un percettrone con un solo strato di unità di uscita, ma con uno o più strati addizionali di unità nascoste (figura 4.10), potrebbe essere in grado di raggiungere l'obiettivo. Pertanto, può essere dimostrato che il percettrone multistrato può implementare qualunque funzione computabile. Il problema consiste, come nel caso precedente, nel determinare i pesi adatti.

L'*algoritmo di retropropagazione* (*backpropagation algorithm*), così definito perché la regola di aggiornamento utilizza la retropropagazione dell'errore in uscita per determinare le modifiche richieste nei pesi della rete, può essere impiegato per determinare tali pesi ([Rumelhart et al. 86] e [Hertz et al. 91]).

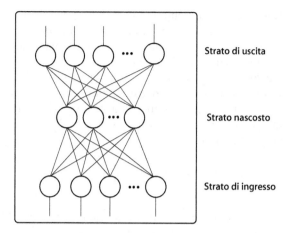

Figura 4.10 Percettrone multistrato.

Per cominciare, tutti i pesi della rete sono inizializzati con valori casuali. Le soglie Θ sono sostituite da pesi connessi a un ingresso fittizio che ha sempre assegnato il valore +1. Questo rende l'aggiornamento della soglia equivalente all'aggiornamento di un peso, che è computazionalmente più semplice.

Una volta inizializzata la rete, comincia l'addestramento mediante la presentazione delle coppie input-obiettivo (output desiderato) alla rete. Queste coppie sono in seguito utilizzate per aggiornare i valori dei pesi.

L'uscita o_j di ciascuna unità j nella rete è ora elaborata secondo l'equazione

$$o_j = f\left(\vec{w}_j \cdot \vec{i}\right) \qquad (4.8)$$

dove $\vec{w}$ è il vettore dei pesi di quell'unità j, e $\vec{i}$ è il vettore degli ingressi per l'unità j. La funzione f è chiamata funzione di attivazione. Nel caso del percettrone, questa era una funzione binaria a soglia, ma nel caso del percettrone multistrato deve essere una funzione differenziabile, e solitamente viene scelta la funzione sigmoide rappresentata dall'equazione

$$f(z) = \frac{1}{1 + e^{-kz}} \qquad (4.9)$$

dove k è una costante positiva che controlla la pendenza della sigmoide. Per $k \to \infty$ la funzione sigmoide diviene la funzione binaria a soglia che era stata usata in precedenza nei neuroni di McCulloch e Pitts.

Adesso che le uscite di tutte le unità – unità nascoste e unità di uscita – sono state calcolate, la rete è addestrata. Tutti i pesi w_{ij} dall'unità i all'unità j sono addestrati secondo l'equazione

$$w_{ij}\left(t + 1\right) = w_{ij}\left(t\right) + \eta \delta_{pj} o_{pi} \qquad (4.10)$$

dove η è il grado di apprendimento (solitamente un valore attorno a 0,3), δ_{pj} è il segnale d'errore per l'unità j (per le unità di uscita, questa è ottenuta a partire dall'equazione 4.11, per le unità nascoste dall'equazione 4.12); o_{pj} è l'ingresso per l'unità j, a partire dall'unità p.

I segnali d'errore sono determinati prima per le unità di uscita e poi per le unità nascoste; di conseguenza, l'addestramento inizia con gli strati di uscita della rete e procede in seguito all'indietro attraverso gli strati nascosti.

Per ciascuna unità j dello strato di uscita, il segnale d'errore δ_{pj}^{out} è determinato a partire dall'equazione

$$\delta_{pj}^{out} = \left(t_{pj} - o_{pj}\right)o_{pj}\left(1 - o_{pj}\right) \qquad (4.11)$$

dove t_{pj} è il segnale obiettivo (l'uscita desiderata) per l'unità di uscita che viene aggiornata, e o_{pj} l'uscita realmente ottenuta.

Nel momento in cui i segnali d'errore per le unità di uscita sono stati determinati, il penultimo strato della rete (l'ultimo strato nascosto) è aggiornato mediante la retropropagazione degli errori di uscita, secondo l'equazione

$$\delta_{pj}^{hid} = o_{pj}\left(1 - o_{pj}\right)\sum_{k}\delta_{pk}w_{kj} \qquad (4.12)$$

dove o_{pj} è l'uscita dell'unità dello strato nascosto che viene correntemente aggiornato, δ_{pk} l'errore dell'unità k negli strati successivi della rete, e w_{kj} il peso tra l'unità nascosta j e l'unità k sul successivo strato nascosto.

Questo processo di addestramento viene ripetuto finché, per esempio, l'errore di uscita della rete scende al di sotto di una soglia prefissata dall'utente. Per una discussione dettagliata del percettrone multistrato si rimanda, per esempio, ai lavori di [Rumelhart et al. 86], [Hertz et al. 91], [Beale & Jackson 90] e [Bishop 95].

Vantaggi e svantaggi
Il percettrone multistrato può essere impiegato per apprendere funzioni non linearmente separabili e per risolvere, pertanto, i problemi del percettrone; tuttavia l'inconveniente è che l'apprendimento solitamente è molto lento. Mentre il percettrone impara in pochi passi di apprendimento, l'MLP richiede di solito diverse centinaia di passi di apprendimento per imparare la corrispondenza desiderata tra gli ingressi e le uscite. Ciò costituisce un problema per le applicazioni robotiche, non tanto per il costo computazionale, quanto per il fatto che un robot dovrebbe ripetere la stessa tipologia di errore centinaia di volte, prima di apprendere come evitarlo[3]. Per le competenze sensomotorie fondamentali, quali l'aggiramento degli ostacoli, ciò non è solitamente accettabile.

---

[3] Risulta problematico l'utilizzo per un addestramento ripetuto dei modelli percepiti precedentemente da parte dei sensori, a causa del numero elevato di percezioni anomale ottenute attraverso i sensori del robot.

Reti RBF (con funzioni a basi radiali)

Analogamente al percettrone multistrato, la *rete con funzioni a basi radiali*, o *rete RBF* (*radial basis function net*) può apprendere funzioni non linearmente separabili. È una rete a due strati, nella quale lo strato nascosto implementa una corrispondenza non lineare fondata su funzioni radiali, mentre lo strato d'uscita esegue una somma lineare pesata delle uscite dello strato nascosto (come nell'associatore). Il meccanismo fondamentale della rete RBF e del MLP è simile, ma mentre l'MLP suddivide lo spazio di ingresso utilizzando funzioni lineari (iperpiani), la rete RBF impiega funzioni non lineari (iperellissoidi). La figura 4.11 illustra la struttura generale della rete RBF ([Lowe & Tipping 96]).

Le unità nascoste hanno una regione gaussiana che serve a identificare le similarità tra l'attuale vettore degli ingressi e il vettore dei pesi dell'unità nascosta. Ciascun vettore dei pesi è un prototipo di uno specifico segnale di ingresso. Lo strato nascosto svolge una corrispondenza non lineare dello spazio degli ingressi, che aumenta la probabilità che le classi possano essere separate linearmente. Quindi, lo strato di uscita associa la classificazione dello strato nascosto all'uscita obiettivo attraverso una corrispondenza lineare, come nel caso del percettrone e del MLP.

L'uscita $o_{hid,j}$ dell'unità RBFj nello strato nascosto è determinata mediante l'equazione

$$o_{hid,j} = \exp\left(\frac{\left\|\vec{i} - \vec{w}_j\right\|}{\sigma}\right) \tag{4.13}$$

con $\vec{w}_j$ che indica il vettore dei pesi dell'unità RBFj, $\vec{i}$ il vettore degli ingressi e σ il parametro che controlla l'ampiezza della regione gaussiana della funzione a basi radiali (per esempio $\sigma = 0,05$). L'uscita o_k di ciascuna unità dello strato di uscita è determinata dall'equazione

$$o_k = \vec{o}_{hid} \cdot \vec{v}_k \tag{4.14}$$

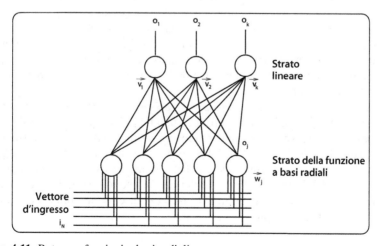

Figura 4.11 Rete con funzioni a basi radiali.

dove $\vec{o}_{hid}$ è l'uscita dello strato nascosto e $\vec{v}_k$ rappresenta il vettore peso dell'unità di uscita k. L'addestramento dello strato di uscita è semplice ed è ottenuto mediante l'applicazione della regola di apprendimento del percettrone rappresentata dalle equazioni 4.6 e 4.7.

La rete RBF funziona generando una corrispondenza tra lo spazio d'ingresso e uno spazio a dimensione più elevata mediante l'utilizzo di una funzione non lineare, per esempio la funzione gaussiana descritta in precedenza. I pesi dello strato nascosto, pertanto, devono essere scelti affinché l'intero spazio d'ingresso sia rappresentato il più uniformemente possibile. Esistono diversi metodi per determinare i pesi delle unità nello strato nascosto. Un metodo semplice consiste nello spargere i centri dei cluster uniformemente nello spazio d'ingresso ([Moody & Darken 89]). In alternativa, è qualche volta sufficiente posizionare i centri dei cluster in punti dello spazio d'ingresso selezionati casualmente. Ciò assicurerà che la densità dei cluster sia elevata dove la densità dello spazio d'ingresso è alta, e inferiore dove quest'ultima è bassa ([Broomhead & Lowe 88]). Infine, i pesi dello strato nascosto possono essere determinati a partire da un meccanismo di raggruppamento come quello impiegato nelle mappe auto-organizzanti.

Le mappe auto-organizzanti

Tutte le reti neurali artificiali esaminate finora sono addestrate con un *addestramento supervisionato*: l'apprendimento è ottenuto impiegando un valore obiettivo, ossia l'uscita desiderata della rete. Tale valore bersaglio è fornito dall'esterno, da un *supervisore* (che potrebbe essere un'altra porzione di codice, come nel caso di studio 1 di p. 70, o un essere umano, come nel caso di studio 2 di p. 76).

Tuttavia, esistono applicazioni nelle quali non è disponibile nessun segnale di addestramento, per esempio tutte le applicazioni che hanno a che fare con il raggruppamento di qualche spazio d'ingresso. È spesso utile nella robotica raggruppare uno spazio d'ingresso a elevate dimensioni e trasformarlo automaticamente (in una modalità non supervisionata) in uno spazio d'uscita di dimensioni più basse. Questa riduzione della dimensionalità è una forma di generalizzazione, che riduce la complessità dello spazio d'ingresso, trattenendo tutte le caratteristiche "rilevanti" dello spazio stesso. Il caso di studio 3 (p. 83) fornisce un esempio dell'applicazione dell'apprendimento non supervisionato nella robotica mobile.

La *mappa auto-organizzante* (SOFM, *self-organising feature map*, o *rete di Kohonen*) è un meccanismo che produce una mappatura non supervisionata da uno spazio d'ingresso di dimensione elevata in uno spazio di uscita (di solito) bidimensionale ([Kohonen 88]). La SOFM consiste solitamente di una griglia di unità bidimensionale (figura 4.12). Tutte le unità ricevono lo stesso vettore d'ingresso $\vec{i}$. Inizialmente, il vettore dei pesi $\vec{w}_j$ sono inizializzati casualmente e normalizzati con valori unitari. L'uscita o_j di ciascuna unità j della rete è determinata dall'equazione

$$o_j = \vec{w}_j \cdot \vec{i} \qquad (4.15)$$

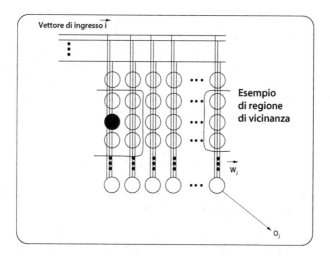

Figura 4.12 Mappa auto-organizzante.

A causa dell'inizializzazione casuale dei vettori peso, le uscite di tutte le unità differiranno una dall'altra e un'unità risponderà in maniera più forte a un particolare vettore di ingresso. Questa "unità vincente" e le relative unità vicine saranno pertanto addestrate per rispondere con una forza maggiore a quel particolare vettore d'ingresso, applicando la regola d'aggiornamento dell'equazione 4.16. Dopo essere stati aggiornati, i vettori peso $\vec{w}_j$ sono nuovamente normalizzati:

$$\vec{w}_j\left(t+1\right) = \vec{w}_j(t) + \eta\left[\vec{i} - \vec{w}_j(t)\right] \qquad (4.16)$$

dove η è la frequenza di apprendimento (solitamente un valore attorno a 0,3). L'intorno dell'unità vincente è solitamente scelto per essere elevato nelle prime fasi del processo di addestramento e diventare più piccolo al procedere dell'addestramento. La figura 4.12 illustra un esempio di vicinanza di un intorno di un'unità vincente (evidenziata in nero). La figura mostra che la rete ha solitamente una forma toroidale, per evitare effetti ai bordi.

Mentre l'addestramento procede, alcune aree della rete SOFM diventano sempre più sensibili a certi stimoli d'ingresso, raggruppando pertanto lo spazio d'ingresso in uno spazio d'uscita bidimensionale. Questo raggruppamento avviene in maniera topologica, mappando gli ingressi simili nelle regioni vicine della rete. Esempi di risposte delle reti SOFM addestrate sono illustrate nelle figure 4.19, 4.23 e 5.19.

Applicazione delle reti SOFM alla robotica
In generale, le reti SOFM possono essere impiegate per raggruppare uno spazio di ingresso in modo da ottenere una rappresentazione astratta e più significativa dello spazio stesso.

Una tipica applicazione consiste nel raggruppare lo spazio d'ingresso dei sensori del robot. Le similarità tra le percezioni possono essere rilevate utilizzando le reti SOFM, e la rappresentazione astratta può essere utilizzata per codificare le politiche, come ad esempio la risposta di un robot a una particolare percezione. Il caso di studio 6 fornisce un esempio di come le reti SOFM possono essere utilizzate per l'apprendimento del percorso da parte del robot. (Ulteriori letture sui metodi di apprendimento sono proposte al termine del capitolo.)

4.3 Casi di studio sui robot che apprendono

4.3.1 Caso di studio 1 *Alder: l'apprendimento auto-supervisionato di accoppiamenti sensore-motore*

Dopo aver discusso in generale i problemi dell'apprendimento nei robot e i meccanismi di apprendimento delle macchine per ottenere l'acquisizione delle competenze nei robot, esamineremo specifici esempi di robot mobili che imparano a interpretare le loro percezioni sensoriali in funzione delle loro attività.

Il primo caso di studio presenta l'architettura di un controllore auto-organizzante, che permette ai robot mobili di apprendere attraverso prove ed errori, mediante un processo auto-supervisionato che non richiede nessun intervento umano. I primi esperimenti sono stati condotti nel 1989 ([Nehmzow et al. 89]), impiegando i robot Alder e Cairngorm (figura 4.14); da allora il meccanismo è stato utilizzato in molti robot per acquisire le competenze sensomotorie (si vedano, per esempio, i lavori di [Daskalakis 91] e di [Ramakers 93]).

L'idea alla base del controllore è un associatore (si veda il paragrafo 4.2.3) che accoppia la percezione sensoriale all'azione motoria. Poiché quest'associazione è *acquisita* mediante un processo di apprendimento, piuttosto che essere stata installata in precedenza, il robot può cambiare il suo comportamento e adattarsi a circostanze mutevoli, se è stato fornito un adeguato meccanismo di addestramento. Nel caso di Alder e Cairngorm il feedback delle prestazioni è ottenuto utilizzando le cosiddette *leggi d'istinto*. Queste leggi definiscono gli stati dei sensori che devono essere mantenuti (o evitati) durante l'intera missione del robot: il comportamento è espresso sotto forma di stati dei sensori e il robot apprende il comportamento appropriato per mantenere (o evitare) gli stati richiesti.

La figura 4.13 illustra la struttura generale dell'intero controllore utilizzato in tutti gli esperimenti discussi in questo paragrafo. Il controllore è costituito da parti fisse e variabili, i componenti fissi sono le cosiddette leggi d'istinto, la morfologia del robot e vari parametri all'interno del controllore; la parte variabile è l'associatore.

Leggi d'istinto

Poiché l'associatore è addestrato mediante l'apprendimento supervisionato, è necessario fornire un segnale obiettivo, ossia la risposta desiderata dato un particolare ingresso.

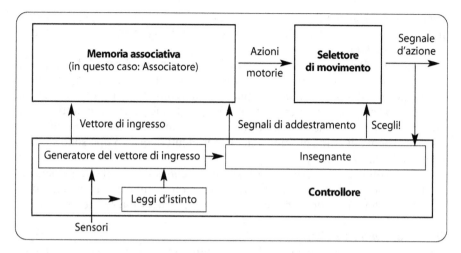

Figura 4.13 Struttura computazionale del controllore auto-organizzante.

Poiché il nostro obiettivo è che il robot apprenda senza l'intervento umano, deve essere desunto un metodo indipendente per ottenere questi segnali obiettivo. Utilizziamo per questo scopo regole fisse che definiamo *leggi d'istinto*. Esse sono simili, ma non identiche agli *istinti* come sono definiti dal [Webster 81]:

"[Un istinto è] una complessa e specifica risposta a stimoli ambientali da parte di un organismo che è largamente ereditaria e non alterabile (sebbene gli schemi di comportamento mediante i quali è espressa possano essere modificati dall'apprendimento), che non richiede ragionamento e che ha come obiettivo la rimozione di una tensione somatica o di un'eccitazione".

Ciò descrive il comportamento ed è pertanto differente rispetto alle leggi d'istinto utilizzate negli esperimenti fin qui descritti, poiché queste ultime non sono comportamenti, ma costanti (stati dei sensori) che guidano l'apprendimento del comportamento. L'obiettivo dell'istinto e delle leggi d'istinto, in ogni caso, è lo stesso: la rimozione di una tensione somatica (nel caso del robot una "tensione somatica" è uno stimolo sensoriale esterno, oppure, in alcuni esperimenti, è la sua assenza).

Per stabilire quando viene violata, ciascuna legge d'istinto possiede uno specifico sensore, che può essere esterno, fisico (come un sensore di contatto) o interno (per esempio un orologio che è riavviato ogni volta che è stato percepito uno stimolo sensoriale esterno).

Per riassumere, le leggi d'istinto sono impiegate per generare un segnale di rinforzo (il segnale rappresenta il soddisfacimento di una legge d'istinto violata in precedenza) e non indicano il comportamento corretto.

Segnali di ingresso e di uscita

I segnali sensoriali attuali e precedenti costituiscono i segnali d'ingresso per l'associatore. Di solito sono utilizzati i segnali sensoriali non elaborati, ma qualche volta è anche utile applicare una pre-elaborazione ai segnali sensoriali. L'informazione relativa alla legge d'istinto violata potrebbe essere impiegata in maniera simile.

L'uscita della rete indica le azioni motorie del robot. Esempi di tali azioni motorie sono: una rapida svolta a sinistra (ossia il motore destro si muove avanti mentre il sinistro indietro), una rapida svolta a destra, i movimenti in avanti o all'indietro. Un'alternativa all'utilizzo di queste azioni motorie "composte" è l'impiego di neuroni motori artificiali con uscite analogiche che pilotano un sistema di guida differenziale. Esperimenti di questo tipo sono stati descritti in [Nehmzow 99c].

L'idea sottostante questa impostazione del controllore è che le associazioni effettive tra i segnali sensoriali e le azioni motorie aumentano nel tempo attraverso l'interazione del robot con l'ambiente, senza l'intervento umano.

Il meccanismo associativo

Come enunciato in precedenza, affinché sviluppi associazioni significative tra i suoi ingressi e le sue uscite, l'associatore richiede un segnale di apprendimento. Questo segnale di apprendimento è fornito dal *monitor*, un "critico" che impiega le leggi d'istinto per valutare prestazioni del robot e istruire di conseguenza la rete: non appena una qualunque delle leggi d'istinto viene violata (ossia non appena uno specifico stato sensoriale non è più mantenuto), viene generato un segnale d'ingresso dal *generatore del vettore d'ingresso*, che viene quindi inviato alla memoria associativa; infine viene elaborata l'uscita della rete (figura 4.13). Il *selettore di movimenti* determina quale nodo d'uscita abbia il valore più elevato. Questa azione motoria è pertanto eseguita per un periodo di tempo fissato (l'effettiva lunghezza del periodo dipende dalla velocità del robot). Se la legge d'istinto violata viene soddisfatta all'interno di questo arco temporale, l'associazione tra il segnale d'ingresso originario e il segnale di uscita all'interno dell'associatore viene considerata corretta ed è confermata alla rete neurale (ciò è realizzato dal monitor). Se, d'altra parte, la legge d'istinto rimane violata, il monitor fornisce un segnale al selettore di movimenti per attivare l'azione motoria associata al nodo di uscita con il secondo valore più alto. Tale azione è pertanto eseguita per un arco di tempo leggermente più lungo del primo, per compensare l'azione intrapresa precedentemente; se quest'azione motoria conduce al soddisfacimento della legge d'istinto violata, la rete sarà addestrata per associare lo stato sensoriale iniziale con questo tipo di azione motoria; altrimenti, il selettore di movimenti attiverà il successivo nodo con il valore più alto. Questo processo continua finché viene individuata una mossa vincente. Poiché il monitor è una parte del controllore del robot, il processo di acquisizione della competenza senso-motoria è completamente indipendente dalla supervisione dell'operatore; il robot acquisisce le proprie competenze autonomamente.

La figura 4.7 mostra la struttura generale dell'associatore. L'ingresso effettivo della rete può variare da esperimento a esperimento, e i nodi di uscita indicano le azioni motorie. Il risultato di tale processo è lo sviluppo di associazioni efficaci tra gli stimoli d'ingresso e i segnali di uscita (azioni motorie).

Esperimenti

Questo controllore è stato implementato su numerosi robot mobili da diversi gruppi di ricerca. Un risultato molto importante è la capacità dei robot mobili di acquisire abbastanza rapidamente le associazioni fondamentali sensori-motori, impiegando al più 20 passi di apprendimento (ma normalmente molto meno), e richiedendo poche decine di secondi. Grazie alla capacità di modificare autonomamente le associazioni tra gli ingressi sensoriali e le uscite degli attuatori, i robot mantengono le competenze per il completamento del compito assegnato anche nel caso in cui si verifichino dei cambiamenti nell'ambiente, nel compito o nello stesso robot.

Apprendimento del movimento in avanti

L'esperimento più semplice con il quale cominciare consiste nel far sì che il robot apprenda a muoversi in avanti. Ipotizzando che il robot sia in grado di determinare quando si stia effettivamente muovendo in avanti (ciò può essere ottenuto, per esempio, quando il ruotino direzionale è allineato con l'asse principale del robot), una legge d'istinto del tipo:

"Mantieni in ogni istante il sensore di movimento in avanti sullo stato *on*"

porterà a una corrispondenza tra la percezione sensoriale e le azioni motorie e avrà come conseguenza che il robot si muoverà continuamente in avanti.

Aggiramento dell'ostacolo

Il semplice comportamento acquisito di movimento in avanti può essere espanso in un comportamento di movimento in avanti e aggiramento dell'ostacolo mediante l'aggiunta di una o più leggi d'istinto. Per esempio, se consideriamo il caso di un semplice robot mobile dotato soltanto di due sensori di contatto montati sulla parte frontale (figura 4.5), le seguenti due leggi d'istinto porterebbero a quel comportamento:

1. "Mantieni in ogni istante il sensore di movimento in avanti sullo stato *on*"
2. "Mantieni in ogni istante i sensori di contatto sullo stato *off*"

Per i robot muniti di sensori a infrarosso o di sensori sonar, la seconda legge d'istinto dovrebbe essere modificata di conseguenza, per esempio in "Mantieni tutte le letture del sonar oltre una certa soglia".

I risultati sperimentali effettuati con molti robot differenti, che utilizzano differenti apparati sensoriali, mostrano che i robot apprendono l'aggiramento di ostacoli molto velocemente (in meno di un minuto nella maggior parte dei casi) e con pochissimi passi di apprendimento (meno di 10 nella maggior parte dei casi).

Adattamento alle circostanze mutevoli

Abbiamo stabilito in precedenza che la capacità di un robot di far fronte alle situazioni impreviste aumenta attraverso la sua capacità di apprendimento. I due esperimenti che abbiamo condotto con Alder e Cairngorm (figura 4.14) lo dimostrano ([Nehmzow 92]). Nel primo esperimento i robot vennero posizionati

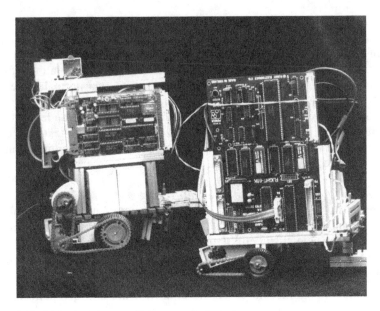

Figura 4.14 Alder (a sinistra) e Cairngorm (a destra).

in un ambiente contenente ostacoli convessi (scatole ordinarie), e impararono velocemente ad allontanarsi non appena il sensore a baffo fosse stato sollecitato. Quando i robot incontravano un vicolo cieco, tuttavia, le loro prestazioni iniziali erano scadenti (invece di dirigersi verso l'uscita, girovagavano nel vicolo cieco). Nonostante ciò, in poco tempo (nell'arco di due minuti), essi trovavano l'uscita e acquisivano un nuovo comportamento: giravano in una sola direzione, sempre la stessa, indipendentemente dal fatto che il sensore a baffo (sinistro o destro) fosse stato sollecitato. Questo comportamento è adatto per uscire dai vicoli ciechi: i robot si erano adattati al loro nuovo ambiente.

In un secondo esperimento, i sensori di contatto dei robot sono stati fisicamente scambiati, dopo aver acquisito la competenza di aggiramento di ostacoli. Dopo un numero variabile tra quattro e sei passi di apprendimento hanno adattato le associazioni tra i segnali sensoriali e le azioni motorie all'interno della rete neurale artificiale, riguadagnando la capacità di aggirare gli ostacoli e avendo pertanto "riparato" l'errore (in questo caso indotto esternamente).

In un caso abbiamo scoperto che uno dei nostri robot, utilizzato da settimane, aveva imparato con successo molti compiti, sebbene uno degli otto sensori a infrarosso non funzionasse a causa di un filo rotto. Grazie alla ridondanza dei sensori (più di un sensore copre l'area intorno al robot), il robot aveva imparato ad aggirare gli ostacoli impiegando gli altri sensori rimasti.

Inseguimento dei contorni
Estendendo l'insieme delle leggi d'istinto, i robot possono acquisire la capacità di mantenersi vicino ai contorni (per esempio i muri). Nel caso di Alder e Cairngorm è stata aggiunta una terza legge d'istinto:

1. "Mantieni in ogni istante il sensore di movimento in avanti sullo stato *on*"
2. "Mantieni in ogni istante i sensori di contatto sullo stato *off*"
3. "Entra in contatto con qualcosa ogni quattro secondi"

Utilizzando queste tre regole (o regole simili), i robot apprendono velocemente a muoversi in avanti, a girare allontanandosi dagli ostacoli e a cercare
questi ultimi (ossia i muri) attivamente ogni quattro secondi. Il comportamento complessivo è quello di seguire i muri.

Il seguente esperimento dimostra quanto velocemente i robot possano adattarsi alle circostanze che cambiano. Quando Alder e Cairngorm sono stati gi-
rati di 180°, dopo aver appreso con successo a seguire un muro, diciamo, sul
loro lato destro, hanno riassociato i loro ingressi sensoriali alle azioni motorie
dopo solo 3 o 4 passi di addestramento, imparando a seguire il muro dal loro
lato sinistro. Se la direzione motoria dei robot cambiava nuovamente, il processo di riapprendimento era anche più veloce, poiché le associazioni latenti,
acquisite in precedenza, erano ancora presenti all'interno della rete e dovevano soltanto essere rinforzate leggermente per divenire nuovamente attive.

Inseguimento del corridoio

Aggiungendo una quarta legge d'istinto, e utilizzando la memoria a breve termine, i robot possono imparare a rimanere al centro di un corridoio toccando i
muri sinistri e destri. Le leggi d'istinto per il comportamento di inseguimento
del corridoio sono:

1. "Mantieni in ogni istante il sensore di movimento in avanti sullo stato *on*"
2. "Mantieni in ogni istante i sensori di contatto sullo stato *off*"
3. "Entra in contatto con qualcosa ogni quattro secondi"
4. "Ogni sensore di contatto non può venire sollecitato due volte di seguito"

Fototassi e spostamento di scatole

Le possibilità di acquisire nuove competenze sono limitate dai sensori del robot e dal fatto che tutti i comportamenti possono essere espressi mediante semplici stati sensoriali. Il primo caso di studio sarà concluso osservando gli esperimenti condotti con un robot IS Robotics R2, che è munito di sensori a infrarosso e sensori luminosi.

La *fototassi* è stata acquisita in meno di 10 passi di addestramento, utilizzando una legge d'istinto che stabilisce che i sensori luminosi montati sulla
parte frontale del robot devono restituire il valore più alto (cioè dirigersi verso la sorgente luminosa).

Analogamente, utilizzando una legge d'istinto che vincoli i sensori a infrarosso della parte frontale del robot a essere costantemente sullo stato *on* (per
esempio per restituire i valori dei sensori che indicano se un oggetto è di fronte al robot), il robot ha acquisito la competenza necessaria per spingere la scatola o per inseguire l'oggetto con due passi d'addestramento, uno per ciascuna
delle due situazioni in cui la scatola viene collocata rispettivamente alla sinistra o alla destra del robot. Il tempo di apprendimento per acquisire la competenza per spingere la scatola è inferiore al minuto.

4.3.2 Caso di studio 2 *Il robot FortyTwo: l'addestramento del robot*

Il meccanismo per l'acquisizione automatica delle competenze, descritto nel caso di studio 1, può essere adattato in maniera tale che il robot possa essere *addestrato* per eseguire determinati compiti senso-motori. Questo paragrafo illustra come ciò possa essere realizzato e presenta esperimenti condotti con il robot FortyTwo.

Perché l'addestramento del robot?

Per attività robotiche che devono essere eseguite ripetutamente e in ambienti strutturati, sono possibili le installazioni fisse (sia hardware sia software) per il controllo del robot. Molte applicazioni industriali ricadono in questa categoria, per esempio le attività di assemblaggio o quelle per il trasporto di grandi volumi. In questi casi, sono consigliate le installazioni con hardware fissato (linee robotiche di assemblaggio, nastri trasportatori eccetera) e lo sviluppo di un codice di controllo fissato, unico. Mentre la tecnologia hardware dei robot progredisce, robot più sofisticati diventano disponibili a costi costantemente decrescenti e perfino le piccole fabbriche e le compagnie di servizi mostrano interesse nelle applicazioni robotiche ([Schmidt 95] e [Spektrum 95]). Lo sviluppo di software di controllo diviene il fattore principale nell'analisi costi-benefici. Per compiti relativi a piccoli volumi, infatti, le attività di programmazione e riprogrammazione di un robot non sono convenienti.

In questo secondo caso di studio saranno discussi gli esperimenti nei quali il robot è *addestrato* attraverso l'apprendimento supervisionato (i segnali di addestramento sono stati forniti dall'operatore) per svolgere una varietà di compiti differenti. Le semplici competenze senso-motorie – quali l'aggiramento degli ostacoli, l'esplorazione casuale o l'inseguimento dei muri – come pure quelle più complesse – quali lo spostamento degli oggetti fuori dal percorso, il movimento di copertura delle aree lungo i corridoi ("pulizia") e l'apprendimento di semplici percorsi – sono stati ottenuti mediante questo metodo, senza la necessità di dover alterare il codice di controllo del robot. Durante la fase di addestramento il robot è controllato da un operatore umano e impiega i segnali di retroazione (feedback) ricevuti per addestrare una memoria associativa. Dopo poche decine di passi d'apprendimento, che richiedono dai cinque ai dieci minuti in tempo reale, il robot svolge autonomamente l'attività richiesta. Se l'attività, la morfologia del robot o l'ambiente cambiano, per riacquisire le competenze necessarie è necessario un riaddestramento e non una riprogrammazione.

Lavori correlati

Il metodo di fornire feedback esterni per il processo di apprendimento è ancora tuttora raramente utilizzato nella robotica. Shepanski e Macy impiegano un percettrone multistrato addestrato da un operatore per ottenere il comportamento di inseguimento di un veicolo in un'autostrada *simulata* ([Shepanski & Macy 87]). La rete impara a tenere il veicolo simulato a una distanza accettabile rispetto al veicolo che lo precede dopo circa 1000 passi di addestramento.

Colombetti e Dorigo presentano un sistema di classificazione con un algoritmo genetico che consente a un robot mobile di acquisire la fototassi ([Colombetti & Dorigo 93]). Autonomouse, il robot da loro impiegato, ha iniziato a mostrare il comportamento di ricerca della luce dopo circa 60 minuti di addestramento.

L'apprendimento non supervisionato è stato inoltre utilizzato nel controllo del robot. Attività quali l'aggiramento di ostacoli e l'inseguimento dei contorni ([Nehmzow 95a]), lo spostamento di scatole ([Mahadevan & Connell 91] e [Nehmzow 95a]), la coordinazione del movimento delle gambe dei robot ambulanti ([Maes & Brooks 90]), o la fototassi ([Kaelbling 92], [Colombetti & Dorigo 93] e [Nehmzow & McGonigle 94]), sono state implementate con successo nei robot mobili.

L'addestramento attraverso un operatore ([Critchlow 85] e [Schmidt 95]) è tuttora un metodo comune per la programmazione di robot industriali. Questa metodologia è differente da quella impiegata nelle reti neurali artificiali, poiché non mostra le proprietà di generalizzazione tipiche delle reti, ma semplicemente immagazzina sequenze di posizioni da visitare.

L'architettura del controllore

La principale componente del controllore impiegata negli esperimenti è una memoria associativa, implementata mediante un associatore. Il controllore è illustrato in figura 4.15.

Gli ingressi della memoria associativa consistono di segnali sensoriali preelaborati. Negli esperimenti presentati sono stati utilizzati i segnali sensoriali provenienti dal sonar e dai sensori a infrarosso del robot; la pre-elaborazione è stata ottenuta mediante una semplice operazione di sogliatura, che genera un ingresso pari a 1 per tutti i segnali del sonar relativi a una distanza minore di 150 cm (figura 4.16).

Gli esperimenti che utilizzano i dati degli ingressi provenienti dalla visione sono riportati in letteratura ([Martin & Nehmzow 95]); in questi esperimenti di sogliatura, sono state utilizzate in fase di pre-elaborazione le operazioni di identificazione dei contorni e di differenziazione.

I segnali di uscita analogici o_k della memoria associativa sono elaborati secondo l'equazione

$$o_k = \vec{w}_k \cdot \vec{i} \qquad (4.17)$$

dove $\vec{i}$ indica il vettore di ingresso contenente i segnali dei sensori e $\vec{w}_k$ il vettore dei pesi del nodo di uscita k (per esempio uno dei due nodi di uscita).

I due nodi di uscita analogici della memoria associativa controllano rispettivamente i motori di direzione e quelli di traslazione del robot (in questi esperimenti lo sterzo e la torretta di rotazione sono fissi, affinché la parte frontale del robot sia rivolta sempre verso la direzione di moto). Ciò genera sterzate continue e morbide e velocità di traslazione, in base all'intensità dell'associazione tra gli attuali stimoli sensoriali e le risposte del motore (si veda anche [Nehmzow 99c]). Il robot si muove velocemente nelle situazioni per le quali è

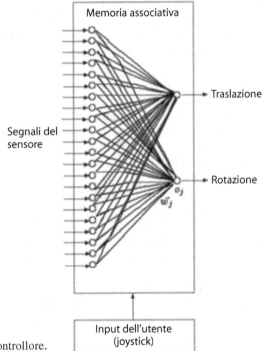

Figura 4.15 Architettura del controllore.

5 valori	5 valori	6 valori	6 valori
Sonar rivolti a sinistra	Sonar rivolti a destra	IR rivolti a sinistra	IR rivolti a destra

Figura 4.16 Il vettore di ingresso utilizzato.

stato addestrato più frequentemente e per le quali possiede pertanto le associazioni più forti tra la percezione e l'azione (situazioni "familiari"), mentre si muove lentamente in situazioni a lui "non familiari". Se i segnali sensoriali ricevuti non sono mai stati incontrati durante la fase di addestramento, per esempio in situazioni nelle quali i pesi della rete tra gli ingressi sensoriali e le uscite di azione motoria sono zero, il robot non si muoverà affatto.

Addestramento della rete
Inizialmente, non vi sono associazioni senso-motorie immagazzinate nella memoria associativa (per esempio tutti i pesi della rete sono inizializzati a zero), e il robot è controllato dall'operatore umano per mezzo di un joystick. L'informazione sull'ambiente effettivo (il vettore di ingresso $\vec{i}$ del controllore) e l'azione motoria desiderata in questa situazione (che conduce all'uscita obiettivo τ_k dell'equazione 4.6 per ciascuna delle due unità di uscita della rete) è pertanto disponibile al controllore del robot nella fase di addestramento.

L'aggiornamento del vettore dei pesi $\vec{w}_k$ dell'unità di uscita k è ottenuto mediante l'applicazione della legge di apprendimento del percettrone (si vedano le equazioni 4.6 e 4.7).

La frequenza di apprendimento η è stata posta pari a 0,3 e ridotta dell'1% a ogni passo di apprendimento. Questo stabilizza, se necessario, le associazioni immagazzinate nella memoria associativa del controllore. Vi sono altre modalità immaginabili per la scelta del tasso di apprendimento: un tasso inizialmente alto, ma rapidamente decrescente sarà tipico di un robot che impara solo durante le fasi iniziali del processo di apprendimento, mentre un η costante sarà rappresentativo di un comportamento di apprendimento continuo. Infine, mediante un rilevatore di novità, un basso valore di η potrebbe essere incrementato quando si individuano cambiamenti repentini.

Esperimenti

Gli esperimenti descritti sono stati condotti in un laboratorio delle dimensioni di 5 m×15 m, contenente oggetti come tavoli, sedie e scatole rilevabili dai sensori del robot.

Inizialmente, non c'erano associazioni senso-motorie immagazzinate nella memoria associativa e il robot è stato controllato dall'operatore per mezzo di un joystick. Utilizzando quest'informazione per l'addestramento, gli accoppiamenti senso-motori significativi sono stati sviluppati all'interno della rete neurale artificiale e il comportamento del robot è migliorato rapidamente nell'esecuzione di uno specifico compito. Dopo poche decine di passi d'apprendimento, l'informazione acquisita è stata solitamente sufficiente per controllare il robot senza nessun intervento dell'operatore. Il robot ha quindi eseguito il compito autonomamente, sotto il controllo della rete.

Aggiramento degli ostacoli

Controllando inizialmente il robot attraverso il joystick, FortyTwo era stato addestrato per evitare gli ostacoli convessi e i vicoli ciechi. Il robot ha appreso questo in meno di 20 passi (un passo corrisponde all'applicazione delle equazioni 4.6 e 4.7), impiegando pochi minuti in tempo reale. Il movimento risultante di aggiramento di ostacoli è stato scorrevole e ha incorporato i movimenti traslazionali e rotazionali a diverse velocità, a seconda dell'intensità dell'associazione tra la percezione sensoriale e la corrispondente azione motoria (si veda anche [Nehmzow 99c]).

Inseguimento dei muri

In maniera identica al caso precedente, il robot è stato addestrato per rimanere all'interno di una distanza di circa 50 cm dal muro. L'unica parte rilevante del vettore di ingresso per quest'attività è quella relativa al sensore a infrarosso. Il robot si muove radente al muro quando questo è scuro (a bassa riflessione infrarossa) e più lontano quando invece è chiaro. L'apprendimento è stato ottenuto in 20 passi di addestramento e il movimento acquisito è stato fluido. Il robot poteva essere addestrato per seguire i muri dal lato sinistro, dal lato destro oppure da entrambi.

Spostamento delle scatole

Sia le informazioni dei sensori a infrarosso sia quelle dei sensori sonar sono parte del vettore degli ingressi presente nella memoria associativa del controllore (figura 4.16) e possono essere pertanto impiegate dal controllore per associare l'azione con la percezione. I sensori infrarossi di FortyTwo sono montati in basso, a circa 30 cm dal suolo, mentre i sensori sonar sono montati in alto (a circa 60 cm dal suolo).

Nell'esperimento di spostamento delle scatole, il robot è stato addestrato a muoversi in avanti, nel caso in cui venga individuato un oggetto basso posto di fronte a esso, e a girare a sinistra o a destra, nel caso in cui venga rilevato un oggetto posto rispettivamente a sinistra o a destra del robot stesso. Durante la fase di addestramento di circa 30 passi, sono state sviluppate le associazioni tra i sensori a infrarosso del robot (che sono rilevanti per quest'attività), mentre i dati del sensore sonar hanno prodotto delle informazioni contraddittorie e le associazioni tra la "parte sonar" del vettore degli ingressi e le uscite dei motori non sono state sviluppate.

Il robot ha acquisito la capacità di spingere una scatola velocemente, in pochi minuti. Dopo una fase iniziale di addestramento, il robot è stato in grado di spingere e seguire una scatola autonomamente, stando dietro la scatola anche se quest'ultima si spostava lateralmente.

Il compito di "sgombero"

Poiché i sensori a infrarosso del robot restituiscono segnali identici per *qualunque* oggetto piazzato accanto al robot, è impossibile per il controllore distinguere tra scatole, muri o persone. Per esempio, il robot cercherà di spingere i muri, così come cercherà di spingere le scatole.

Esiste, tuttavia, una maniera per addestrare FortyTwo a ignorare le scatole, qualora queste si trovino vicino a ostacoli voluminosi: dal momento che i sensori sonar sono montati più in alto rispetto alle scatole, normalmente poste in basso, il robot può essere addestrato per seguire oggetti che appaiono solo nella "parte a infrarossi" del vettore degli ingressi e ad abbandonarli non appena un ostacolo voluminoso appaia nella "parte sonar" del vettore degli ingressi. Il robot può quindi acquisire tale abilità di "sgomberare" impiegando dai 30 ai 50 passi di apprendimento, che corrispondono a 5-10 minuti in tempo reale. Dopo la fase di addestramento, il robot seguiva qualunque oggetto fosse visibile soltanto ai sensori a infrarosso e lo spingeva finché degli ostacoli voluminosi non venivano individuati dai sensori sonar. FortyTwo, allora, si allontanava dall'oggetto cercando nuove scatole che fossero distanti dagli ostacoli voluminosi appena rilevati. Da ciò è risultato un comportamento di "sgombero": FortyTwo spingeva le scatole verso i muri, le lasciava in prossimità di essi e ritornava verso il centro della stanza per cercare altre scatole da spostare.

Sorveglianza

Impiegando un metodo analogo, e senza alcuna necessità di riprogrammare il robot, FortyTwo può essere addestrato per spostarsi in direzioni casuali evitando gli ostacoli. Durante la fase di addestramento, costituita approssimativamente di 30 passi di apprendimento, il robot è stato addestrato a muoversi in avanti in assenza di oggetti posti di fronte e ad aggirare gli ostacoli, una volta che questi diventavano visibili ai sensori del robot. Ciò ha sviluppato associazioni tra i sensori sonar e i sensori infrarossi e le unità di uscita della rete che controllano i motori. In questa maniera il robot ha acquisito un comportamento generale di aggiramento degli ostacoli, anche per tutte le configurazioni di ingressi non incontrate durante la fase di addestramento (ciò è un risultato della capacità della rete neurale artificiale di generalizzare).

Il comportamento di aggiramento degli ostacoli risultante è continuo; i movimenti di traslazione sono veloci, quando gli stati sensoriali familiari indicano spazio libero. L'azione di rotazione fluida è stata effettuata quando erano riconosciuti ostacoli lontani, mentre una rapida azione di rotazione era il risultato della percezione di ostacoli prossimi al robot. Il movimento continuo del robot è stato ottenuto attraverso l'associazione diretta delle uscite (analogiche) della rete con l'azione motoria, e l'uscita stessa è risultata dipendente dall'intensità del segnale di ingresso ricevuto (gli oggetti prossimi produrranno segnali di ingresso più forti).

Questi comportamenti di esplorazione casuale e di aggiramento degli ostacoli costituiscono le basi per la funzione di sorveglianza del robot. Impiegando questo comportamento, FortyTwo potrà, ad esempio, seguire corridoi, evitando ostacoli in movimento e stazionari durante il suo movimento.

L'apprendimento del percorso

Poiché i robot apprendono efficacemente ad associare direttamente la percezione sensoriale alla risposta motoria, è possibile addestrarli allo svolgimento di azioni motorie in particolari posizioni, eseguendo quindi una navigazione. Questa navigazione avverrà lungo *punti di riferimento percettivi*; durante il tragitto le proprietà percettive dell'ambiente saranno impiegate per eseguire il movimento desiderato per ciascuna locazione fisica.

Abbiamo addestrato FortyTwo a seguire un percorso simile a quello illustrato in figura 4.17. Dopo circa 15 minuti di addestramento, il robot è stato in grado di seguire i muri nella maniera indicata nella figura, di uscire dal laboratorio attraverso la porta (che ha una larghezza pari a circa il doppio del diametro del robot), di girare e rientrare attraverso la porta nel laboratorio e di riprendere il percorso.

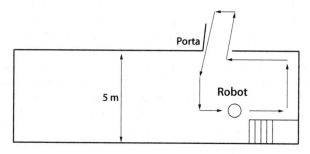

Figura 4.17 Apprendimento del percorso.

Il compito di "pulizia"

I compiti di pulizia richiedono che il robot copra la maggior quantità possibile di spazio dell'ambiente. Per spazi aperti e vasti, l'esplorazione casuale potrebbe rivelarsi sufficiente per completare l'attività nel tempo stabilito. In ogni caso, è possibile addestrare FortyTwo a coprire lo spazio dell'ambiente in maniera più metodica.

Impiegando la metodologia precedentemente descritta, il robot è stato addestrato a muoversi lungo un corridoio all'interno del Dipartimento (Computer Science Department) secondo quanto illustrato in figura 4.18.

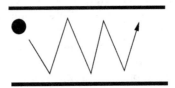

Figura 4.18 Operazione di pulizia.

Come in precedenza, l'apprendimento è risultato veloce e il robot ha acquisito la competenza in poche decine di passi di apprendimento.

Conclusioni

Rispetto alla *programmazione*, l'*addestramento* presenta un certo numero di vantaggi. In primo luogo, l'associatore impiegato in questa sede apprende in maniera estremamente rapida: in pochi passi di apprendimento sviluppa le associazioni significative tra gli ingressi e le uscite.

In secondo luogo, è in grado di generalizzare, per esempio di acquisire le associazioni ingresso-uscita per situazioni di ingresso che non si siano esplicitamente verificate. In ampi spazi sensoriali è praticamente impossibile che il robot, in fase di addestramento, incontri tutti i possibili stati sensoriali; la capacità di generalizzazione di una rete neurale artificiale fornisce una soluzione a tale problema.

In terzo luogo, mentre gli stimoli sensoriali sono associati direttamente alle risposte motorie (analogiche), l'intensità di un'associazione determina la velocità dell'azione. Ciò implica che il robot si muoverà rapidamente in un territorio a lui familiare e lentamente negli altri casi. Il robot svolta rapidamente se sono rilevati ostacoli vicini e in maniera graduale in presenza di ostacoli lontani. Questa proprietà risulta emergente e non è attribuibile alla progettazione del controllore.

In aggiunta a questi tre punti, il *programmare attraverso l'addestramento* fornisce una semplice e intuitiva interfaccia uomo-macchina. Poiché l'operatore è in grado di addestrare direttamente la macchina, senza la necessità di un intermediario (un programmatore), i rischi di ambiguità sono ridotti.

Infine, mediante l'addestramento supervisionato delle reti neurali artificiali, può essere pianificata una strategia di controllo efficace per un robot mobile, anche nel caso in cui non siano note esplicitamente le regole di controllo.

4.3.3 Caso di studio 3 *FortyTwo: l'apprendimento delle rappresentazioni interne del mondo mediante mappe auto-organizzanti*

Per molte applicazioni robotiche, come quelle relative all'identificazione e ritrovamento di oggetti, è necessario l'impiego di rappresentazioni interne di tali oggetti. Questi modelli, che sono rappresentazioni astratte e semplificate dell'originale, devono catturare le proprietà essenziali dell'originale, senza considerare i dettagli non necessari.

Le "proprietà essenziali" dell'originale non sono sempre direttamente disponibili al progettista di un sistema per il riconoscimento degli oggetti, non risulta sempre chiaro cosa costituisca un dettaglio non necessario. In questi casi l'unico metodo flessibile è rappresentato dall'*acquisizione* del modello, piuttosto che dall'*installazione*.

In questo caso di studio, presentiamo pertanto esperimenti con una struttura auto-organizzante che acquisisce i modelli in modalità non supervisionata, attraverso l'interazione tra il robot e l'ambiente. L'interazione con l'utente è mantenuta al minimo.

In questa particolare istanza, l'attività di FortyTwo è stata quella di identificare le scatole all'interno del proprio campo visivo e di muoversi verso di esse. Non è stato impiegato alcun modello generico di tali scatole, sebbene un modello sia stato acquisito mediante un processo di apprendimento non supervisionato da parte di una rete neurale artificiale.

Configurazione iniziale dell'esperimento
Il compito di FortyTwo consisteva nel determinare se una scatola fosse presente o meno nel suo campo visivo e, in caso affermativo, nel muoversi verso di essa. La telecamera è stato l'unico sensore impiegato. Le scatole non possedevano nessuna caratteristica distintiva. Il sistema di riconoscimento degli oggetti è mostrato in figura 4.19 ed è basato su una mappa auto-organizzante.

Sistema di elaborazione delle informazioni visuali
Come primo passo di pre-elaborazione, un'immagine a livelli di grigio di 320×200 pixel è stata ridotta a 120×80 pixel, selezionando un'appropriata finestra che dovrebbe mostrare l'oggetto obiettivo a una distanza di circa 3 m.

L'immagine ridotta è stata in seguito sottoposta a convoluzione con una maschera per il riconoscimento dei bordi, come quella illustrata in figura 4.20, dove ciascun valore del nuovo pixel è determinato dall'equazione

$$e(t+1) = \left| (c + f + i) - (a + d + g) \right| \qquad (4.18)$$

L'immagine con i bordi rilevati è stata codificata mediante la media dei valori dei pixel di una maschera 2×2, generando un'immagine di 60×40 pixel.

Al termine della fase di codifica, abbiamo calcolato il valore medio dei pixel dell'intera immagine e abbiamo impiegato il valore ottenuto per generare un'immagine binaria (come quella illustrata in figura 4.21) mediante l'utilizzo di una soglia.

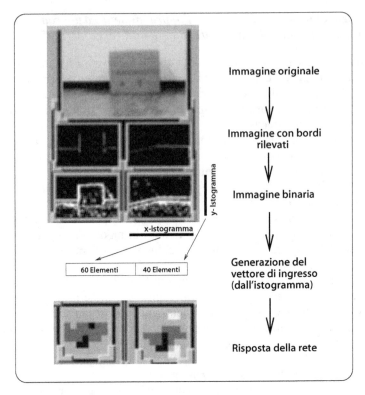

Figura 4.19 Sistema di riconoscimento della scatola.

-1	0	1
-1	0	1
-1	0	1

a	b	c
d	e	f
g	h	i

Figura 4.20 Maschere per il riconoscimento dei bordi.

Figura 4.21 Immagine binaria.

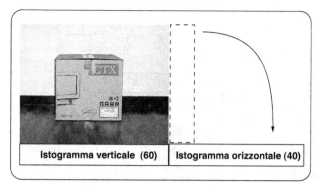

Figura 4.22 Ingresso al sistema di rilevamento della scatola.

Infine, calcolando l'istogramma lungo gli assi verticale e orizzontale del-l'immagine binaria, abbiamo ottenuto un vettore d'ingresso di dimensione 60+40, che è stato utilizzato come ingresso per l'algoritmo di riconoscimento delle scatole. Questo algoritmo è mostrato in figura 4.22.

Meccanismo di individuazione della scatola

Abbiamo utilizzato questo vettore di ingresso di dimensione 100 come ingres-so per una mappa auto-organizzante di 10×10 unità (si veda il par. 4.2.3). Il tasso di apprendimento è stato fissato a 0,8 per i primi 10 passi di addestramen-to e poi a 0,2 per il rimanente periodo di addestramento. L'intorno di prossimi-tà dell'unità vincente all'interno del quale è stato svolto un aggiornamento è rimasto fisso, cioè pari a ±1 durante l'intero periodo di addestramento.

L'idea di base è stata, ovviamente, quella di sviluppare diverse tipologie di risposte della rete a immagini che contenessero scatole rispetto a immagini che non le contenessero. Il tutto è basato sull'auto-organizzazione e non presenta nessun modello installato *a priori*.

Risultati sperimentali

Un insieme di prove di 60 immagini (30 con scatole e 30 senza, come si vede in figura 4.23) è stato utilizzato per addestrare la rete e per valutare la capaci-tà del sistema di differenziare tra immagini contenenti scatole e immagini che ne erano prive. Come si vede in figura 4.23, la risposta della rete in entrambi i casi è simile, ma non identica. La differenza delle risposte della rete può es-sere impiegata per classificare un'immagine.

Cinquanta immagini contenenti scatole allineate sono state utilizzate per la fase di addestramento della rete, le rimanenti 10 immagini di prova sono state tutte correttamente classificate dal sistema.

In un secondo insieme di esperimenti, le scatole sono state disposte in *sva-riate* posizioni e angolazioni. L'insieme di addestramento era costituito da 100 immagini; l'insieme di prova da 20 immagini. Nel caso delle immagini che contenevano scatole, il 70% di tutte le immagini di prova è stato classificato correttamente, il 20% in modo errato e il restante 10% non è stato classificato

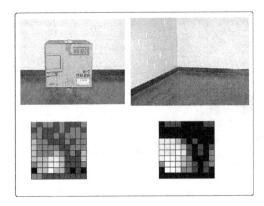

Fig. 4.23 Due esempi di immagini e la risposta della rete a esse associata. La codifica a livello di grigio indica la forza dell'attivazione di un'unità.

(l'eccitazione delle unità della SOFM non ha riconosciuto né il modello "*scatola*", né il modello "*non scatola*"). Di tutte le immagini che non contenevano scatole, il 60% è stato classificato correttamente, il 20% in modo errato e il restante 20% non è stato classificato.

Per valutare la capacità del sistema nel classificare le immagini in situazioni più "realistiche", abbiamo condotto una terza serie di esperimenti, durante i quali le immagini impiegate erano simili a quelle dell'esperimento precedente, per esempio contenevano immagini di scatole in svariate posizioni e angolazioni. In aggiunta a ciò, sono state incluse immagini di scale, porte e altri oggetti simili alle scatole (immagini "complesse").

L'insieme di addestramento era costituito da 180 immagini, l'insieme di prova da 40. Delle immagini "scatole", il 70% è stato classificato correttamente, il 20% erroneamente e il restante 10% non è stato classificato.

Delle immagini non contenenti scatole, il 40% è stato classificato correttamente, il 55% erroneamente e il restante 5% non è stato classificato.

Associare la percezione all'azione
Successivamente, eravamo interessati a usare il sistema per pilotare il robot in direzione delle scatole, se ne era stata identificata almeno una all'interno dell'immagine.

Nelle SOFM questo obiettivo può essere raggiunto estendendo il vettore degli ingressi mediante l'aggiunta di una componente di azione. L'intero vettore degli ingressi (e quindi il vettore dei pesi di ciascuna unità della SOFM) contiene pertanto una coppia percezione-azione. Nella fase di addestramento, il robot è controllato manualmente per muoversi verso un scatola presente nel proprio campo visivo. I vettori di ingresso sono stati generati combinando l'ingresso visivo pre-elaborato e il comando motorio fornito dall'utente.

Nella fase di funzionamento, il robot è in grado di muoversi verso una scatola autonomamente, determinando l'unità vincente della SOFM (l'unità che assomiglia di più all'attuale percezione) e compiendo l'azione motoria associata a tale unità. FortyTwo è stato in grado di muoversi abilmente verso una singola scatola presente nel proprio campo visivo, indipendentemente dall'orientamento della scatola o dal proprio orientamento iniziale. Mentre il robot si avvicinava alla scatola, i suoi movimenti laterali diminuivano e l'avvicinamento diveniva sempre più rapido, fino a quando la scatola riempiva interamente il campo visivo del robot e diventava pertanto invisibile al robot stesso. Il robot in queste condizioni si avvicinava alle scatole con sicurezza.

Tuttavia, il robot poteva essere confuso da altri oggetti simili alle scatole (come le scale del nostro laboratorio di robotica). In questo caso, il robot si avvicinava all'oggetto ingannevole, per abbandonarlo non appena era stato rilevato l'errore. In questa fase, comunque, il robot spesso non era più in grado di individuare la scatola originale, poiché era troppo lontano dal percorso di avvicinamento.

Conclusioni

Lo sviluppo di rappresentazioni interne è essenziale per molte attività robotiche. Tali modelli degli oggetti originali semplificano l'elaborazione mediante le rispettive proprietà di astrazione. Affinché ciò si verifichi, i modelli devono catturare le proprietà essenziali degli oggetti modellati ed eliminare i dettagli non necessari.

Poiché queste proprietà caratteristiche spesso non sono direttamente accessibili al progettista, i metodi di *acquisizione* (subsimbolica) del modello sono più attuabili dell'*installazione* del modello stesso.

Il sistema di riconoscimento delle scatole discusso in questo paragrafo non impiega nessuna rappresentazione simbolica; l'unica informazione di carattere prettamente generale è fornita in fase di progetto (per esempio il riconoscimento dei contorni, la sogliatura e l'analisi dell'istogramma delle immagini). Al contrario, i modelli sono stati acquisiti *autonomamente* mediante il raggruppamento delle percezioni sensoriali, attraverso una mappa auto-organizzante.

Gli esperimenti hanno mostrato che i modelli acquisiti possono identificare gli oggetti obiettivo con una buona affidabilità, a condizione che le immagini non contengano oggetti ingannevoli (per esempio, che non siano *scatoliformi* ossia somiglianti a delle scatole).

Le scatole sono oggetti molto regolari. Come un sistema semplice (quale quello descritto in questo caso di studio) possa costruire delle rappresentazioni di oggetti più complessi (quali, per esempio, le persone), non è chiaro. A ogni modo, questi esperimenti dimostrano che un robot può costruire rappresentazioni interne degli oggetti presenti nel suo ambiente, senza una conoscenza *a priori* e senza l'ausilio di un operatore umano.

4.4 Un robot che insegue l'obiettivo e aggira gli ostacoli

Esercizio 3: Inseguimento dell'obiettivo e aggiramento degli ostacoli
Un robot mobile è equipaggiato con due sensori di contatto, uno sul lato sinistro e uno sul lato destro. Questi sensori ritornano come risposta un valore pari a "+1" quando entrano in contatto con qualche oggetto, altrimenti ritornano un valore pari a "0". Inoltre, il robot ha montato centralmente un sensore di mar-

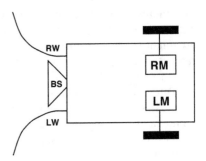

Figura 4.24 Un robot con due sensori di contatto e un sensore di marcatori.

catori che è in grado di rilevare se un marcatore (posizionato da qualche parte nell'ambiente) si trovi posizionato alla destra o alla sinistra del robot.

Il sensore restituisce un valore pari a "–1" se l'obiettivo è alla sinistra del robot e un valore pari a "+1" se l'obiettivo è posto alla destra.

A causa delle asimmetrie del mondo reale, il sensore di marcatori non sarà mai in grado di percepire se il marcatore sia posizionato di fronte al robot esattamente in posizione centrale, perciò non esiste un terzo valore restituito dal sensore per indicare un oggetto posto di fronte. Gli attuatori del robot lo faranno ruotare in avanti, se viene applicato un segnale pari a "+1", e ruotare all'indietro nel caso in cui il segnale sia pari a "–1". Il robot è mostrato in figura 4.24.

Il compito del robot è inseguire l'obiettivo, aggirando gli ostacoli che incontra lungo il suo percorso.

1. Scrivere la tabella di verità necessaria per ottenere la funzione di questo comportamento.
2. Realizzare una rete neurale artificiale, utilizzando i neuroni di McCulloch e Pitts per implementare un robot che mostri un comportamento di inseguimento dell'obiettivo evitando gli ostacoli.

La soluzione è riportata nell'appendice a p. 249.

4.5 Letture di approfondimento

Apprendimento robotico
U. Nehmzow, T. Mitchell, The prospective student's introduction to the robot learning problem. *Technical Report UMCS-95-12-6*, Manchester University, Dept. of Computer Science, Manchester, 1995 (disponibile all'indirizzo: ftp://ftp.cs.man.ac.uk/pub/TR/UMCS-95-12-6.ps.Z).

Apprendimento per rinforzo
A. Barto, Reinforcement learning and reinforcement learning in motor control. In: M. Arbib (ed.), *The Handbook of Brain Theory and Neural Networks*, pp. 804-813. MIT Press, Cambridge MA, 1995.

D.H. Ballard, *An Introduction to Natural Computation,* ch. 11. MIT Press, Cambridge MA, 1997.

T. Mitchell, *Machine Learning*, ch. 13. McGraw-Hill, New York, 1997.

L. Kaelbling, Learning in Embedded Systems. PhD Thesis, *Stanford Technical Report*, Report No. TR-90-04, 1990. Pubblicato con lo stesso titolo presso MIT Press, Cambridge MA, 1993.

Processi di decisione di Markov

L.P. Kaelbling, M. Littman, A. Cassandra, Planning and acting in partially observable stochastic domains. *Artificial Intelligence*, vol. 101, 1998.

Percettroni

R. Beale, T. Jackson, *Neural Computing: An Introduction*, pp. 48-53. Adam Hilger, Bristol, Philadelphia and New York, 1991.

J. Hertz, A. Krogh, R.G. Palmer, *Introduction to the Theory of Neural Computation*, ch. 5. Addison-Wesley, Redwood City CA, 1991.

Percettroni multistrato

D.E. Rumelhart, J.L. McClelland and PDP Research Group, *Parallel Distributed Processing*, vol. 1 "Foundations", ch. 8. MIT Press, Cambridge MA, 1986.

J. Hertz, A. Krogh, R.G. Palmer, *Introduction to the Theory of Neural Computation*, pp. 115-120. Addison-Wesley, Redwood City CA, 1991.

Reti con funzione a basi radiali

D. Lowe, Radial basis function networks. In: M. Arbib (ed.), *The Handbook of Brain Theory and Neural Networks*, pp. 779-782. MIT Press, Cambridge MA, 1995.

C. Bishop, *Neural networks for pattern recognition*. Oxford University Press, Oxford, 1995.

Mappe auto-organizzanti

T. Kohonen, *Self Organization and Associative Memory*, ch. 5, 2nd ed. Springer, Berlin-Heidelberg-New York, 1988.

H. Ritter, *Self-Organizing Feature Maps*: *Kohonen Maps*. In: M. Arbib (ed.), *The Handbook of Brain Theory and Neural Networks*, pp. 846-851. MIT Press, Cambridge MA, 1995.

Apprendimento delle macchine

T. Mitchell, *Machine learning*. McGraw Hill, New York, 1997.

D. Ballard, *An introduction to natural computation*. MIT Press, Cambridge MA, 1997.

Connessionismo

J. Hertz, A. Krogh, R.G. Palmer, *Introduction to the theory of neural computation*. Addison-Wesley, Redwood City CA, 1991.

R. Beale, T. Jackson, *Neural computing: an introduction*. Adam Hilger, Bristol, Philadelphia and New York, 1990.

C. Bishop, *Neural networks for pattern recognition*. Oxford University Press, Oxford, 1995.

S. Haykin, *Neural networks: a comprehensive foundation*. Macmillan, New York, 1994.

Caso di studio 3

U. Nehmzow, Vision processing for robot learning. *Industrial Robot*, vol. 26 (2), pp. 121-130, 1999.

5

La navigazione

Questo capitolo esamina dapprima i principi fondamentali della navigazione, illustrando con alcuni esempi le strategie più importanti osservate negli animali e negli esseri umani e quelle adottate nei robot. Nella seconda parte, cinque casi di studio analizzano dettagliatamente la navigazione dei robot ispirata alla biologia, l'auto-localizzazione, l'apprendimento di percorsi e la ricerca di scorciatoie.

5.1 I principi della navigazione

5.1.1 I blocchi fondamentali

Per un agente mobile la capacità di navigare è una delle abilità più importanti. Rimanere operativo, cioè aggirare le situazioni pericolose come le collisioni, e restare all'interno di condizioni operative sicure (temperatura, radiazioni, condizioni meteorologiche) è la prima necessità, ma la navigazione diventa fondamentale nel momento in cui i compiti da realizzare si riferiscono a delle specifiche posizioni dell'agente nell'ambiente.

Alcune forme di navigazione possono essere rilevate nella maggior parte degli esseri viventi. Talvolta si tratta solo della capacità di invertire il proprio itinerario e di ritornare a casa; talora la navigazione riguarda una sofisticata abilità di ragionare sulle relazioni spaziali dell'ambiente. Sta di fatto che tutti gli animali che si muovono possono navigare.

In questo capitolo si tratteranno in dettaglio le abilità di navigazione, cercando di identificare i blocchi di progettazione necessari per sviluppare il sistema di navigazione di un robot. Saranno forniti, inoltre, esempi di navigazione di robot mobili.

La navigazione può essere definita come la combinazione di tre competenze fondamentali:

1. *auto-localizzazione*;
2. *pianificazione del percorso*;
3. *costruzione e interpretazione della mappa* (utilizzo della mappa).

In questo contesto la *mappa* rappresenta una corrispondenza uno-a-uno tra il mondo e una sua rappresentazione interna. Tale rappresentazione non assomiglia necessariamente a una mappa geografica, simile a quelle che si possono acquistare; infatti, nei robot la mappa prende la forma di uno schema di eccitazione di una rete neurale artificiale.

La *localizzazione* denota la competenza dell'agente di stabilire la propria posizione all'interno di una struttura di riferimento.

La *pianificazione del percorso* è di fatto un'estensione della localizzazione, nella quale è richiesta la determinazione della posizione corrente del robot e la posizione dell'obiettivo, all'interno della stessa struttura di riferimento.

La *costruzione della mappa* non comprende solamente i tipi di mappa che conosciamo, cioè le rappresentazioni metriche dell'ambiente, ma ogni annotazione che descriva le posizioni all'interno della struttura di riferimento. Le mappe rappresentano il territorio esplorato all'interno di questa struttura di riferimento. Infine, affinché una mappa possa essere utilizzata, è necessaria la capacità di interpretarla.

5.1.2 La struttura di riferimento per la navigazione

La struttura di riferimento è la componente cruciale di ogni sistema di navigazione robotica, dal momento che effettivamente definisce tutte e tre le competenze che costituiscono la navigazione.

La struttura di riferimento è un punto fisso che definisce le competenze di navigazione. Nel caso più semplice e più evidente tale struttura è un sistema di coordinate cartesiane (figura 5.1).

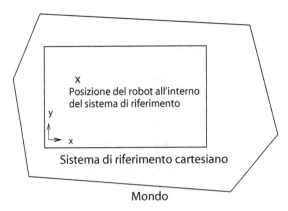

Figura 5.1 Navigazione basata su un sistema di riferimento cartesiano.

Per tutti i processi interni a un tale sistema di navigazione cartesiano – come la localizzazione, la pianificazione del percorso e la generazione di mappe – le posizioni sono registrate come coordinate cartesiane all'interno della struttura di riferimento. La navigazione risulta semplice e perfetta.

Assumendo che il percorso abbia inizio da una posizione nota e che la velocità e la direzione di viaggio siano conosciute in modo corretto, il sistema di navigazione integra i movimenti del robot nel tempo. Questo processo d'integrazione è noto come *dead reckoning*. Data una struttura cartesiana di riferimento, la posizioni del robot, come pure tutte le altre posizioni, possono sempre essere definite in maniera precisa. Questo metodo, tuttavia, presenta un grande inconveniente: la struttura non è ancorata alla realtà, ciò significa che si muove rispetto al mondo.

Affinché un processo di dead reckoning possa funzionare, il robot deve misurare i suoi movimenti *in maniera precisa*, ma ciò è impossibile, a causa di problemi come lo slittamento delle ruote, cioè di un movimento di tutta la struttura di riferimento. Il robot è in grado di misurare il suo movimento soltanto mediante misurazioni interne, dette *propriocezione*, e quindi non è in grado di rilevare i cambiamenti dell'intera struttura di riferimento. La figura 8.16 (p. 219) mostra un esempio di errore di deriva nell'odometria.

Per questo motivo, la navigazione deve essere realizzata all'interno del mondo reale, e non all'interno della struttura di riferimento. I problemi legati al movimento della struttura di riferimento rispetto al mondo sono un serio impedimento a questo processo.

In pratica, la navigazione basata esclusivamente sull'odometria non è affidabile se non per distanze molto brevi. Fino a oggi, la maggior parte delle applicazioni riguardanti la navigazione dei robot mobili utilizzano rappresentazioni interne geometriche dell'ambiente.

Mobot III, per esempio, costruisce la propria rappresentazione geometrica autonomamente a partire dai dati dei sensori ([Knieriemen & Puttkamer 91]). Altri robot utilizzano mappe fornite a priori dal progettista ([Kampmann & Schmidt 91]). In genere, le mappe sono modificate in corso d'opera, in funzione delle percezioni sensoriali rilevate.

Questo approccio "classico" presenta il vantaggio che la mappa risultante è comprensibile all'operatore umano. Con questo metodo non è necessaria una speciale interfaccia tra la rappresentazione dell'ambiente del robot e quello percepito dall'essere umano; ciò permette una facile supervisione del funzionamento delle attività del robot da parte del progettista. D'altra parte, l'installazione manuale della mappa comporta perdita di tempo e richiede una grande quantità di memoria.

Inoltre, le mappe risultanti non necessariamente contengono le informazioni indispensabili per lo svolgimento delle operazioni correnti. Se, per esempio, il compito del robot è quello di muoversi in avanti aggirando gli ostacoli posti di fronte a esso, allora sono irrilevanti sia le informazioni riguardanti gli oggetti posti *dietro* il robot, sia quelle riguardanti gli oggetti *abbastanza distanti* lateralmente e in avanti. Memorizzare tali informazioni aggiunge un ulteriore carico ai requisiti di memoria.

5.1.3 Navigazione basata su punti di riferimento "fisici": pilotaggio

Poiché l'obiettivo è la navigazione all'interno del mondo, una via per aggirare il problema del sistema *basato sulla propriocezione* è ancorare il sistema di navigazione all'interno del mondo stesso, piuttosto che alla struttura di riferimento interna. Un metodo per realizzare questo scopo è rilevare le caratteristiche univoche nel mondo: i *punti di riferimento* (*landmark*). La navigazione basata su punti di riferimento esterni è chiamata *pilotaggio*: il percorso richiesto per raggiungere la posizione di un obiettivo non è determinato attraverso l'integrazione del percorso, come nel dead reckoning, ma tramite l'identificazione dei punti di riferimento o delle direzioni relative ai punti di riferimento. Dal momento che il robot è capace di identificare inequivocabilmente i punti di riferimento, seguendo questi punti in un ordine specifico, o richiamando la direzione richiesta mediante la bussola a partire da un punto noto, la navigazione viene ottenuta rispetto al *mondo*, piuttosto che rispetto a una struttura *interna* di riferimento (figura 5.2), quindi non è soggetta a errori di deriva, com'è ovviamente desiderabile.

Un modo per ottenere questo obiettivo è usare l'informazione riguardante le relazioni di vicinanza tra alcuni punti di riferimento. Tali corrispondenze topologiche si trovano, per esempio, negli animali e negli umani ([Knudsen 82], [Sparks & Nelson 87] e [Churchland 86]).

Poiché sono rappresentate solo le relazioni topologiche tra le posizioni, e non le distanze, sono richiesti un tempo inferiore per la costruzione della mappa e meno memoria per il suo immagazzinamento.

Che cosa si intende per "punto di riferimento"?
In generale gli uomini dispongono di cospicue e persistenti caratteristiche percettive come "punti di riferimento". Ovvi esempi sono gli edifici e le caratteristiche prominenti del paesaggio, come le montagne o i laghi. Questi sono punti di riferimento che richiedono la comprensione dello scenario per essere riconosciuti: solo se si sa a cosa di solito assomiglia una chiesa si è capaci di individuarla nell'ambiente.

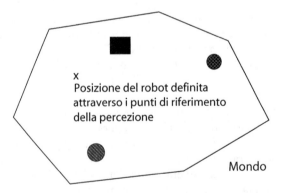

Figura 5.2 La navigazione, ancorata al mondo attraverso la percezione.

È possibile una definizione diversa di ciò che costituisce un punto di riferimento, basata soltanto sulla percezione sensoriale piuttosto che sull'interpretazione di quella percezione. Esempi sono lo splendore del cielo (cioè la posizione del sole), la direzione del vento, il suono che proveniente da una specifica direzione; tutte queste sono caratteristiche percettive, dipendenti dalla posizione, che possono essere scoperte dal navigatore ed essere usate per mantenere o determinare un percorso, senza bisogno di interpretare lo scenario.

Poiché l'interesse è rivolto a minimizzare la pre-definizione di punti di riferimento (a causa del problema della discrepanza della percezione, introdotta
precedentemente), solitamente si utilizza questo secondo tipo di punti di riferimento, *non interpretati*. Questi corrispondono a particolari uscite dei sensori
dipendenti dalla loro posizione, come le uscite dei sonar o le immagini percepite da una particolare posizione. Questi sono definiti *punti di riferimento della percezione*.

"I punti di riferimento della percezione" per la navigazione del robot
Se l'intero sistema di navigazione del robot deve essere basato sulla ricogni-
zione dei punti di riferimento, domandarsi che cosa costituisca un punto di riferimento appropriato è ovviamente rilevante. Per essere utile alla navigazione, un punto di riferimento deve essere:
1. visibile da varie posizioni; .
2. riconoscibile sotto diverse condizioni di illuminazione e punti di vista;
3. stazionario durante il periodo di navigazione, oppure il suo movimento
   deve essere noto a priori.

I punti 1 e 2 richiedono che sia effettuata una qualche generalizzazione relativa alla rappresentazione interna del punto di riferimento da parte del meccanismo di navigazione. Immagazzinare percezioni non elaborate dei sensori
relative ai punti di riferimento, per esempio, non è molto utile poiché il robot
percepirà quasi certamente lo stesso punto di riferimento in maniera leggermente differente in una successiva visita. Questo significa che il robot non potrà riconoscere il punto di riferimento, a meno che non sia in grado di effettuare una generalizzazione. Le reti neurali artificiali possono essere usate per generalizzare le rappresentazioni dei punti di riferimento. Esempi di questa generalizzazione si possono trovare nel paragrafo 5.4.2.

Il punto 1 si riferisce a un problema specifico dell'identificazione dei punti di riferimento: se il robot è stato addestrato a riconoscere un punto di riferimento da una determinata posizione, potrà riconoscere lo stesso punto di riferimento da una posizione differente, anche se non lo ha mai visto da lì? Se lo
identificasse sarebbe una grande conquista, poiché permetterebbe una memorizzazione molto efficiente dei punti di riferimento, e la costruzione di sistemi
di navigazione molto robusti. In un robot come FortyTwo, cioè un robot dotato di sensori equidistanziati lungo i 360°, la rotazione per esempio delle letture dei 16 sonar su una posizione univocamente identificabile (il centro di gravità di quelle letture) convertirebbe qualsiasi stringa di 16 letture in una stringa canonica. Il principio è illustrato nella figura 5.3.

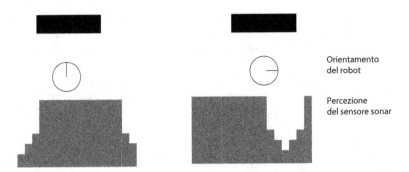

Figura 5.3 Utilizzando alcune proprietà caratteristiche di tutti i sensori sonar – per esempio il centro di gravità – le percezioni ottenute da differenti angoli di visuale possono essere convertite in identiche letture canoniche applicando una "traslazione mentale".

Figura 5.4 A causa delle riflessioni speculari dei sensori sonar, le "traslazioni mentali" non sono sempre utilizzabili per generare le viste canoniche dei punti di riferimento.

Tuttavia a causa delle speciali caratteristiche dei sensori sonar, in particolare le riflessioni speculari (determinate da angoli incidenti), questo metodo non sempre funziona. La figura 5.4 mostra una situazione in cui la posizione fisica del robot è importante per la percezione ottenuta e mere "rotazioni mentali", come la rotazione degli ingressi, non generano una vista canonica in entrambe le situazioni mostrate.

5.1.4 Fondamenti della navigazione: sommario

Essere capaci di navigare richiede l'abilità di stabilire la propria posizione e di pianificare un percorso verso alcune posizioni obiettivo. Quest'ultima competenza, a sua volta, si basa sull'utilizzo di una rappresentazione dell'ambiente (una *mappa*) e prevede l'abilità di interpretare tale rappresentazione.

È ovvio che per potere navigare un animale deve essere vivo o, analogamente, un robot deve essere operativo. Essere operativo è perciò una competenza fondamentale, ma da sola non è sufficiente.

Tutta la navigazione deve essere ancorata a una qualche struttura di riferimento, cioè la navigazione è sempre relativa a una struttura di riferimento fissa. Le strategie del processo di dead reckoning stimano la direzione di viaggio e la velocità dell'agente e integrano il movimento per tutto il tempo di navigazione, partendo da una posizione conosciuta. I sistemi di navigazione basati sul processo di dead reckoning sono relativamente facili da implementare e altrettanto facili da interpretare e da usare. Essi sono però soggetti all'errore di deriva, che non è facilmente correggibile e costituisce un problema serio per tutti i percorsi di navigazione sufficientemente lunghi.

L'alternativa al dead reckoning è la navigazione basata sui punti di riferimento, cioè sulla *esterocezione*, ossia la percezione dell'ambiente da parte dell'agente. In questo caso l'errore di deriva non è un problema, ma se l'ambiente contiene pochi riferimenti percettualmente univoci, o informazioni confuse (ambiguità percettiva) le prestazioni di tali sistemi possono deteriorarsi.

5.2 Strategie fondamentali di navigazione degli animali e degli esseri umani

Discutere esaurientemente delle strategie di navigazione degli animali e degli esseri umani va oltre lo scopo di un libro di introduzione alla robotica mobile; ciò nonostante, si guarderà ai più comuni meccanismi di navigazione utilizzati da questi esseri viventi e si daranno degli esempi di esperimenti per dimostrare l'efficacia di questi meccanismi. Quest'analisi rivelerà la meravigliosa e straordinaria bellezza dei navigatori in natura e fornirà alcune indicazioni su come si possano ottenere sistemi robotici per la navigazione robusti e sicuri.

A oggi, nessuna macchina esegue la navigazione adeguatamente come gli animali. Mentre, per esempio, le formiche, le api e gli uccelli, per citare solo tre esempi, sono capaci di navigare in modo sicuro e robusto per lunghe distanze, in ambienti non modificati, variabili, rumorosi e contradditori, i robot dipendono di solito da ambienti molto strutturati che cambiano poco per tutto il periodo del loro funzionamento. I robot hanno grandi difficoltà quando navigano per lunghe distanze, in ambienti che contengono informazioni conflittuali e incoerenti. Essi operano meglio in ambienti che contengono degli indicatori di riferimento artificiali – come i *marcatori* o *beacon* – lungo traiettorie fisse identificate da tali riferimenti. Quanto maggiore è il grado di flessibilità richiesto, tanto più è difficile per un robot mobile navigare correttamente. La speranza è che forse alcuni meccanismi usati da navigatori viventi competenti possano essere adottati in futuro nei robot mobili autonomi.

Si comincerà a guardare ad alcune fondamentali strategie di navigazione riscontrate negli animali e si continuerà con cinque casi di studio dettagliati della navigazione dei robot che utilizzano strategie emulate dagli esseri viventi.

5.2.1 Pilotaggio (*piloting*)

Il pilotaggio, cioè la navigazione per mezzo di punti di riferimento identificati dalle loro caratteristiche percettive, è molto comune negli animali. Essi si orientano non solo mediante punti di riferimento locali, cioè relativamente vicini, che cambiano la loro posizione angolare quando gli animali si muovono, ma anche per mezzo di punti di riferimento globali, come gli oggetti distanti (per esempio le montagne), le stelle e il sole, che non cambiano il loro aspetto rispetto all'animale quando questo si muove.

Punti di riferimento locali

Una strategia comune per il pilotaggio per mezzo di punti di riferimento locali consiste nell'immagazzinare un'immagine retinica, relativa a una posizione specifica necessaria per la navigazione futura (per esempio il nido o il posto per il cibo), e nel muoversi in modo tale che nel viaggio successivo l'immagine corrente e l'immagine immagazzinata siano portate a coincidere attraverso movimenti appropriati.

Le formiche del deserto (*Cataglyphis bicolor*), per esempio, utilizzano stimoli visivi per identificare la posizione del formicaio ([Wehner & Räber 79]). L'esperimento mostrato in figura 5.5 dimostra che, per muoversi verso una particolare posizione, le formiche fanno coincidere l'immagine corrente retinica e l'immagine immagazzinata. In alto a sinistra, la figura mostra la situazione iniziale: due riferimenti identici di larghezza x, a uguale distanza a sinistra e a destra del formicaio, sono utilizzati come punti di riferimento. I piccoli punti indicano le posizioni di ritorno al formicaio delle singole formiche.

Se questi riferimenti vengono spostati e collocati a una distanza doppia di quella originale (rendendo impossibile alla formica individuare una posizione in cui l'angolo α e l'angolo β, siano gli stessi della situazione originale) le formiche ritornano verso uno dei due riferimenti (si veda la figura 5.5 in alto a destra). Se la grandezza dei riferimenti è raddoppiata (ciò significa che entrambi

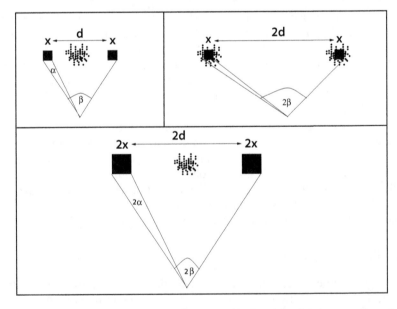

Figura 5.5 L'utilizzo dei punti di riferimento nelle formiche del deserto, *Cataglyphis bicolor* (da [Wehner & Räber 79]).

gli angoli α e β sono di nuovo identici alla situazione originale), le formiche ritornano alla posizione originale (figura 5.5, in basso).

Analogamente, il pilotaggio si osserva nelle api domestiche (*Apis mellifera*). Gould e Gould riportano le scoperte di von Frisch riguardanti l'utilizzo dei punti di riferimento nella navigazione delle api ([Gould & Gould 88]): le api addestrate su un percorso a zig zag, che comprende un giro intorno a un albero, continueranno a volare verso il cibo grazie all'albero, mentre le api addestrate su un percorso simile a zig zag in aperta campagna continueranno a volare verso il cibo attraverso la strada più breve. I punti di riferimento evidenti, come i margini della foresta, saranno usati prevalentemente per la navigazione da parte delle api domestiche. Il sole è solitamente utilizzato come punto di riferimento, ossia come una bussola, nella danza delle api che indica la direzione della fonte di cibo ([Gould & Gould 88] e [Waterman 89]).

In vicinanza dell'alveare, le api eseguono un processo di corrispondenza di immagini, proprio come le formiche del deserto. [Cartwright & Collet 83] riportano esperimenti con le api che mostrano una sorprendente analogia con gli esperimenti con le formiche di [Wehner & Räber 79]. Come le formiche, anche le api usano l'estensione angolare dei punti di riferimento per la navigazione: un determinato spostamento dei punti di riferimento artificiali porta a un corrispondente spostamento nella posizione di ritorno. Da queste osservazioni [Cartwright & Collet 83] traggono le seguenti conclusioni:

> *"[Le api] non trovano la loro via usando qualcosa di analogo a una pianta o a una mappa della posizione spaziale dei punti di riferimento e della fonte di cibo. La conoscenza a loro disposizione è molto più limitata e consiste in non più di un'immagine memorizzata di ciò che era presente nella loro retina quando esse si trovavano a destinazione [...] Le api trovano la loro via, sembrano dire gli esperimenti, paragonando continuamente la loro immagine retinica con l'immagine istantanea presente nella loro memoria e regolando il percorso di volo in modo da ridurre le discrepanze tra le due immagini."*

Waterman convalida quest'analisi affermando che le api domestiche interrompono la ricerca di cibo non appena vengono introdotti o (rimossi) dei punti di riferimento artificiali nel loro territorio ed eseguono voli di orientamento prima di continuare a cercare il cibo ([Waterman 89]). Analogamente, le api effettuano voli di perlustrazione in un territorio sconosciuto, prima di iniziare ad approvvigionarsi.

Punti di riferimento globali

Sebbene teoricamente le formiche del deserto siano capaci di navigare per mezzo di punti di riferimento locali, a causa dell'habitat nel quale vivono, tale metodo non è sempre applicabile. Spesso l'ambiente del deserto in cui le formiche cercano l'approvvigionamento è completamente privo di punti di riferimento ed esse devono ricorrere ad altri metodi di navigazione per ritrovare la strada per tornare al formicaio.

Le formiche del deserto sanno tornare al loro formicaio direttamente dopo il completamento di un tipico viaggio di approvvigionamento di lunghezza pari a 20 metri. Ciò può essere sperimentalmente stabilito spostando una formica dopo che ha completato un viaggio di approvvigionamento, ed esaminando il suo restante viaggio di ritorno.

Di norma, la formica comincia a cercare il formicaio dopo aver oltrepassato il luogo in cui "immagina" che esso si trovi del 10% della distanza totale percorsa, usando un modello di ricerca sempre più ampio, centrato sulla locazione del punto in cui si aspetta di trovare il proprio formicaio ([Wehner & Srinivasan 81] e [Gallistel 90]).

Esaminando i viaggi di ritorno, è risultato chiaro che le formiche del deserto non ripercorrono il proprio viaggio all'indietro (per esempio, seguendo una traccia feromonica). Al contrario, la loro navigazione si basa puramente sulla stima della posizione ([Wehner & Srinivasan 81]), usando uno schema di polarizzazione del cielo come riferimento globale (lo schema di luce polarizzata sul cielo blu – il cosiddetto vettore E – che è determinato dalla posizione del sole) ([Wehner & Räber 79]). Tali modelli possono essere considerati costanti nel tempo relativamente breve dell'approvvigionamento delle formiche del deserto e, quindi, possono fornire adeguate indicazioni direzionali. Poiché la formica esegue soltanto rotazioni intorno all'asse verticale durante l'approvvigionamento e il ritorno a casa, lo schema del cielo cambia solo in relazione a queste rotazioni ed è quindi un'informazione che può essere utilizzata per eseguire l'integrazione del percorso mediante il processo di dead reckoning.

Come le formiche, anche le api usano la posizione del sole e lo schema di polarizzazione del cielo per la navigazione ([Gould & Gould 88] e [Waterman 89]. Ciò è supportato dall'esperimento presentato nella figura 5.6. I risultati dimostrano che gli itinerari delle api in relazione all'alveare sono determinati dalla posizione del sole. Se l'alveare viene spostato durante la notte di diversi chilometri (figura 5.6, in alto), la mattina le api lasceranno l'alveare nella stessa direzione utilizzata il giorno precedente. Se l'alveare viene spostato mentre le api sono fuori per nutrirsi (figura 5.6, al centro), esse ritorneranno alla vecchia posizione, scopriranno il loro errore e voleranno verso la nuova posizione dell'alveare. Se, infine, l'alveare viene spostato di interi continenti, per cui il movimento apparente del sole è diverso da quello che era nel luogo originale, le api voleranno secondo lo stesso angolo rispetto al sole, così come facevano nel luogo originale, ma durante il giorno si confonderanno (figura 5.6, in basso).

Anche gli uccelli utilizzano punti di riferimento globali per la navigazione. Infatti, i corpi celesti sono la colonna portante del loro sistema di navigazione. Un esempio è la stamina dell'indaco (*Passerina cyanea*). Gli esperimenti nei planetari, relativi alla migrazione, con questa specie mostrano che gli uccelli usano le stelle per la navigazione. Nel planetario gli uccelli si orientavano nella stessa direzione che avrebbero seguito se si fossero trovati in aperta campagna. Se il cielo artificiale veniva spostato, il loro orientamento di volo cambiava di conseguenza ([Waterman 89]).

L'indicazione più importante per gli uccelli è la rotazione apparente dell'intero cielo attorno al polo celeste. Gli esperimenti nei planetari dimostrano che gli uccelli sono capaci di orientarsi correttamente, per tutto il tempo in cui il

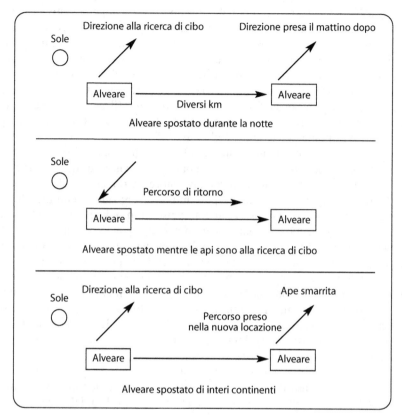

Figura 5.6 Utilizzo dei punti di riferimento nelle api (*Apis mellifera*).

cielo artificiale ruota attorno a un polo celeste fisso, anche se le costellazioni di stelle artificiali sono diverse da quelle osservate in un vero cielo notturno. Osservando il movimento delle stelle nel tempo, gli uccelli sono capaci di determinare la posizione del polo celeste, come gli esseri umani quando guardano una fotografia del cielo notturno ottenuta con tempi di posa lunghi.

5.2.2 Integrazione del percorso (*dead reckoning*)

Negli ambienti in cui le indicazioni dei punti di riferimento non sono disponibili, gli animali sono capaci di navigare per mezzo dell'integrazione del percorso, cioè per mezzo del processo di dead reckoning. Un esempio già ricordato è la formica del deserto.

Il processo di dead reckoning può essere osservato in molti animali, come strategia di navigazione aggiuntiva. Negli esperimenti con le oche, per esempio, Ursula von St. Paul ha dimostrato che questi animali sono in grado di determinare il percorso diretto verso casa attraverso l'integrazione del percorso ([St. Paul 82]). Quando le oche erano portate a bordo di un veicolo in un luogo di rilascio sconosciuto in una gabbia scoperta, non appena venivano liberate partivano senza esitazione verso il recinto di casa; non percorrevano a ritroso l'itinerario deviato, dimostrando così la loro abilità nel determinare il percorso diretto per tornare al nido. Quando invece le oche venivano trasportate nel luogo di rilascio sconosciuto chiuse dentro una gabbia coperta, erano generalmente disorientate e si rifiutavano di lasciare il luogo. Questa osservazione indica che le oche possono usare un *flusso ottico* (il movimento apparente dell'immagine sulla retina) per l'integrazione del percorso. Ricerche analoghe sono state sviluppate per le api ([Zeil et al. 96]).

Come discusso precedentemente (p. 93), l'integrazione del percorso è soggetta a errori di deriva. È interessante notare che l'entità di questo errore dipende dallo schema di movimento del navigatore (le rotazioni inducono più errori delle traslazioni) e che l'errore può quindi essere ridotto con un'adeguata strategia di movimento. Gli esseri umani, per esempio, hanno sviluppato interessanti strategie di navigazione per minimizzare questo accumulo di errore. Prima dei sistemi di navigazione inerziali e dei sistemi di posizionamento globali la navigazione marittima era ottenuta usando la posizione dei corpi celesti e le tavole per il calcolo delle effemeridi. Gli errori computazionali e di misurazione sono stati ridotti mediante la *navigazione lungo i paralleli*, cioè mediante la navigazione in direzione rispettivamente est o ovest e nord o sud, piuttosto che diagonalmente nella direzione desiderata. Le correnti degli oceani e i venti – che sono prevalentemente paralleli alle latitudini – sono stati un'ulteriore ragione per la scelta di questa strategia.

Usando un metodo analogo, i navigatori polinesiani dirigono le loro canoe o parallelamente o attraverso le onde, infatti persino le deboli deviazioni dal percorso diritto possono essere scoperte attraverso il rollio della canoa.

5.2.3 Percorsi

Seguire percorsi canonici è un'altra strategia comune di navigazione degli animali. Le formiche del legno (*Formica rufa*) usano per esempio gli stessi percorsi tra le fonti di cibo e il loro formicaio così ripetutamente che il terreno della foresta ne mostra chiaramente i segni: nel corso di molti anni la vegetazione è stata rimossa e le tracce nere indicano il percorso usuale delle formiche ([Cosens 93]).

Un ulteriore esempio dell'utilizzo di percorsi canonici nella navigazione animale è dato dalle anatre Canvasback. Nella valle del Mississippi esse hanno itinerari di volo molto precisi, che eseguono ogni anno durante la migrazione ([Waterman 89]). I percorsi canonici sono un aiuto così importante alla navigazione, che gli uomini hanno modellato interi ambienti intorno a percorsi fissi (per esempio le strade e i fiumi).

5.2.4 La navigazione degli uccelli

A parte l'utilizzo di indicazioni, come i punti di riferimento locali, i percorsi canonici o l'uso del processo di dead reckoning, basato per esempio sul sole, vi sono esempi di navigatori in grado di ritornare a casa da una località completamente sconosciuta: gli uccelli. Se i piccioni viaggiatori sono liberati in un luogo sconosciuto, essi sono generalmente capaci di ritornare alla loro piccionaia ([Emlen 75]). Come riescono a fare ciò?

Attraverso modelli sperimentali (trasporto in luoghi di rilascio degli animali posti in gabbie chiuse), si può escludere che i piccioni effettuino l'integrazione del percorso. Anche il pilotaggio è impossibile, poiché non hanno mai visto prima il luogo di rilascio e sono troppo lontani dai punti di riferimento conosciuti per essere in grado di percepirli una volta in volo.

Attraverso gli esperimenti sembra attualmente confermata l'ipotesi che la navigazione a lungo raggio degli uccelli ([Wiltschko & Wiltschko 98]) si basi su un "senso di bussola", anzi su due. Il primo senso è una bussola *magnetica*, che misura l'inclinazione del campo magnetico (cioè determina "verso l'equatore" e "via dall'equatore" piuttosto che il nord e il sud, [Wiltschko & Wiltschko 95]). Il secondo è una bussola *solare*. Poiché il movimento del sole è dipendente dalla posizione geografica, questa "bussola" viene appresa quando gli uccelli sono giovani (ma può essere modificata più tardi se necessario) e non è fissata geneticamente.

Una volta appreso, quello *solare* è il "senso di bussola" usato prevalentemente dai piccioni (l'uso della bussola *solare* è molto diffuso tra gli uccelli in genere, non solo nei piccioni viaggiatori).

Vi è un'evidenza sperimentale riguardo al fatto che, per determinare la loro direzione verso casa, gli uccelli si basano principalmente sull'informazione specifica del luogo piuttosto che sull'informazione raccolta *lungo la rotta* ([Walcott & Schmidt-Koenig 90]); tale evidenza conduce al concetto di *mappa navigazionale* (o *mappa a griglia*).

Si ipotizza che tale mappa sia una rappresentazione direzionalmente orientata di fattori navigazionali. In maniera specifica, questi fattori navigazionali sono gradienti naturalmente presenti, il cui angolo di intersezione non è troppo acuto (per esempio le fluttuazioni nella forza del campo magnetico terrestre), individuabili dagli uccelli. Non vi è alcuna evidenza sperimentale che i gradienti siano veramente utilizzati, ma tale ipotesi spiega bene le osservazioni sperimentali (in particolare il fatto che gli uccelli sono capaci di ritornare alla base direttamente da luoghi che non hanno mai visitato prima). Le ipotesi su cosa possano essere questi gradienti, includono gli infrasuoni, emananti dalle catene montuose o dal mare, e la forza del campo magnetico della terra.

Usando questo concetto di mappa navigazionale, la navigazione su larga scala potrebbe essere così ottenuta:

> *"Quando volano, i giovani piccioni registrano la direzione in cui essi stanno volando con l'aiuto dei loro sensi di bussola; nello stesso tempo essi registrano i cambiamenti nei valori dei gradienti incontrati lungo la rotta. Queste due informazioni sono legate insieme ed incorporate nella mappa che associa i cambiamenti nei gradienti alla direzione corrente del volo. Questo conduce gradualmente ad una rappresentazione mentale dei fattori navigazionali che riflette la distribuzione dei gradienti all'interno della regione che include il nido in modo realistico."* ([Witschko & Witschko 98])

La mappa navigazionale è usata per navigazioni di media e lunga scala, ma gli esperimenti mostrano che anche per una navigazione in luoghi estremamente familiari, i piccioni utilizzano il loro senso di bussola. Gli esperimenti effettuati con spostamenti orari (per esempio introducendo dall'esterno dei cambiamenti alla bussola solare) rivelano che i piccioni non usano solo punti di riferimento vicini ai luoghi familiari, ma si basano anche sulla loro bussola solare. Una volta che gli uccelli sono vicini al loro habitat, non è più possibile usare la mappa navigazionale, poiché i valori di gradiente locali non possono più essere distinti dai valori dei gradienti relativi al nido.

A questo punto si ipotizza che gli uccelli usino per la navigazione una *mappa a mosaico*, cioè una rappresentazione direzionalmente orientata delle posizioni dei punti di riferimento locali.

Riassumendo, gli uccelli adoperano un meccanismo di navigazione altamente adattabile alla loro specifica situazione (la bussola solare, la mappa navigazionale e la mappa a mosaico vengono apprese e possono essere modificate attraverso l'apprendimento negli uccelli adulti) e questo copre l'intero raggio delle distanze, da diverse centinaia di chilometri (dove usano la bussola solare e la mappa di navigazione) all'immediata vicinanza al nido (dove usano la mappa a mosaico e la bussola solare).

5.2.5 La navigazione degli esseri umani

Il genere umano non possiede un senso di navigazione così sofisticato come gli uccelli (non è dotato, per esempio, di un senso di bussola) e nonostante ciò è capace di navigare con sicurezza, su lunghe distanze, in circostanze difficili. Quali sono i meccanismi usati?

La principale abilità dell'uomo riguardo alla navigazione consiste nel riuscire a fissare le caratteristiche dell'ambiente, usando tutti i punti di riferimento disponibili (schema delle onde, apparizioni di alcuni animali, formazione di specifici gruppi di nuvole) e nel notarne anche i più piccoli cambiamenti.

Il principio fondamentale nella navigazione umana è l'utilizzo delle informazioni acquisite dai punti di riferimento che sono riconosciuti e memorizzati in *mappe cognitive*, ossia una rappresentazione distorta dello spazio, caratterizzata da un'alta risoluzione vicino casa, e da una risoluzione decrescente all'aumentare della distanza da essa. Lynch ha studiato la rappresentazione da parte delle persone della propria città natale, intervistando gli abitanti di quattro città americane con caratteristiche molto diverse ([Lynch 60]). Ha scoperto che le loro mappe cognitive contenevano:

- i punti di riferimento evidenti come le loro case, i luoghi di lavoro, le chiese, i teatri;
- le rotte importanti, come le autostrade;
- gli incroci di tali strade;
- i "margini", per esempio le zone di confine tra due quartieri.

Nelle mappe cognitive delle persone gli uffici amministrativi non sono considerati punti di riferimento evidenti.

La navigazione polinesiana

Senza usare bussole o mappe geometriche, gli abitanti delle isole polinesiane sono capaci di navigare con successo per diverse migliaia di chilometri in mare aperto: il viaggio tra Thaiti e le Hawaii – 6000 km di lunghezza – è stato eseguito dalla *Hokulea* usando metodi di navigazione tradizionale ([Kyselka 87], [Lewis 72], [Gladwin 70] e [Waterman 89]).

Tale navigazione ebbe successo perché tutte le fonti disponibili di informazione (punti di riferimento locali e globali, così come le proprietà caratteristiche dell'ambiente) sono state sfruttate dai navigatori.

Per determinare una rotta iniziale, i navigatori usano le stelle, la luna e il sole come punti di riferimento. Per esempio la posizione di una precisa stella, quando sorge o tramonta (cioè quando si muove apparentemente in verticale rispetto all'orizzonte), dà la direzione verso una particolare isola (figura 5.7). Essi, inoltre, allineano alcuni punti di riferimento locali dell'isola da cui si stanno allontanando, per determinare il loro percorso iniziale ([Waterman 89]).

Anche gli schemi del vento e delle onde (che sono di solito unici in alcune parti dell'oceano, in quanto influenzati dalla posizione dell'isola) vengono usati come punti di riferimento locali. Infatti, gli schemi metereologici in molte parti del mondo sono così affidabili, che vengono utilizzati per la navigazione non solo dagli uomini, ma anche dagli animali. I passeri e gli uccelli canori volano per 2-3000 km dal Canada e dal New England fino alla costa nord del Sudamerica. Modelli computazionali suggeriscono che, se il tempo di partenza è calcolato attentamente (come risulta dalle osservazioni), gli uccelli si dirigeranno verso le loro destinazioni grazie agli schemi del vento ([Waterman 89]).

Sebbene un navigatore in canoa abbia una visuale di soli 15 km, le isole possono essere riconosciute da una distanza maggiore. Poiché la terra è calda in confronto al mare, le masse d'aria si sollevano da essa, raffreddandosi nel corso di tale processo e formando nuvole stazionarie sull'isola (figura 5.7).

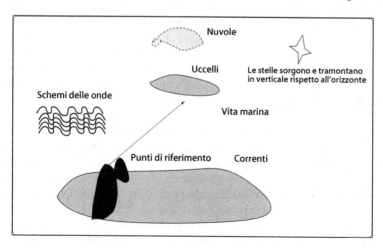

Figura 5.7 La navigazione nelle isole della Polinesia e delle Caroline utilizza simultaneamente diversi metodi per una navigazione più affidabile.

Le nuvole sulle isole possono essere differenziate dalle nuvole sul mare aperto grazie al loro colore: gli atolli, per esempio, riflettono una luce verde al di sotto di queste nuvole bianche. Alcuni uccelli di terra volano sul mare fino a una certa distanza e possono fornire un'indicazione attendibile della vicinanza della terra. All'imbrunire, le sterne stolide e le sterne bianche, come pure le sterne scure, si dirigono sempre verso la terra. La sula è l'uccello preferito dai navigatori, per via del suo singolare comportamento: all'imbrunire si dirige verso una canoa in navigazione e la circonda, come se volesse portarla a destinazione a terra. Persino il più disattento navigatore non può non notare questo comportamento. Quando il sole è quasi al tramonto la sula guida direttamente verso l'isola: il navigatore deve solo seguire il suo volo.

In aggiunta a queste indicazioni, i navigatori sfruttano altre proprietà dell'ambiente in cui stanno navigando. Le isole hawaiane, per esempio, costituiscono una catena di 750 km (ampia però solo 50 km). Ciò significa che, puntando alla parte più ampia dell'arcipelago, il navigatore deve mantenere una direzione solo approssimativamente esatta; non appena un'isola viene riconosciuta i punti di riferimento locali possono essere usati per navigare verso la reale destinazione del viaggio. Si è osservato che, in generale, i navigatori polinesiani tendono a essere conservatori; per esempio, prendono la strada più sicura anche se questa implica una deviazione ([Gladwin 70]).

La navigazione nelle isole Caroline

Sia i navigatori della Polinesia sia gli isolani della Carolina preferiscono la navigazione sicura per i lunghi viaggi in mare e usano fondamentalmente gli stessi principi. Tuttavia, i metodi che utilizzano sono specificatamente adatti al loro ambiente; così, un navigatore delle isole Caroline non sarebbe capace di navigare in Polinesia, e viceversa ([Gladwin 70]).

Il metodo impiegato dai navigatori della Carolina non si basa sul processo di dead reckoning. Inizialmente, un percorso è determinato per mezzo dei segni del cielo e dei segni della terra. Poiché ci si trova all'equatore, le stelle sorgono e tramontano quasi verticalmente; i loro punti di alba e tramonto, quindi, sono degli utili indicatori direzionali. Ogni destinazione è associata a una determinata stella di navigazione, e la conoscenza della stella "giusta" viene trasmessa di generazione in generazione. In primo luogo, determinare le stelle "giuste" non è difficile. Mentre è difficile trovare la giusta direzione (e quindi la giusta stella) venendo da una grande isola e puntando verso una piccola, l'opposto è in genere abbastanza semplice: guardando indietro, il navigatore può individuare la stella giusta per la determinazione della rotta verso l'isola piccola. Una volta posizionati lungo la rotta, è possibile mantenerla osservando gli schemi delle onde. Nelle Caroline ci sono tre tipi principali di schemi di onde, che provengono da tre principali direzioni di bussola. Il navigatore può quindi usare le onde per stabilire se il percorso della canoa è ancora corretto. Come in Polinesia, i navigatori preferiscono navigare o parallelamente o ortogonalmente alle onde, e ciò determina un movimento laterale o di rotazione della canoa. Anche le piccole deviazioni del percorso possono quindi essere scoperte dal movimento di rollio della barca. Una volta vicini alla destinazione, le nuvole e gli altri segni evidenti di riferimento sono di nuovo impiegati per individuare in maniera precisa l'isola di destinazione.

5.2.6 Considerazioni utili per la robotica

Un elemento fondamentale della navigazione animale e umana è l'utilizzo di molteplici fonti di informazione. Il navigatore non pone la propria fiducia in un unico meccanismo, ma combina le informazioni provenienti da più fonti per decidere da che parte andare.

Esempi di impiego di fonti molteplici di informazione sono l'uso di bussole solari e magnetiche negli uccelli, l'utilizzo di schemi di onde e di condizioni metereologiche nella navigazione umana e la navigazione per mezzo del sole e dei punti di riferimento negli insetti.

Nei robot mobili sono state sviluppate numerose competenze per la navigazione e messi a punto numerosi meccanismi. Come nei navigatori biologici, anche nei robot la loro combinazione e il loro uso parallelo rendono più sicuri e robusti i sistemi di navigazione.

5.3 Navigazione robotica

5.3.1 Veicoli a guida controllata

Il modo più semplice per far muovere un robot mobile verso una particolare locazione è *guidarlo* verso di essa. Tale scopo può essere raggiunto inserendo circuiti a induzione o magneti nel suolo, dipingendo linee sul pavimento o piazzando indicatori, marcatori o codici a barre nell'ambiente. Alcuni veicoli a guida automatica (AGV, *automated guided vehicle*, figura 2.1) sono utilizzati in scenari industriali per operazioni di trasporto; sono capaci di portare carichi di parecchie migliaia di kg e di posizionarli accuratamente, con un errore di circa 50 mm. I robot AGV sono costruiti per uno specifico scopo, controllati tramite un programma di controllo predefinito o tramite un controllore umano. Qualsiasi variazione per ottenere traiettorie alternative è difficile, in quanto può richiedere delle modifiche all'ambiente.

I robot AGV sono costosi da installare o da modificare dopo l'installazione, poiché richiedono un ambiente configurato in modo specifico. L'obiettivo è, quindi, costruire sistemi di navigazione robotica capaci di far muovere il robot in ambienti non modificati ("naturali").

Come si è detto, le competenze nella navigazione robotica sono: la localizzazione, la pianificazione del percorso, la costruzione delle mappe e la loro interpretazione. Se vogliamo costruire dei robot "autonomi", capaci di operare in ambienti non strutturati, invece di seguire percorsi predeterminati, è necessario *ancorare* tutte queste competenze a un sistema di riferimento.

In robotica tale riferimento è solitamente costituito da un sistema di coordinate cartesiane o da un sistema basato su punti di riferimento. I primi utilizzano processi di dead reckoning basati sull'odometria, i secondi sull'analisi dei segnali ricevuti dai sensori per identificare e classificare i punti di riferimento. Esistono anche modelli ibridi (infatti molti sistemi attuali hanno elementi sia di dead reckoning sia di riconoscimento di punti di riferimento). David Lee fornisce un'utile tassonomia dei modelli del mondo, distinguendo tra locazioni riconoscibili, mappe metriche topologiche e mappe metriche complete ([Lee 95]).

5.3.2 Sistemi di navigazione basati sugli assi cartesiani di riferimento e sui processi di dead reckoning

Poiché l'odometria presenta problemi di deriva, è raro trovare sistemi di navigazione per robot mobili basati unicamente sul processo di dead reckoning. Sono più comuni i sistemi di navigazione basati essenzialmente sul processo di dead reckoning, ma che utilizzano informazioni addizionali ottenute dai sensori. Un buon esempio di sistema di navigazione robotica puramente basato sugli assi di riferimento cartesiani e sul processo di dead reckoning è quello che fa uso di *griglie di certezza* (o *griglie di evidenza*, [Elfes 87]). In questi sistemi l'ambiente in cui si muove il robot è suddiviso in celle di grandezza finita, inizialmente etichettate come "sconosciute". Quando il robot esplora l'ambiente, stima la sua posizione attuale tramite il processo di dead reckoning e converte le celle in "libere" o "occupate", in base ai dati provenienti dai sensori di profondità, finché l'intero ambiente non risulterà in questa maniera completamente descritto.

I sistemi basati sulla griglia di occupazione iniziano con una mappa vuota, che viene completata mentre il robot esplora il suo ambiente, e affrontano il problema di come un eventuale errore nella stima della posizione del robot possa influire sulla costruzione della mappa e sulla sua interpretazione.

È possibile aggirare alcune di queste difficoltà fornendo al robot una mappa già pronta. Kampmann e Schmidt hanno presentato un esempio di questo sistema ([Kampmann & Schmidt 91]). Il loro robot Macobe viene fornito di una mappa geometrica bidimensionale prima che cominci a operare. Macobe quindi determina lo spazio libero e occupato tramite una suddivisione in tasselli (tassellatura) dell'ambiente in regioni attraversabili e pianifica il percorso usando questa tassellatura. Per poter fare ciò, il robot ha la necessità di conoscere con precisione la propria posizione. Macobe raggiunge questo obiettivo tramite una combinazione del processo di dead reckoning e del processo di corrispondenze con la mappa, utilizzando i dati forniti da un sensore laser.

Un sistema simile, ancora basato sulle coordinate cartesiane, è Elden. Il sistema Elden ([Yamauchi & Beer 96]) usa *reti adattative di unità spaziali* per costruire una rappresentazione spaziale. In questo tipo di reti, i nodi (le *unità spaziali*) corrispondono alle regioni nello spazio cartesiano, mentre gli archi rappresentano le relazioni topologiche (più precisamente, le direzioni della bussola) tra queste *unità spaziali*, basate sull'odometria. Poiché il sistema è estremamente dipendente dai dati odometrici, il robot ricalibra l'odometria ritornando a una posizione di calibrazione fissa ogni 10 minuti.

Il sistema di navigazione OxNav ([Stevens et al. 95]) è anch'esso basato su una mappa cartesiana, che viene fornita dall'utente prima dell'inizio delle operazioni; in questo caso la mappa contiene le caratteristiche riconoscibili dal sonar. Il robot utilizza i sensori sonar per riconoscere le caratteristiche dell'ambiente ed effettuare in seguito la fusione dei dati provenienti dall'odometria con i dati caratteristici del sonar e con le informazioni contenute a priori nella mappa, in modo da stimare la posizione corrente utilizzando il filtro di Kalman esteso.

Esistono molti esempi correlati (tra gli altri, Maeyama, Ohya e Yuta [Maeyama et al. 95] presentano un sistema simile per l'utilizzo all'aperto), tutti basati sull'uso di mappe cartesiane e del processo di dead reckoning, spesso integrati da informazioni derivanti dai punti di riferimento.

5.3.3 Sistema di navigazione basato sulle informazioni provenienti dai punti di riferimento

L'alternativa ai sistemi di navigazione basati sui riferimenti cartesiani globali, in cui il robot integra i dati sul proprio movimento tramite l'odometria, consiste nell'uso di un sistema in cui il robot si serve di punti di riferimento. Come "punto di riferimento" qui si intende una percezione dei sensori dipendente dalla locazione, come spiegato precedentemente.

Poiché, come è già stato detto, le percezioni sensoriali sono soggette a disturbi e variazioni, usare i dati non elaborati dei sensori non costituisce una buona soluzione. È necessaria, quindi, una qualche forma di generalizzazione, in grado di catturare le informazioni salienti fornite dal punto di riferimento e di scartarne la componente rumorosa.

Tecniche di raggruppamento (clustering)
Un modo per realizzare questo obiettivo consiste nell'utilizzare meccanismi che raggruppino i dati su base topologica: i dati che sembrano simili vengono raggruppati insieme.

Quando si effettua un raggruppamento di dati provenienti da sensori affetti da rumore, anche se le percezioni non sono identiche ma solo simili, esse potranno comunque essere raggruppate insieme.

Esempi di meccanismi di raggruppamento auto-organizzanti sono:
- le *mappe auto-organizzanti* (SOFM) di Kohonen ([Kohonen 88]); le loro applicazioni sono descritte nei casi di studio 5 e 6;
- le *reti RCE* (*restricted Coulomb energy networks*); un esempio di applicazione di una rete RCE è riportato in [Kurz 96];
- le *reti crescenti a gas neurale* (*growing neural gas networks*, [Fritzke 95]); un esempio di tali reti è costituito dal robot Alice ([Zimmer 95]), che utilizza il processo di dead reckoning per la navigazione e corregge gli errori di direzione tramite il raggruppamento delle percezioni del sonar. Un'estensione di questo approccio, che si caratterizza in quanto utilizza delle immagini video per la navigazione, può essere reperito nel lavoro di von Wichert ([Wichert 97]).

Ambiguità percettiva

In alcune applicazioni si può assumere che il robot visiterà solo un certo numero prefissato di locazioni e otterrà una percezione *univoca* per ognuna di esse. In questo caso le informazioni dei sensori possono essere utilizzate direttamente. Franz, Schölkopf, Mallot e Bülthoff ([Franz et al. 95]), per esempio, utilizzano un *grafo* per rappresentare l'ambiente del loro robot. In questo caso non vengono utilizzate informazioni metriche, e i nodi rappresentano le immagini istantanee prelevate a 360 gradi dalla telecamera. Ogni arco (*edge*) rappresenta una relazione di adiacenza tra le varie immagini. Il robot è capace di attraversare gli archi tramite una procedura di ritorno alla base, senza l'utilizzo di informazioni metriche.

Sfortunatamente, in molti casi l'assunto di possedere una percezione univoca non è vero. Di solito un robot mobile naviga per grandi distanze in ambienti che hanno un'apparenza più o meno uniforme; gli uffici ne sono un esempio. In questi ambienti vi sono molte locazioni che sembrano simili (*ambiguità delle percezioni* o *perceptual aliasing*). Il problema delle ambiguità percettive ovviamente è fondamentale per i sistemi di navigazione che utilizzano le percezioni per la localizzazione. Esistono molti metodi per affrontarle.

Un possibile modo per distinguere posizioni simili è utilizzare molte più informazioni sensoriali, incrementando il numero dei sensori stessi. Bühlmeier e collaboratori ([Bühlmeier et al. 96]) hanno impiegato con successo tale metodo. Il caso di studio 5 offre un altro esempio. Ovviamente vi sono limiti naturali a tale metodo: in primo luogo, il numero di sensori non può essere incrementato all'infinito; in secondo luogo, incrementare l'accuratezza significa anche aumentare l'influenza delle piccole fluttuazioni, diminuendo l'affidabilità del sistema e aumentando i requisiti di memoria. Tuttavia, per ambienti privi di caratteristiche particolari, come un lungo corridoio, si può pensare di fare l'opposto, cioè ridurre l'accuratezza e, quindi, la quantità di memoria utilizzata per rappresentare la locazione. Infine, per ambienti complessi, non si può assumere l'assenza di ambiguità percettive e, dunque, occorre utilizzare meccanismi che assumano l'esistenza di tali ambiguità e che siano in grado di affrontarle.

Un altro approccio per affrontare il problema delle ambiguità percettive consiste nell'incorporare una storia delle sequenze dei sensori locali per il riconoscimento delle locazioni. Nel caso di studio 5 combineremo l'esperienza passata e presente dei sensori e dei motori del robot come ingressi di una mappa auto-organizzante. Analogamente, Tani e Fukumura utilizzano la storia delle informazioni sensoriali come ingresso a un controllore basato su una rete neurale ([Tani & Fukumura 94]).

Uno svantaggio di questo approccio è che l'insieme di locazioni precedentemente memorizzate deve essere rivisitato in maniera identica per far sì che sia possibile la corrispondenza tra le storie delle informazioni. In ambienti complessi, ciò è possibile tramite una restrizione del comportamento di navigazione del robot, per esempio facendogli seguire percorsi fissati, ma questo implica grandi limitazioni. Il caso di studio 5 mostrerà che, per localizzarsi in un ambiente contenente delle ambiguità percettive, è necessario un insieme di *orizzonti temporali*, o *finestre temporali*, mentre una finestra a lunghezza fissa, risulterà insufficiente. In generale, la soluzione per il problema delle ambiguità percettive mediante orizzonti temporali è limitata dalla lunghezza della storia memorizzata e quindi non è una soluzione generale capace di eliminare le ambiguità percettive in ambienti di grandezza arbitraria. Inoltre, questi metodi non sono robusti al rumore dei sensori; un errore nella percezione si ripercuoterà nei successivi n input del sistema, dove n è il numero di percezioni precedenti prese in considerazione per la localizzazione.

Un ulteriore approccio per eliminare le ambiguità tra locazioni simili, consiste nell'utilizzare una combinazione tra la percezione e il processo di dead reckoning. In questo modo la posizione stimata ottenuta dal processo di dead reckoning viene corretta facendo corrispondere le caratteristiche osservate dell'ambiente con un modello interno del mondo (si vedano, per esempio: [Atiya & Hager 93], [Edlinger & Weiss 95], [Kurz 96], [Horn & Schmidt 95], [Kuipers & Byun 88], [Yamauchi & Langley 96] e [Zimmer 95]). Per esempio, Kuipers e Buyn ([Kuipers & Byun 88]) muovono il robot attraverso locazioni distinte per correggere la deriva dovuta all'odometria. Questi metodi sono molto efficaci nell'ipotesi che il robot abbia una conoscenza anche superficiale della sua posizione iniziale, ma non risolvono il problema del "robot sperduto".

Le mappe utilizzate in questi metodi di localizzazione sono spesso basate su grafi, che impiegano nodi corrispondenti a locazioni topologicamente connesse. Possono essere aggiunte informazioni metriche corrispondenti alle rotazioni e alle traslazioni relative del robot ([Zimmer 95], [Kurz 96] e [Yamauchi & Langley 96]). Gli aggiornamenti sulle posizioni possono avvenire in modo continuo ([Kurz 96]) o in modo episodico ([Yamauchi & Langley 96]).

Alcune metodologie sono in grado di trattare ambienti dinamici ([Yamauchi & Langley 96] e [Zimmer 95]) e persino di distinguere i cambiamenti transitori – come le persone che si muovono – dai cambiamenti permanenti nell'ambiente stesso ([Yamauchi & Langley 96]).

Relazioni con i modelli di localizzazione presenti nell'ippocampo
Le mappe topologiche sviluppate attraverso il meccanismo dell'auto-organizzazione, sono correlate ai modelli di localizzazione presenti nell'ippocampo degli animali (per una introduzione, si veda per esempio [Recce & Harris 96]). Nel caso dei robot, la mappa utilizzata consiste in un insieme discreto di locazioni distinte, analoghe alle celle di piazzamento dell'ippocampo. La localizzazione nei robot è essenzialmente uno schema di apprendimento competitivo, nel quale le locazioni della mappa con "attivazione" più alta offrono la migliore posizione stimata. Il caso di studio 7 ne è un esempio.

5.3.4 Conclusioni

Come si è detto la grande efficacia della navigazione degli esseri viventi si basa sull'abilità di combinare più sorgenti di informazioni. Realizzare questo obiettivo è la via più promettente da seguire per la navigazione robotica.

Ogni singolo principio usato nella navigazione, sia esso il processo di dead reckoning o l'utilizzo di punti di riferimento, presenta punti di forza e punti di debolezza: solo attraverso la combinazione si possono risolvere i difetti dei singoli sistemi mantenendone i punti di forza.

I sistemi basati sul processo di dead reckoning soffrono di errori di deriva, con il grande inconveniente che tali errori non possono essere corretti senza l'ausilio di percezioni esterne.

Nonostante siano basati sulla esterocezione – ossia la percezione del mondo esterno – i sistemi di navigazione fondati sui punti di riferimento non soffrono di errori di deriva non correggibili, ma sono comunque affetti da ambiguità percettive; tali ambiguità non sempre sono indesiderate: dopo tutto, esse sono una rappresentazione generalizzata (e quindi efficiente in memoria) del mondo del robot. I problemi sorgono solamente se esistono due o più locazioni identiche, che richiedono comportamenti diversi da parte del robot.

I sistemi ibridi cercano di mantenere gli aspetti positivi di tutti e due gli approcci, evitandone i difetti. Ambienti differenti, comunque, richiedono diverse elaborazioni dei segnali sensoriali; quindi con l'approccio ibrido si corre il rischio di creare sistemi eccessivamente specializzati per particolari ambienti. L'apprendimento, specialmente l'auto-organizzazione, può essere di aiuto.

Infatti l'auto-organizzazione può contribuire al superamento della maggior parte dei problemi: l'uomo e la macchina percepiscono l'ambiente in modo diverso. Idealmente, l'uomo non è in grado di identificare al meglio i punti di riferimento tramite i quali il robot navigherà; è meglio che sia il robot stesso a selezionare automaticamente i suoi punti di riferimento.

5.4 Casi di studio sulla navigazione robotica

Come si è detto precedentemente, è auspicabile costruire dei sistemi di navigazione che siano indipendenti da eventuali modifiche dell'ambiente. Questi sistemi sono molto più flessibili ed economici da installare rispetto ai veicoli a guida controllata.

A causa degli errori di deriva accumulati dai sistemi di navigazione basati sull'odometria, è desiderabile realizzare dei sistemi di navigazione robotica basati sulle percezioni esterne (*esterocezione*), piuttosto che su quelle interne (*propriocezione*).

Esamineremo ora in maniera più puntuale alcuni sistemi di navigazione robotica basati su questi principi che sono sviluppati e testati su robot reali. Questi casi di studio offrono delle informazioni dettagliate e sono organizzati in modo da aiutare il lettore a comprendere lo stato dell'arte quando proverà da solo a costruire un robot mobile in grado di navigare in ambienti non modificati utilizzando le percezioni esterne.

5.4.1 Caso di studio 4 *Grasmoor: la navigazione robotica ispirata alle formiche*

Il principio basato sull'integrazione del percorso osservato nelle formiche può essere facilmente implementato su un semplice robot equipaggiato con 4 sen-

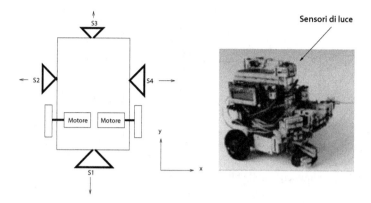

Figura 5.8 Un semplice robot mobile con un sistema di guida differenziale e quattro sensori di luce (da S1 a S4). Ogni sensore di luce è rivolto in una differente direzione e copre un angolo di circa 160 gradi.

sori di luminosità (si veda la figura 5.8, per i principi di costruzione di questo tipo di robot). In situazioni nelle quali esiste un gradiente di luminosità ben definito, per esempio una stanza che abbia finestre solo su una parete, oppure all'esterno in ambienti soleggiati o in ambienti con gradienti di luce creati artificialmente (cioè sorgenti di luce lontane all'interno della stanza), può essere progettata una semplice ma efficace navigazione basata sulla bussola, che utilizza i sensori di luce del robot.

Utilizzando le differenze tra sensori opposti – da cui il nome bussola a differenza di luminosità (*differential light compass*) – è possibile determinare la direzione attuale del robot in un sistema di coordinate cartesiane:

$$dx \propto S4 - S2$$
$$dy \propto S3 - S1$$
(5.1)

dove dx e dy sono le componenti rispetto a x e a y del movimento del robot nell'unità di tempo e S1, S2, S3 e S4 sono le letture dei 4 sensori di luminosità. In questo modo si vuole indicare correttamente la direzione attuale del robot in tutti gli ambienti in cui l'intensità totale della luce è costante, così che dx e dy siano determinati solamente dall'orientamento del robot e non dalla luminosità dell'ambiente.

Per eliminare l'influenza dei cambiamenti di intensità di luminosità possiamo normalizzare le letture per dx e dy così come segue:

$$dx = \frac{S4 - S2}{\sqrt{(S4 - S2)^2 + (S3 - S1)^2}}$$

$$dy = \frac{S3 - S1}{\sqrt{(S4 - S2)^2 + (S3 - S1)^2}}$$
(5.2)

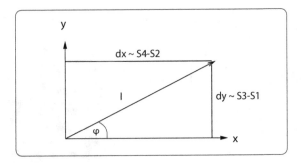

Figura 5.9 Trigonometria della bussola a differenza di luminosità.

Per l'implementazione nel robot è a volte conveniente utilizzare delle funzioni trigonometriche (figura 5.9), che possono essere calcolate velocemente mediante tabelle di riferimento, per una veloce computazione:

$$\tan \varphi = \frac{S3 - S1}{S4 - S2} \qquad (5.3)$$

$$dx = l \cos \varphi \qquad (5.4)$$

$$dy = l \sin \varphi \qquad (5.5)$$

dove l rappresenta la distanza da percorrere (che a velocità costante è proporzionale al tempo di viaggio) e φ è l'angolo misurato tramite la bussola a differenza di luminosità. Assumendo che il robot viaggi a velocità costante, la posizione attuale del robot è continuamente aggiornata in base alle equazioni

$$x(t + 1) = x(t) + dx \qquad (5.6)$$

$$y(t + 1) = y(t) + dy \qquad (5.7)$$

Se il robot non viaggia a velocità costante, la distanza percorsa deve essere misurata in altri modi, per esempio tramite l'odometria.

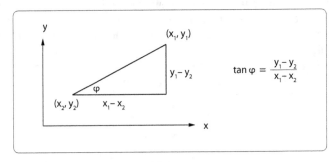

Figura 5.10 Per ritornare alla base si determina l'esatta direzione per raggiungere la locazione base $(x_2; y_2)$ a partire dalla posizione $(x_1; y_1)$.

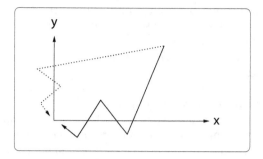

Figura 5.11 Ritornare al punto (0; 0) riducendo iterativamente l'errore nelle direzioni X e Y, solo attraverso l'uso di una strategia locale.

Durante il viaggio di andata, la posizione attuale del robot è continuamente aggiornata utilizzando le equazioni 5.6 e 5.7. Per ritornare alla base (o in qualsiasi altra posizione), la direzione richiesta può essere determinata come mostrato in figura 5.10, sebbene il modo più semplice e robusto per portare il robot alla base sia orientarlo nella corretta direzione assicurandosi che i segni di x e dx e quelli di y e dy siano di segno opposto (assumendo che la posizione della base sia all'origine del sistema di coordinate). Un comportamento robotico simile è mostrato in figura 5.11.

5.4.2 Caso di studio 5 *Alder: due esperimenti sull'applicazione dell'auto-organizzazione per la costruzione delle mappe*

Abbiamo osservato precedentemente che vi sono buone ragioni per utilizzare un sistema di navigazione basato sui punti di riferimento: la ricerca di punti di riferimento basati sulle percezioni esterne (*esterocezione*) produrrà una procedura di navigazione più robusta, non affetta da errori di deriva dovuti all'odometria. Mediante il processo di dead reckoning il robot *osserva* la sua posizione, piuttosto che *stimarla*. Tale metodo, naturalmente, funziona bene se i punti di riferimento sono identificati univocamente; si crea considerevole confusione se più posizioni nel mondo reale condividono lo stesso schema di percezione o se la stessa posizione presenta schemi percettivi diversi per differenti visite. Nel mondo reale possono presentarsi entrambi i problemi e i metodi per affrontarli sono stati discussi precedentemente in questo capitolo. Inizialmente, assumeremo che ogni posizione del mondo del robot abbia un unico schema di percezione.

Un sistema di navigazione basato sui punti di riferimento ha ovviamente bisogno di un metodo per identificare i punti stessi. La prima idea che viene in mente è che certe caratteristiche dell'ambiente possono essere definite dall'operatore umano come riferimenti e che si può costruire un algoritmo di ricerca per trovare questi riferimenti e usarli durante la navigazione. Questo sistema funzionerà bene in ambienti che sono stati modificati per le operazioni del robot, per esempio piazzando oggetti distinguibili mediante la percezione e facilmente identificabili (per esempio beacon o altri marcatori). Gli ambienti nei quali i robot possono operare saranno simili agli ambienti creati o modificati per consentire agli uomini di operare: dopo tutto anche noi abbiamo piazzato segnali facilmente riconoscibili ovunque nel nostro mondo per aiutarci nella navigazione.

Il problema della discrepanza percettiva

Tuttavia, cosa si può dire sulla navigazione basata sui riferimenti in ambienti "non modificati"? Definire i riferimenti *a priori* non è un buon metodo, poiché possiamo scegliere molti riferimenti che *crediamo* siano facilmente riconoscibili dal robot, ma che in realtà sono molto difficili da percepire per loro. D'altro canto, possiamo trascurare dei riferimenti facilmente riconoscibili, semplicemente perché non sono percepibili agevolmente dagli esseri umani (un esempio potrebbero essere le intelaiature delle porte che sporgono leggermente dalle pareti lisce; sebbene esse non catturino normalmente l'attenzione umana, sono facilmente rilevabili dai sensori sonar del robot, poiché un impulso del sonar viene da essi riflesso molto bene; le intelaiature delle porte agiscono quindi come punti di riferimento).

Quanto detto costituisce, come anticipato nel paragrafo 4.1.1, il problema della *discrepanza percettiva*, che induce a limitare il più possibile le predefinizioni per privilegiare l'utilizzo di meccanismi di apprendimento e tecniche di auto-organizzazione.

Sarebbe meglio, quindi, equipaggiare il robot con la capacità di identificare i buoni riferimenti autonomamente, in modo da inserirli nella mappa e usarli per la navigazione. Ciò si ottiene lasciando che il robot esplori l'ambiente sconosciuto per un tempo prefissato, identificando le caratteristiche percettualmente uniche nell'ambiente e differenziando uno dall'altro i diversi segni percettuali. Una volta che questa mappa percettiva è stata costruita, è possibile utilizzarla per i molteplici scenari di navigazione. In questo paragrafo mostreremo come la mappa possa essere impiegata per la navigazione e il caso di studio 6 illustrerà come la mappa possa essere utilizzata per l'apprendimento dei percorsi. Dunque, in sintesi, occorre un meccanismo che renda capace il robot di raggruppare le sue percezioni in modo autonomo, in modo da individuare le caratteristiche percettive uniche e saperle riconoscere quando le incontrerà di nuovo.

Definizione di "mappa"

Noi consideriamo le mappe come corrispondenze uno a uno (*biettive*) tra lo spazio degli stati e lo spazio della mappa. Esempi di mappe potrebbero essere i percorsi della metropolitana di Londra, l'elenco telefonico di Manchester, un albero genealogico. In tutti questi casi le connessioni tra le stazioni, tra i numeri di telefono e i proprietari e tra i membri di una famiglia sono rappresentate mediante una mappa. Una mappa non è, quindi, solo una rappresentazione sommaria dell'ambiente in cui opera il robot.

Nel processo di creazione della mappa descritto in questo caso di studio lo spazio degli stati, che è rappresentato utilizzando una rete neurale auto-organizzante, non ha nulla a che vedere con le effettive locazioni fisiche nel mondo reale, o almeno non direttamente. Ciò che è rappresentato tramite queste mappe è lo spazio delle "percezioni" del robot. Se non sono presenti ambiguità percettive sussisterà una relazione uno a uno tra lo spazio delle percezioni e lo spazio fisico che può essere sfruttato dal sistema di navigazione del robot.

Ovunque il termine "mappa" è usato nel senso ampio di questa definizione.

Esperimento 1: Localizzazione mediante percezione

Sono stati condotti esperimenti con Alder (figura 4.14), utilizzando una mappa auto-organizzante (SOFM) a forma di anello unidimensionale di 50 unità, per permettere la costruzione automatica di mappe attraverso l'auto-organizzazione e il loro utilizzo per la localizzazione.

Il comportamento di questa rete è stato precedentemente descritto (p. 68). Il raggio dell'intorno entro il quale i vettori dei pesi sono stati aggiornati è stato di ± 2 celle (costanti col passare del tempo). Una risposta caratteristica della rete è mostrata in figura 5.12 (in questa figura l'anello è tagliato e mostrato come una linea).

Effettuando un comportamento di inseguimento del muro, il robot ha individuato il suo percorso attorno al perimetro della recinzione e le risposte della rete diventano correlate con gli angoli della recinzione.

Il vettore di ingresso

Una rete auto-organizzante elabora l'informazione d'ingresso a essa sottoposta in modo (statisticamente) significativo. Se l'ingresso della rete non contiene informazioni significative (in relazione al compito di costruire una rappresentazione nello spazio degli stati del robot nel suo mondo), la rete non svilupperà alcuna struttura significativa. Il primo, in assoluto, vettore di ingresso che abbiamo utilizzato conteneva semplicemente le informazioni relative al fatto che il robot aveva ricevuto un segnale sul suo lato destro o sinistro. Inoltre il vettore conteneva anche le informazioni riguardo a due precedenti letture dei sensori (di nuovo solo se l'ostacolo era stato rilevato a sinistra o a destra) e le informazioni odometriche (semplicemente il numero di rotazioni della ruota).

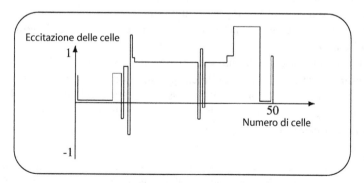

Figura 5.12 Una caratteristica risposta della rete SOFM a forma di anello dopo averla configurata.

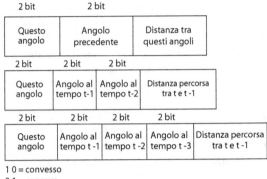

Figura 5.13 I vettori di ingresso utilizzati nelle tre fasi dell'esperimento 1.

Le informazione erano insufficienti per costruire una rappresentazione significativa dello spazio di stato; di conseguenza la risposta della rete aveva una bassa correlazione con le locazioni del mondo reale.

Ciò era ovviamente dovuto a una mancanza di struttura sufficiente nel vettore di ingresso presentato alla rete. Quindi abbiamo arricchito il vettore di ingresso tramite una pre-elaborazione delle informazioni sensoriali ottenute. Invece di trarre i dati direttamente dai sensori e inviarli alla rete, le letture dei sensori sono state usate per riconoscere gli angoli concavi e convessi[1]. Questa informazione è stata poi utilizzata come ingresso della rete. Infine, il vettore d'ingresso, usato per ottenere i risultati presentati in figura 5.13, conteneva informazioni circa l'angolo attuale e gli angoli incontrati precedentemente, come pure la distanza percorsa tra l'angolo attuale e il precedente.

Breve sommario della procedura sperimentale
1. Inizializza la rete auto-organizzante a forma di anello riempiendo i vettori dei pesi di tutte le celle con valori scelti casualmente;
2. normalizza tutti i vettori dei pesi;
3. presenta uno stimolo di ingresso alla rete;
4. determina la risposta a tale stimolo, per ciascuna cella dell'anello, seguendo l'equazione 4.15;
5. determina l'unità con la massima risposta;
6. aggiorna i vettori dei pesi delle cinque unità dentro un raggio di intorno di ± 2 celle dalla cella con risposta massima, seguendo l'equazione 4.6. e 4.7;
7. normalizza nuovamente questi cinque vettori di peso;
8. ritorna al passo 3.

---

[1] Ciò è ottenuto assai facilmente: se il tempo necessario al robot per girarsi verso il muro supera un certa soglia, si assume che l'angolo identificato sia convesso. Analogamente, se il tempo che il robot impiega per allontanarsi da un ostacolo individuato supera una soglia prefissata, si assume che l'angolo identificato sia concavo.

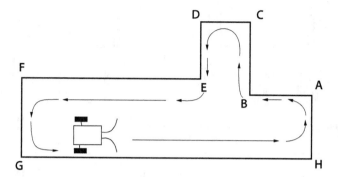

Figura 5.14 Un ambiente tipico per il robot Alder.

Risultati sperimentali

Gli esperimenti sono stati condotti come segue. Il robot è stato sistemato all'interno di un'arena sperimentale, come quella mostrata in figura 5.14, e il robot l'ha esplorata, seguendo il muro sempre nella stessa direzione per parecchi giri. L'arena era composta da muri riconoscibili dai sensori di contatto del robot e conteneva angoli concavi e convessi.

Ogni volta che un angolo concavo o convesso veniva riconosciuto, un vettore d'ingresso come quello descritto in figura 5.13 era creato e presentato all'anello. Il guadagno η per i vettori dei pesi da aggiornare (si vedano le equazioni 4.6 e 4.7) era inizialmente molto alto (5.0) e decresceva del 5% dopo ogni nuova presentazione di un vettore di ingresso. Più il robot si trovava attorno al suo recinto, più l'anello convergeva verso valori fissati e più precisa era la risposta a un particolare stimolo di ingresso. Dopo circa tre giri, un particolare angolo era contrassegnato premendo sul robot il tasto "attenzione". La risposta dell'anello per quel particolare angolo (contrassegnato) era quindi memorizzata e tutte le risposte successive erano confrontate con la risposta desiderata calcolando la distanza euclidea tra di loro: più piccolo era questo valore, migliore era il confronto. Ovviamente, se il robot è capace di costruire una significativa rappresentazione interna stato-spazio, questa differenza deve essere piccola quando il robot è in prossimità dell'angolo contrassegnato ed essere notevolmente più ampia per ogni altro angolo.

La figura 5.15 mostra il risultato per gli angoli riconosciuti H (nella parte sinistra della figura) e F (nella parte destra della figura). Il diagramma a barre per le diverse locazioni della recinzione indica la distanza euclidea tra l'eccitazione della rete nella particolare posizione e quella nella posizione desiderata. L'asse orizzontale nei diagrammi a barre denota il tempo.

Per l'angolo H i risultati sono perfetti: solo nell'angolo H è presente una piccola distanza euclidea tra il modello di eccitazione della locazione desiderata e il modello di eccitazione osservato. Ciò significa che l'angolo H è univocamente identificato e non è confuso con nessun altro angolo. In questa fase il robot è capace di tornare alla posizione H, senza curarsi della posizione di partenza lungo il perimetro della recinzione.

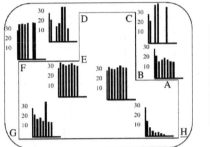
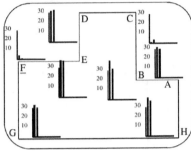

Figura 5.15 Individuazione degli angoli H (a sinistra) e F (a destra). L'ampiezza delle barre nelle singole locazioni indica la differenza euclidea tra la risposta della rete in quel punto e, rispettivamente, nei punti H e F. Ogni barra indica che è stata effettuata una visita alla rispettiva locazione.

Per l'angolo F la situazione è differente. Poiché i vettori di ingresso generati alle posizioni F e C sembrano simili, la risposta della rete a questi due angoli è ugualmente simile. Ciò significa che il robot è incapace di dire se si trovi nell'angolo F o nell'angolo C (il robot è comunque capace di differenziare tra gli angoli F e C e tutti gli altri angoli).

Le stesse considerazioni si applicano agli angoli B ed E: essi sono entrambi convessi, entrambi hanno angoli precedenti concavi e la distanza tra di loro è simile. Inoltre, la nostra ipotesi che questi due angoli avessero una rappre-

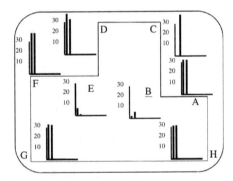

Figura 5.16 Individuazione dell'angolo B, guardando uno degli angoli precedenti.

sentazione identica nella mappa risultante è stata sperimentalmente verificata (si veda la figura 5.16): come nel caso degli angoli F e C, il robot non trova differenze tra gli angoli B ed E.

Estensione del vettore di ingresso per il trattamento delle ambiguità percettive
Una risposta al problema delle ambiguità percettive è incrementare l'informazione contenuta nel vettore di ingresso. In questi esperimenti, abbiamo realiz-

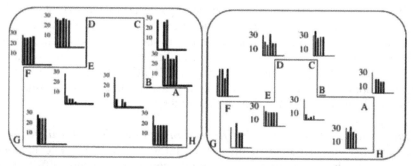

Figura 5.17 Individuazione dell'angolo B, osservando due angoli precedenti (a sinistra) e tre angoli precedenti (a destra).

zato ciò estendendo il vettore di ingresso mostrato in figura 5.13 (in alto) e sperimentando la capacità del robot di riconoscere l'angolo B e di differenziarlo dagli altri angoli della sua recinzione. Abbiamo esteso il vettore di ingresso aggiungendo dapprima una componente (che ora contiene informazioni circa i *due* angoli precedenti, come si vede nella figura 5.13 al centro), e quindi ancora un'altra componente (i *tre* angoli precedenti, come si vede nella figura 5.13, in basso). La figura 5.17 mostra il risultato ottenuto.

L'informazione relativa ai due angoli precedenti non è ancora sufficiente per differenziare gli angoli B ed E (il perché è lasciato come esercizio per il lettore) e, di conseguenza, anche con un vettore di ingresso esteso il robot è incapace di distinguere queste due locazioni (figura 5.17, a sinistra). Tuttavia, quando l'informazione relativa ai tre angoli precedenti è utilizzata (figura 5.13, in basso), tale distinzione è finalmente possibile (figura 5.17, a destra).

Riepilogo dell'esperimento 1

Riassumendo, questo è quanto è accaduto: quando il robot aveva avuto a disposizione un tempo sufficiente per esplorare l'ambiente, si era dimostrato capace di riconoscere angoli particolari che erano stati contrassegnati dallo sperimentatore. Nel caso in cui, invece, il vettore di ingresso che si presentava alla rete auto-organizzante conteneva informazioni insufficienti, Alder, come previsto, confondeva gli angoli che sembravano uguali, semplicemente perché i loro vettori di ingresso erano uguali.

La capacità del robot di riconoscere l'angolo contrassegnato aumenta verosimilmente con l'esperienza, e la differenza tra l'eccitazione della rete nell'angolo contrassegnato al tempo t e l'eccitazione nell'angolo contrassegnato al tempo $t + 1$ decresce continuamente; essa infine tende a zero.

Vi sono interessanti similarità tra l'uso, da parte di Alder, delle mappe auto-organizzanti per il riconoscimento dei punti di riferimento e la navigazione delle api. Come le api, Alder non genera un piano (una mappa convenzionale), ma utilizza invece *istantanee fotografiche* (schemi di eccitazione distinti della rete auto-organizzante come risposta all'ingresso sensoriale) per riconoscere le differenti locazioni.

Come nel caso delle api, il meccanismo qui descritto è molto robusto e abbastanza immune da rumore. Angoli "non riconosciuti", variazioni delle misure di distanza e perfino il movimento in una posizione diversa (realizzato senza l'algoritmo di controllo) non alterano l'abilità di Alder di riconoscere le differenti locazioni. Il commento di Cartwright e Collett sul sistema di navigazione delle api è stato: "Il sistema di guida dell'ape è immune da quantità considerevoli di rumore" ([Cartwright & Collett 83]).

Esperimento 2: Uso di stimoli differenti in ingresso per la localizzazione

Nel primo esperimento abbiamo usato l'informazione sensoriale elaborata (che denota i tipi di angoli) per realizzare il riconoscimento delle differenti posizioni. Il secondo esperimento dimostra che la localizzazione può anche essere ottenuta senza utilizzare l'informazione sensoriale diretta. Invece, la storia dei *comandi di azione motoria* del controllore del robot sono stati usati come ingresso della rete neurale auto-organizzante.

La percezione e l'azione sono spesso considerate funzioni separate nella robotica: in realtà sono due aspetti *della stessa funzione*; non possono essere analizzate separatamente. Le azioni di un robot, come quelle di una persona, determinano a grandi linee i segnali sensoriali che esso riceverà; questi a loro volta influenzeranno le azioni. Scindere questa stretta interazione in due funzioni separate conduce a una scomposizione scorretta del problema di controllo del robot, come dimostrano gli esempi che seguono.

Il vettore di ingresso utilizzato in questi casi non contiene delle informazioni esplicite in merito all'ingresso sensoriale. Invece, le informazioni che contiene derivano dai comandi di azione motoria del controllore del robot; tuttavia queste, come abbiamo detto, sono esse stesse influenzate dai segnali sensoriali ricevuti dal robot come risultato delle sue azioni. Le informazioni derivate dai comandi di azione motoria del controllore del robot formano un piccolo insieme di segnali, sono assai meno soggette al rumore, ma caratterizzano adeguatamente le interazioni tra il robot e il suo ambiente, mentre cerca di realizzare il compito che gli è stato affidato, che nel caso in questione era inseguire il muro.

Azione motoria			Durata	
Avanti	01	01	00000	meno di 0,9 s
Sinistra	01	10	00001	0,9-1,3 s
Destra	10	01	00011	1,3-1,7 s
			00111	1,7-2,1 s
			01111	2,1-2,6 s
			11111	oltre 2,6 s

Figura 5.18 Il vettore dei comandi di azione motoria.

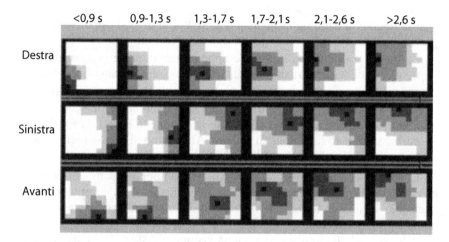

Figura 5.19 Modelli di eccitazione della rete SOFM 10×10 per differenti vettori dei comandi di azione motoria presi come ingressi. I colori più scuri rappresentano il valore più alto di eccitazione della cella. Le righe dall'alto verso il basso forniscono rispettivamente i valori di risposta della mappa alle azioni motorie "destra", "sinistra" e "avanti", le colonne da sinistra verso destra denotano la durata in ordine crescente dei comandi di azione motoria nelle sei fasi descritte in figura 5.18.

Per gli esperimenti relativi al riconoscimento della locazione, il robot è stato collocato nuovamente in un ambiente chiuso, come mostrato in figura 5.14; ha quindi inseguito il muro utilizzando un comportamento pre-programmato relativo all'inseguimento dei muri e all'aggiramento degli ostacoli. Il robot era governato dal comportamento pre-programmato relativo all'inseguimento del muro che, ovviamente, utilizzava informazioni sensoriali. Il processo di costruzione della rete SOFM è, comunque, indipendente dal comportamento relativo all'inseguimento del muro: esso "guarda" semplicemente i comandi di azione motoria forniti dal controllore. Ogni volta che un nuovo comando di azione motoria era generato, e ogni volta che il comportamento relativo all'inseguimento del muro e all'aggiramento degli ostacoli forzava il robot a cambiare la sua direzione, veniva generato un vettore di azioni motorie. Il vettore di azioni motorie a 9 bit mostrato in figura 5.18 costituiva l'ingresso della rete SOFM.

Così, dalla figura 5.18 possiamo vedere che nessuna informazione che riguarda i segnali sensoriali è direttamente presentata alla rete SOFM. La sola informazione disponibile per la rete riguarda i comandi di azione motoria.

Gli esperimenti con una rete SOFM 10 × 10
Il robot esplorava la propria recinzione seguendo i muri e generava vettori di ingresso, come mostrato in figura 5.18, ogni volta che un nuovo comando di azione motoria era generato dal controllore del robot per qualsiasi ragione. La figura 5.19 mostra la risposta di una rete SOFM con celle 10×10 ai diversi stimoli in ingresso.

Il confronto con le mappe biologiche
Queste immagini delle risposte della rete SOFM ai diversi tipi di vettori in ingresso consentono di fare le seguenti due osservazioni.

- La grandezza dell'area eccitata è approssimativamente proporzionale alla frequenza di occorrenza del segnale di ingresso che ha causato l'eccitazione.
- Gli ingressi correlati eccitano aree vicine tra loro. In questo esempio, possiamo vedere che i movimenti *in avanti* stimolano la regione centrale della rete, i movimenti *a sinistra* stimolano la regione di destra e i movimenti *a destra* stimolano la regione di sinistra. All'interno di queste regioni di base vi sono variazioni che dipendono dalla durata del movimento.

Le mappe con queste proprietà, ossia con sviluppo basato sull'auto-organizzazione, che preservano le relazioni di vicinanza e rappresentano la frequenza di segnale in termini di dimensioni delle aree di eccitazione, sono comuni negli esseri viventi.

[Churchland 86] fornisce una buona visione d'insieme delle mappe *somatotopiche*, così chiamate perché descrivono le corrispondenze tra il tatto, la pressione, le vibrazioni, la temperatura e i sensori di dolore del corpo e la corteccia cerebrale. Queste mappe somatotopiche mantengono le relazioni di vicinanza dei sensori (cioè i segnali provenienti dai sensori vicini eccitano le aree vicine della corteccia); inoltre occupano ampie aree della corteccia in corrispondenza di quelle regioni in cui la densità sensoriale è alta. Gli esperimenti mostrano che laddove la natura degli stimoli risulta alterata, anche la mappa risultante sulla corteccia cambia. Clark e collaboratori hanno dimostrato che, unendo chirurgicamente due dita di una mano, la relativa area della corteccia cerebrale si modifica di conseguenza [Clark et al. 88].

Le mappe topologiche sono presenti anche nella corteccia visiva; [Allman 77] offre una visione d'insieme di tale fatto. Nel macaco, per citare un esempio, la corteccia striata – una parte del sistema visivo dei primati – è organizzata in maniera topologica ([Hubel 79]).

Riconoscimento delle posizioni utilizzando azioni motorie
Nell'esperimento precedente per determinare il riconoscimento era stata utilizzata la *sequenza* delle caratteristiche precedenti (gli *angoli*) individuata subito prima della caratteristica corrente (l'*angolo*). È risultato che guardare alle azioni motorie effettuate in un intervallo fissato di tempo non era sufficiente ai fini di una localizzazione affidabile: molte locazioni erano identificate univocamente da una breve sequenza di azioni, altre da sequenze lunghe.

Abbiamo quindi utilizzato un sistema di *sette* SOFM indipendenti, bidimensionali, che lavoravano in parallelo. Ciascuna rete SOFM era costituita da 12×12 celle. I vettori di ingresso a ciascuna di queste reti erano diversi, ma tutti erano costruiti da vettori di azioni motorie, come è illustrato in figura 5.18. Combinando 2, 4, 6, 8, 12, 16 e 24 di questi vettori base di azioni motorie abbiamo formato *sette* vettori di ingresso SOFM che corrispondevano a finestre sempre più lunghe dei cambiamenti delle azioni motorie del robot. Le lunghezze delle finestre sono scelte per coprire adeguatamente lo spettro atte-

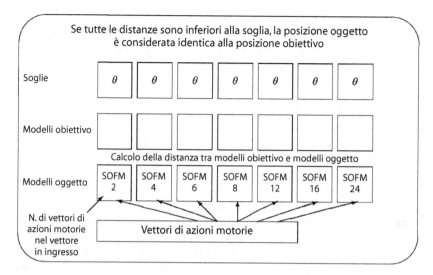

Figura 5.20 Il sistema usato per il riconoscimento delle locazioni.

so delle periodicità delle azioni. Se pensiamo alla sequenza di azioni generata quando il robot compie giri nella propria recinzione come a una serie periodica, con un periodo approssimativamente uguale al numero medio di vettori delle azioni generate in un singolo giro, l'uso di SOFM sintonizzate su diverse "bande di frequenza" ci consente di campionare la struttura temporale di una serie attraverso il suo spettro e di associare questi campioni con le posizioni fisiche alle quali appartengono le relative percezioni.

L'insieme degli schemi di eccitazione delle sette SOFM prodotto quando il robot arriva in una particolare posizione nella propria recinzione può quindi essere adoperato per distinguere questa posizione da tutte le altre (figura 5.20).

La procedura sperimentale
Il robot è stato regolato per inseguire il muro attorno alla recinzione. Ogni volta che veniva generato un nuovo comando di azione motoria, come risultato dei comportamenti del robot relativi all'inseguimento del muro e all'aggiramento degli ostacoli, veniva generato un vettore di azione motoria. Questo vettore, insieme ai relativi vettori di azioni motorie precedenti, era presentato a ognuna delle sette SOFM. Dopo un tempo sufficiente (pari a circa cinque giri attorno alla recinzione), queste mappe si erano auto-organizzate in strutture stabili, corrispondenti alle relazioni topologiche e alle densità di probabilità dei vettori di ingresso.

Al termine di tale periodo di apprendimento, gli schemi di eccitazione di tutte le sette reti in una particolare posizione (gli *schemi obiettivo*) erano memorizzati. Tutti gli insiemi seguenti dei sette schemi di eccitazione generati dai nuovi vettori di ingresso (gli *schemi oggetto*) erano quindi confrontati con l'insieme dei sette schemi obiettivo. Ciò era fatto calcolando la distanza euclidea (o, in alternativa, la distanza *city-block*) tra le coppie di modelli obiettivo e oggetto. Se i valori della distanza tra ognuna delle sette coppie di schemi oggetto e obiettivo erano inferiori a un valore di soglia definito per ciascuna coppia, il robot identificava la posizione come una posizione obiettivo.

Risultati
I dati registrati dal robot sono stati impiegati per calcolare questi risultati, anche se la computazione è stata eseguita off-line.

Il robot riconosce l'angolo H quattro volte su cinque giri e gli angoli E e F cinque volte su cinque. Un angolo non-obiettivo non è mai stato *identificato* erroneamente come angolo obiettivo.

Caso di studio 5: riassunto e conclusioni

In entrambi gli esperimenti lo scopo del robot era quello di riconoscere particolari posizioni in una semplice recinzione. Nel primo esperimento abbiamo mostrato che tale compito può essere realizzato usando delle mappe auto-organizzanti. Il vettore di ingresso utilizzato conteneva informazioni esplicite circa i punti di riferimento incontrati: in particolare, il fatto che il robot fosse in un angolo, il tipo di angolo (concavo o convesso) e l'informazione relativa ai precedenti angoli incontrati.

Nel secondo esperimento, abbiamo provato a ridurre l'informazione esplicita contenuta nel vettore di ingresso. Abbiamo anche provato a generare dei vettori di ingresso che non contenevano informazioni esplicite in merito ai segnali dei sensori.

Il vettore di ingresso conteneva l'informazione dei comandi motori del controllore del robot e la loro durata. I vettori che raggruppavano i diversi vettori di azione motoria (2, 4, 6, 8, 12, 16 e 24) venivano presentati alle sette mappe auto-organizzanti, ciascuna bidimensionale di 12×12 celle. Per identificare un particolare angolo, tutti e sette gli schemi di eccitazione dovevano essere abbastanza simili a uno schema obiettivo memorizzato come modello.

Il sistema di riconoscimento delle posizioni ha funzionato bene in questo esperimento e ha riconosciuto l'angolo H quattro volte su cinque, mentre gli angoli E e F sono stati riconosciuti cinque volte su cinque, senza errori.

L'uso di mappe auto-organizzanti per il riconoscimento di locazioni fornisce un elevato grado di libertà al controllore, poiché il robot è in grado di costruire la propria rappresentazione dell'ambiente, indipendentemente dal progettista.

Le principali conclusioni che possono essere tratte da questi esperimenti sono tre. La prima è che è possibile realizzare la localizzazione del robot attraverso l'auto-organizzazione, senza fornire una conoscenza *a priori* mediante mappe e senza modificare l'ambiente installando riferimenti artificiali.

La seconda è che la percezione e l'azione sono strettamente associate. Nel secondo esperimento, il *sensore* corrisponde effettivamente al comportamento del robot. La scelta di un vettore di ingresso che non contenga informazioni esplicite circa i segnali sensoriali rende il sistema indipendente dai sensori attualmente utilizzati. Se sono usati sensori tattili, a ultrasuoni, a infrarossi o d'altro tipo, il sistema di riconoscimento rimane lo stesso.

La terza conclusione è che con tale approccio le caratteristiche che devono essere identificate dalla rete SOFM sono distribuite nel tempo. Ciò significa che per il riconoscimento di posizioni sono usate non solo caratteristiche spaziali, ma anche caratteristiche temporali. Questa tecnica sarà nuovamente utilizzata nel caso di studio 7.

5.4.3 Caso di studio 6 *FortyTwo: l'apprendimento di percorsi in ambienti non modificati*

Il caso di studio precedente ha mostrato come la costruzione di mappe attraverso l'auto-organizzazione possa essere utilizzata per la localizzazione. Assodato che la costruzione di una mappa è una componente fondamentale per ogni sistema di navigazione robotico, la domanda che ci si pone è se le mappe possano essere usate anche per altri scopi. Per esempio, è possibile utilizzare le mappe per associare la percezione con l'azione, cioè per generare i movimenti diretti verso un obiettivo?

In questo sesto caso di studio presentiamo un sistema di apprendimento di percorsi che consente a un robot mobile di generare anzitutto una mappa del suo ambiente attraverso un processo di localizzazione e, successivamente, di utilizzare questa mappa per seguire autonomamente un particolare percorso. Il sistema di navigazione provato estensivamente sul robot mobile FortyTwo è affidabile e immune da rumore e da variazioni dell'ambiente.

La costruzione della mappa e del sistema di navigazione è basata ancora sull'impiego di una mappa auto-organizzante.

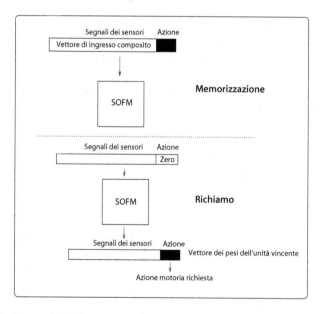

Figura 5.21 La rete SOFM come associatore.

L'associazione tra la posizione e l'azione – necessaria per l'apprendimento del percorso – può essere realizzata estendendo l'ingresso e i vettori dei pesi per includere le azioni richieste (figura 5.21). Durante la fase di addestramento, le azioni di guida del supervisore diventano parte integrante del vettore di ingresso; quindi, attraverso l'auto-organizzazione, diventano parte integrante del vettore dei pesi delle unità addestrate.

Durante la fase di richiamo del percorso, la parte del vettore di ingresso relativa all'azione è fissata a zero e l'azione richiesta è quindi ricavata dal vettore dei pesi dell'unità vincente. Usata in questo modo, la rete SOFM diventa un associatore tra le informazioni sensoriali e le azioni ([Heikkonen 94]).

La figura 5.21 mostra il principio generale della rete SOFM usata come associatore, come pure la sequenza degli eventi per il richiamo dell'azione. Inizialmente il robot riceve le informazioni sensoriali. Il vettore di ingresso è formato inserendo degli zeri nella parte di azione. Questo vettore è presentato alla rete e viene individuata l'unità vincente. Questa è l'unità i cui pesi sono i più simili ai dati sensoriali: vista la mappa topologica ottenuta dalla SOFM, tale unità vincente risiederà nella stessa regione che era stata eccitata durante l'apprendimento, quando il robot era nella stessa locazione fisica. Il passo finale è quindi ricavare l'azione a partire dal vettore dei pesi dell'unità vincente.

Vi sono dunque due fasi:

1. *fase di apprendimento*: le informazioni percettive e l'azione sono combinate e i pesi dell'unità vincente e quelle delle unità vicine sono aggiornati;

2. *fase di richiamo*: la sola informazione sensoriale è immessa nella rete e viene azzerata l'informazione relativa all'azione; l'azione è ricavata dai pesi dell'unità vincente e nessun peso viene aggiornato in questa fase.

Procedura sperimentale

La componente del vettore di ingresso (figura 5.22) relativa ai sensori conteneva 22 valori: 11 interi compresi tra 0 e 255, ottenuti dai sensori sonar, e 11 valori binari, ottenuti dai sensori infrarossi (figura 5.23). Durante l'apprendimento, il segnale di moto proveniente dal joystick del supervisore è registrato nella componente dell'azione del vettore di ingresso nel modo seguente:

(1   0) – avanti (a velocità costante);

(0   1) – sinistra (a velocità angolare costante);

(0 –1) – destra (a velocità angolare costante);

(1   1) – avanti e a sinistra;

(1 –1) – avanti e a destra.

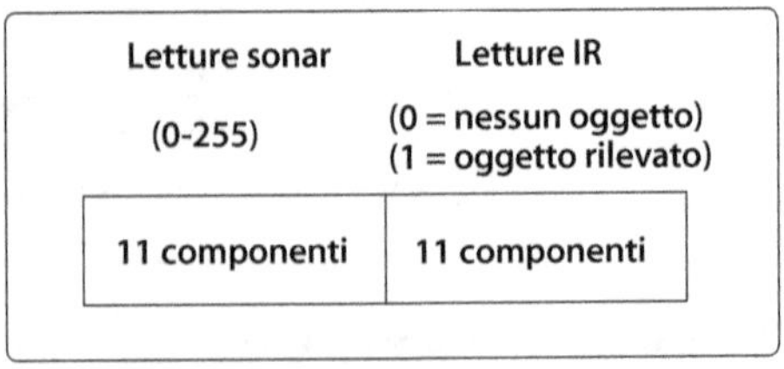

Letture sonar	Letture IR
(0-255)	(0 = nessun oggetto) (1 = oggetto rilevato)
11 componenti	11 componenti

Figura 5.22 La componente sensoriale del vettore di ingresso.

Parte anteriore del robot

Figura 5.23 I sensori utilizzati.

La componente dell'azione combinata, con la componente relativa ai sensori, dà quindi un vettore di ingresso di dimensione pari a 24. Al fine di realizzare un'interpretazione bilanciata di ciascuna componente del vettore dei pesi (sonar, IR e azione), queste componenti sono normalizzate indipendentemente.

La dimensione della rete utilizzata in questi esperimenti era di 15×15 unità, con un parametro di apprendimento di 0,2 e un raggio di intorno pari a 1. La rete era a forma toroidale per evitare gli effetti ai bordi[2], e i pesi delle celle erano inizializzati con valori casuali.

Risultati sperimentali

FortyTwo è stato addestrato per apprendere e navigare in quattro percorsi differenti. In ciascun esperimento il robot navigava nel percorso con successo per cinque esecuzioni consecutive. Per ogni percorso l'esperimento è stato ripetuto quattro volte, con una rete inizializzata in ogni occasione (cioè 20 completamenti con successo dell'intero percorso per ciascuno dei quattro percorsi appresi). Per ogni prova veniva memorizzato il numero di visite richiesto per ogni posizione in cui avveniva una svolta. Questo numero di visite era necessario al robot affinché fosse in grado di seguire autonomamente il percorso.

Il tempo totale di addestramento è il tempo necessario affinché il robot completi per la prima volta un circuito senza errori e anche i 4 successivi circuiti siano completati senza errori.

Percorso 1

La figura 5.24 mostra il primo percorso sul quale FortyTwo è stato addestrato in laboratorio. Il percorso è semplice e il tempo di addestramento medio è sta-

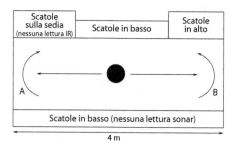

Figura 5.24 Percorso 1.

---

[2] Una rete toroidale è priva di bordi, poiché la rete si avvolge sia in direzione verticale, sia in direzione orizzontale.

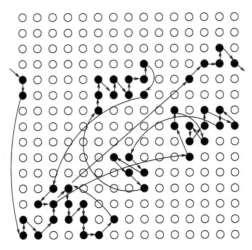

Figura 5.25 Una risposta della rete per il percorso 1. Si osservi come il movimento in linea retta nello spazio fisico (figura 5.24) venga mappato nello spazio percettivo.

to approssimativamente di 18 minuti. Una risposta della rete per questo percorso è mostrata in figura 5.25 (presa dalla prova 1), che evidenzia i cambiamenti nelle posizioni dell'unità con massima eccitazione quando il robot si muove nell'ambiente. I risultati per questo percorso sono mostrati in figura 5.26.

Prova 1	
Locazione	Visite di addestramento necessarie
A	4
B	5
Tempo di addestramento	14 min

Prova 2	
Locazione	Visite di addestramento necessarie
A	3
B	5
Tempo di addestramento	19 min

Prova 3	
Locazione	Visite di addestramento necessarie
A	3
B	4
Tempo di addestramento	15 min

Prova 4	
Locazione	Visite di addestramento necessarie
A	3
B	5
Tempo di addestramento	21 min

Figura 5.26 I risultati del percorso 1.

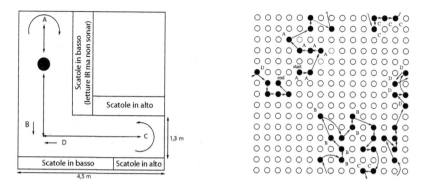

Figura 5.27 Il percorso 2 e la sua rappresentazione ottenuta attraverso la rete.

Percorso 2
Anche questo è un semplice percorso di laboratorio (figura 5.27), il tempo medio di addestramento è stato approssimativamente di 23 minuti. Una risposta della rete per questo percorso (presa dalla prova 1) è mostrata in figura 5.27.

	Prova 1
Locazione	Visite di addestramento necessarie
A	3
B	4
C	4
D	5
Tempo di addestramento	25 min

	Prova 2
Locazione	Visite di addestramento necessarie
A	4
B	4
C	3
D	4
Tempo di addestramento	22 min

	Prova 3
Locazione	Visite di addestramento necessarie
A	3
B	4
C	3
D	4
Tempo di addestramento	24 min

	Prova 4
Locazione	Visite di addestramento necessarie
A	3
B	4
C	5
D	4
Tempo di addestramento	20 min

Figura 5.28 I risultati del percorso 2.

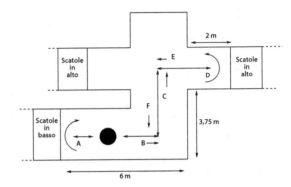

Figura 5.29 Percorso 3.

Prova 1	
Locazione	Visite di addestramento necessarie
A	3
B	3
C	5
D	4
E	5
F	3
Tempo di addestramento	28 min

Prova 2	
Locazione	Visite di addestramento necessarie
A	3
B	3
C	6
D	3
E	5
F	4
Tempo di addestramento	41 min

Prova 3	
Locazione	Visite di addestramento necessarie
A	4
B	3
C	6
D	3
E	4
F	3
Tempo di addestramento	34 min

Prova 4	
Locazione	Visite di addestramento necessarie
A	3
B	3
C	4
D	3
E	6
F	3
Tempo di addestramento	38 min

Figura 5.30 I risultati del percorso 3.

Qui il robot partiva e arrivava nella zona A, le celle attivate in ciascuna locazione sono opportunamente contrassegnate. I risultati per questo percorso sono mostrati in figura 5.28.

Percorso 3

Questo è il primo percorso provato al di fuori del laboratorio (figura 5.29); anch'esso è relativamente semplice, ma molto più lungo di quello provato in laboratorio e con un numero più grande di svolte che devono essere apprese. Apprendere questo percorso compiutamente ha richiesto in media 36 minuti.

Come si può notare dai risultati mostrati nella figura 5.30, le locazioni più difficili da differenziare per il sistema erano C ed E, poiché queste due locazioni erano percettivamente molto simili. Osservando la figura 5.29 si può vedere che il robot si trova in situazioni similari in questi due punti nel percorso: in ciascun caso c'è un corridoio di fronte e un corridoio in entrambi i lati del robot. Sebbene questi corridoi siano di lunghezza differente, sono quasi simili e causano confusione nelle prime fasi di apprendimento della rete.

Percorso 4

Questo percorso (figura 5.31) segue uno schema differente rispetto ai precedenti in quanto è più circolare. Per apprendere questo percorso FortyTwo ha impiegato in media 49 minuti. Come si può vedere dai risultati, nella figura 5.32, la locazione più difficile da apprendere era la D. Dalla figura 5.31, si evince che il varco attraverso cui era compiuta la svolta a sinistra in D era molto stretto e, conseguentemente, in questo punto era necessaria una maggiore precisione nelle azioni del robot per consentire il passaggio attraverso il varco. Questa precisione ha richiesto un addestramento supplementare.

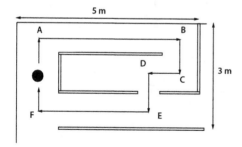

Figura 5.31 Percorso 4.

Tolleranza all'errore

È stato effettuato un test sulla robustezza del sistema usando il percorso 4. Una volta che la rete è stata addestrata per la prova 1, due sensori sonar, scelti arbitrariamente, sono stati *disabilitati* sostituendo le loro letture con degli zeri inseriti nel vettore d'ingresso (5.33).

Con i due sensori disabilitati il robot era ancora in grado di completare con successo l'intero percorso, poiché gli stimoli percettivi forniti alla rete dai sen-

Prova 1

Locazione	Visite di addestramento necessarie
A	3
B	1
C	2
D	7
E	3
F	2
Tempo di addestramento	53 min

Prova 2

Locazione	Visite di addestramento necessarie
A	4
B	2
C	4
D	6
E	3
F	2
Tempo di addestramento	40 min

Prova 3

Locazione	Visite di addestramento necessarie
A	3
B	2
C	3
D	6
E	4
F	3
Tempo di addestramento	42 min

Prova 4

Locazione	Visite di addestramento necessarie
A	4
B	2
C	3
D	6
E	4
F	2
Tempo di addestramento	61 min

Figura 5.32 I risultati del percorso 4.

sori rimanenti erano sufficientemente simili a quelli originali, così che le azioni apprese potevano essere richiamate correttamente (come nel caso del sensore difettoso, descritto precedentemente). Ovviamente, quando la maggior parte dei sensori fallisce, aumenta la probabilità di errori causati dalle ambiguità percettive. Il meccanismo di navigazione dipende da letture sensoriali distinte, ma può far fronte a una certa percentuale di degradazione della precisione.

Generalizzazione: per provare la capacità di generalizzazione del sistema, il robot è stato addestrato a eseguire una svolta a destra in presenza di un'inter-

Parte frontale del robot

Figura 5.33 I sensori sonar disabilitati negli esperimenti di tolleranza all'errore.

sezione, quindi è stato sottoposto a lievi variazioni di quella intersezione. La figura 5.34a mostra l'intersezione in cui il robot è stato addestrato, le figure 5.34b e 5.34c indicano le due variazioni al quale il robot è stato sottoposto come completamento dell'addestramento. L'addestramento per l'intersezione è durato approssimativamente 4 minuti; è stato necessario guidare il robot lungo la svolta 3 volte prima che l'operazione, eseguita in piena autonomia, venisse compiuta con successo. Quando è stato posto di fronte a due variazioni di svolta, la traiettoria di uscita è stata corretta in entrambi i casi senza nessun addestramento supplementare.

Tuttavia, il movimento del robot non è stato così continuo come in addestramento. Negli esperimenti di apprendimento del percorso attuale abbiamo osservato una robustezza simile quando i punti di riferimento (le *pile di scatole*) erano spostati per più di 50 cm: il robot era capace di completare i percorsi con successo, sebbene avesse dei movimenti più oscillanti.

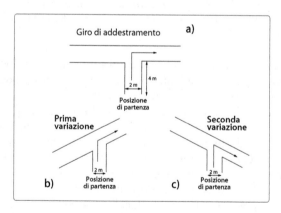

Figura 5.34 Generalizzazione: il robot è stato addestrato per girare a destra all'intersezione a), ma è stato in grado di girare correttamente anche alle intersezioni b) e c), senza richiedere alcun ulteriore addestramento.

Caso di studio 6: conclusioni

Questi esperimenti mostrano come un meccanismo per la costruzione della mappa basato sull'auto-organizzazione possa essere adoperato per insegnare i percorsi a un robot, in modo completamente indipendente da mappe pre-installate o da punti di riferimento artificiali. Gli esperimenti presentati sono stati scelti per spiegare il meccanismo, e i quattro brevi percorsi discussi non escludono che questo meccanismo possa essere impiegato su distanze più lunghe. Infatti, attualmente FortyTwo girovaga regolarmente nei corridoi dell'Università di Manchester su percorsi di circa 150 metri di lunghezza. Non è dato però sapere esattamente quanto sia efficace questo sistema per l'apprendimento del percorso; ci si limita ad affermare: "ha lavorato molto bene". Il caso di studio 12 (p. 218 sgg.) presenta un'analisi quantitativa della prestazione del sistema per l'apprendimento di percorsi.

Nel lavoro di Nehmzow e Owen ([Nehmzow & Owen 00]) è presentata un'estensione dell'apprendimento del percorso del caso di studio 6, che mostra come possa essere ottenuta una navigazione generale, usando una combinazione di identificazione di punti di riferimento con le informazioni dell'auto-organizzazione e dell'odometria locale. Qui FortyTwo identifica e classifica i punti di riferimento mediante le loro percezioni sensoriali, in modo simile a quanto è stato effettuato nel caso di studio 6. In aggiunta a ciò, il robot memorizza l'informazione della distanza e dell'angolo tra i punti di riferimento nella sua mappa. Questa mappa accresciuta può essere usata per la navigazione in percorsi arbitrari, in ambienti ampi e non modificati.

5.4.4 Caso di studio 7 *FortyTwo: la localizzazione attraverso la formazione di ipotesi*

"La mappa potrebbe essere abbastanza buona... se sapessimo in quale punto della mappa ci troviamo adesso." (Jerome K. Jerome, *Tre uomini in barca*)

Il settimo caso di studio si concentra sul problema della localizzazione in robot autonomi mobili in ambienti che mostrano un alto grado di ambiguità percettiva. In particolare, questo paragrafo tratta il problema più generale della ri-localizzazione (in altre parole, all'inizio il robot è completamente "sperduto"). Durante la fase di esplorazione, il robot costruisce una mappa del proprio ambiente, usando una rete neurale auto-organizzante per raggruppare il proprio spazio percettivo. Il robot è mosso verso una posizione scelta casualmente all'interno di quell'ambiente, nel quale cercherà di localizzarsi. Con un'esplorazione attiva, e accumulando le evidenze attraverso l'uso di odometria relativa tra i punti di riferimento locali, il robot è capace di determinare molto velocemente la propria posizione rispetto ai punti di riferimento percettivi. Dato che siamo interessati all'uso di robot autonomi mobili in ambienti *non modificati*, non facciamo uso di mappe pre-installate o di dispositivi esterni come marcatori o beacon per la valutazione della posizione. Per essere completamente autonomo, il robot deve rapportarsi con le proprie percezioni per gestire i problemi di esplorazione, di costruzione della mappa e di ri-localizzazione. A questo scopo, può essere adoperata la propriocezione e la esterocezione. Per le ragioni esposte precedentemente, nel caso di studio 7 abbiamo optato per un metodo basato sui punti di riferimento, accumulando delle evidenze nel tempo.

Procedura sperimentale

Il robot inizia a costruire una mappa del proprio ambiente usando una rete neurale auto-organizzante – basata sulla teoria della risonanza adattativa (ART2) – per raggruppare il proprio spazio percettivo. Il robot viene mosso verso una posizione casuale nel proprio ambiente e i suoi sensori vengono disabilitati durante il percorso. Segue una fase di esplorazione attiva, durante la quale il robot accumula delle evidenze basate sull'odometria relativa tra locazioni percettivamente distinguibili. Da questo punto in poi, l'esperienza sensoriale precedente è impiegata nella scelta tra le ipotesi alternative della possibile posizione del robot. Le stime della posizione risultante sono corrette mediante il riferimento al modello acquisito del mondo. Sia le competenze per la costruzione della mappa sia quelle per la localizzazione operano indipendentemente dalla strategia di esplorazione adottata. In questo caso di studio, la prestazione viene dimostrata utilizzando due differenti comportamenti di esplorazione (seguire i contorni e girovagare), entrambi acquisiti autonomamente dal robot con l'uso di regole d'istinto (si veda il caso di studio 1, p. 70 sgg.). L'intero sistema è composto da una gerarchia di comportamenti (figura 5.35), ciascuno dei quali è robusto rispetto al significativo grado di errore presente nei livelli precedenti. Perciò il sistema di localizzazione è altamente robusto; infatti si è dimostrato efficace in centinaia di prove di laboratorio, sia su un robot reale sia su un simulatore.

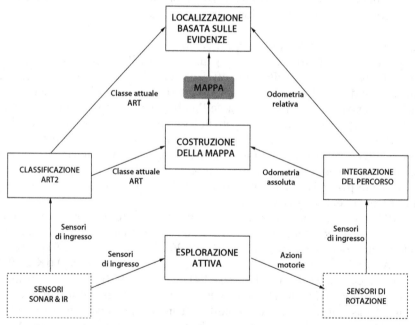

Figura 5.35 Architettura del sistema di localizzazione. I riquadri rettangolari denotano i moduli comportamentali, mentre le frecce indicano le dipendenze tra le diverse parti del sistema. Il riquadro ombreggiato denota la rappresentazione utilizzata per la mappa, mentre i riquadri tratteggiati illustrano le componenti hardware.

Caso di studio 7: gestire le ambiguità percettive
In questo caso di studio, l'evidenza basata sull'esperienza sensoriale passata è stata usata per mediare tra le stime di posizioni alternative, che sono corrette dalle coincidenze tra le percezioni correnti e il modello del mondo acquisito autonomamente. La mappa impiegata è simile ai modelli basati sui grafi descritti da [Yamauchi & Langley 96] e da [Kurz 96].

Raggruppamento percettivo
La prima fase da affrontare per il robot è il riconoscimento di posizioni distinte nel proprio spazio percettivo. Questo è complicato dai problemi legati all'uso dei sensori nel mondo reale. Per esempio, il robot otterrà spesso delle letture sensoriali differenti quando rivisiterà una locazione precedentemente incontrata. Le percezioni sensoriali individuali possono perciò essere inconsistenti, imprecise e inaffidabili. Di nuovo, il robot dovrebbe essere capace di generalizzare, in modo da estrarre le caratteristiche salienti in una data situazione, senza essere distratto dai dettagli dei modelli sensoriali individuali. Per limitare l'uso di informazioni predefinite, viene adoperato un sistema di classificazione auto-organizzante. L'architettura della rete neurale ART2 ([Carpenter & Grossberg 87]) effettua il raggruppamento dei campioni d'ingresso in classi o categorie distinte, in modo tale che modelli similari siano raggruppati nella stessa classe e campioni dissimili siano raccolti in classi separate. Le definizioni della classe memorizzata corrispondono ai prototipi, o modelli, che devono coincidere con le percezioni correnti del mondo.

Le ragioni dell'uso dell'auto-organizzazione
La scelta di un classificatore auto-organizzante per il raggruppamento autonomo delle percezioni è risultato più efficace nel far coincidere le caratteristiche individuali dell'ambiente con il modello interno del mondo. Non vi è la necessità di riconoscere oggetti specifici nell'ambiente del robot; piuttosto, le letture sensoriali grezze sono raggruppate in base alla loro similarità. Questo significa che gli insiemi percettivi del robot (le classificazioni ART) possono non essere direttamente traducibili nelle ovvie categorizzazioni umane delle caratteristiche ambientali (per esempio "angoli", "muri", "scatole" ecc.). I punti di riferimento percettivi adatti emergono da soli, piuttosto che essere definiti arbitrariamente dal progettista.

ART non è la sola metodologia che potrebbe essere impiegata nel compito di localizzazione; infatti, nei casi di studio 5 e 6 abbiamo adoperato le mappe auto-organizzanti (si vedano anche [Kurz 96], [Nehmzow et al. 91] e [Owen 95]). Altre possibilità sono le reti RCE (*restricted Coulomb energy*) ([Kurz 96]), le reti crescenti a gas neurale ([Fritzke 94] e [Zimmer 95]) e le reti a quantizzazione di vettori ([Kohonen 95]). I vantaggi e gli svantaggi nell'uso di ART verranno discussi in seguito. In un contesto più ampio di competenze per la costruzione della mappa e la localizzazione (che verrano presentate più avanti), la rete ART è usata effettivamente come una scatola nera (*black box*) per la classificazione dei modelli dei sensori. I lettori non interessati ai dettagli dell'architettura ART possono trascurare alcune parti del materiale presentato di seguito.

Le caratteristiche di ART

Alcune delle principali caratteristiche di ART sono incluse nell'elenco riporta-to, con la spiegazione delle motivazioni nella scelta di questa particolare stra-tegia di classificazione.

- *Apprendimento non supervisionato*: auto-organizzazione vuol dire che i prototipi adatti emergono da soli piuttosto che essere descritti a mano dal progettista.

- *Apprendimento in tempo-reale*: non è richiesto nessun processo off-line.

- *Apprendimento che dura tutta la vita*: l'apprendimento è continuo durante tut-te le operazioni, così non vi sono fasi separate di addestramento e di verifica.

- *Soluzione al "dilemma stabilità-plasticità"*: la rete può apprendere nuove informazioni senza dimenticare le vecchie, semplicemente aggiungendo più prototipi alla rete. In altri schemi di apprendimento competitivo (per esempio la rete SOFM) la dimensione della rete, e quindi la quantità di in-formazioni memorizzate, deve essere stabilita in anticipo.

- *Sensibilità variabile al dettaglio percettivo*: un parametro pre-specificato di varianza, noto come *vigilanza*, determina la dimensione dei raggruppamen-ti. Un valore elevato genera categorie ben definite, un valore basso genera categorie definite grossolanamente.

- *Confini di classificazione chiusi*: un ingresso non può essere classificato come appartenente a una particolare categoria se la similarità ha valori che ricadono sotto la soglia di vigilanza. Perciò ART può riconoscere se un campione d'ingresso è stato "visto" prima oppure no. Altre reti competiti-ve, come la rete a quantizzazione di vettori e le mappe auto-organizzanti, generano coincidenze con il nodo più vicino, nonostante lo schema d'in-gresso possieda una bassa somiglianza con uno degli schemi memorizzati. Questo meccanismo ha il vantaggio di presentare un criterio chiaro per di-stinguere gli schemi familiari da quelli non familiari; tuttavia la rete com-petitiva perde la capacità di *cercare di prevedere* una classificazione appro-priata basata su dati d'ingresso affetti da rumore.

- *Proprietà di auto-dimensionamento*: evita che uno schema sotto-insieme di un altro possa essere classificato nella stessa categoria. Perciò gli schemi che condividono componenti comuni, ma sono posti in classi differenti, pos-sono ancora essere distinti. Grossberg chiama questa proprietà: "la scoperta di caratteristiche critiche in maniera sensibile al contesto" ([Grossberg 88]).

Tuttavia ART sembra avere anche alcuni svantaggi. La complessità genera-le e l'affidamento sui dettagli dell'architettura sono stati criticati; inoltre, vi sono moltissimi parametri o "numeri magici" che devono essere determinati sperimentalmente dal progettista. La soluzione al "dilemma stabilità-plastici-tà", di aggiungere più nodi, comporta che ART potrebbe continuare a genera-re nuovi prototipi anche se il robot si trova all'interno di una parte dell'am-biente precedentemente esplorata. Un altro problema è il sovra-addestramento, quando nuove categorizzazioni avvengono in posizioni fisiche che sono state associate in precedenza a una differente categoria.

Il modello ART per l'elaborazione dell'informazione

L'architettura di base di ART è costituita di due strati totalmente connessi di unità: uno strato delle caratteristiche (F1), che riceve gli ingressi sensoriali, e uno strato delle categorie (F2), dove le unità corrispondono ai raggruppamenti o prototipi percettivi (figura 5.36).

Tra gli strati vi sono due insiemi di pesi, che corrispondono alle connessioni in avanti e alle connessioni di retroazione. Un criterio del tipo "il vincitore prende tutto" è adoperato durante la fase in avanti; un criterio simile è usato per accettare o rigettare la categorizzazione risultante nella fase di retroazione. Quando uno schema di ingresso è presentato alla rete, l'ingresso è confrontato con ciascuno dei prototipi esistenti (attraverso i pesi in avanti) per determinare il nodo vincente. Se la similarità tra lo schema d'ingresso e il nodo vincente (attraverso i pesi della retroazione) eccede il valore di soglia di vigilanza, allora viene attivato un apprendimento adattativo e lo schema memorizzato è modificato per essere più simile allo schema d'ingresso (il metodo di apprendimento dipende dalla particolare rete ART adoperata). Nel caso contrario occorre un *ripristino*, tramite il quale il vincitore corrente viene disabilitato e la rete cerca un altro nodo che possa coincidere con lo schema d'ingresso. Se nessuno dei prototipi memorizzati è abbastanza simile all'ingresso dato, allora verrà creato un nuovo prototipo che corrisponda allo schema d'ingresso. Negli esperimenti di raggruppamento precedenti, la rete ART1 ([Grossberg 88]) si è dimostrata inaffidabile a causa della limitazione degli ingressi binari. Le lettu-

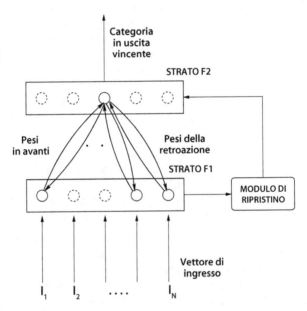

Figura 5.36 Architettura di base di ART. Le unità nel livello delle caratteristiche (F1) sono totalmente connesse a ciascuna unità presente nel livello delle categorie (F2), per mezzo di due insiemi di pesi separati. Per maggior chiarezza, vengono mostrate soltanto alcune delle connessioni di andata e di ritorno.

re sensoriali individuali devono essere codificate grossolanamente in "bit" (*bins*) (cioè 0 o 1) secondo un livello di soglia.

Il rumore del sensore intorno alla soglia e le variazioni nel comportamento di esplorazione del robot hanno prodotto schemi d'ingresso inconsistenti, producendo prototipi spuri e mal classificati. La rete ART2 è stata quindi implementata in quanto in grado di gestire ingressi a valori continui.

L'implementazione della rete ART2 nel caso di studio 7

L'architettura ART2 è una generalizzazione di ART1, capace di apprendere e riconoscere schemi d'ingresso a valori continui. La connettività di base è la stessa di ART1, eccetto che ciascuna delle unità nello *strato delle caratteristiche* (F1) è costituita da una sottorete di 6 nodi (figura 5.37).

Ciascuna sottorete agisce come un *buffer* tra il segnale d'ingresso e la retroazione dello *strato delle categorie* (F2), usata per normalizzare e combinare i due segnali per il confronto mediante il modulo di ripristino. In aggiunta all'architettura di base uno *strato di pre-elaborazione* (F0), costituito da una

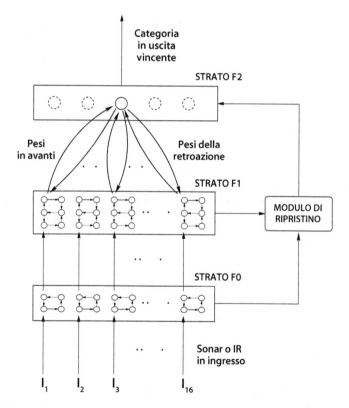

Figura 5.37 Architettura ART2 utilizzata per la localizzazione. Ogni unità F1 consiste in una sottorete composta di sei nodi, mentre ogni unità F0 è composta di una sottorete di quattro nodi. I livelli F1 e F2 sono totalmente connessi; per semplicità, viene illustrato soltanto un sottoinsieme delle connessioni.

sottorete di 4 nodi per unità, è stato inserito per ridurre ulteriormente il rumore e migliorare il contrasto dei modelli d'ingresso, come suggerito da Carpenter e Grossberg ([Carpenter & Grossberg 87]). In ART2 le unità F1 sono state implementate come 6 nodi individuali, tra i quali è distribuito il processo di controllo. Uno strato per la pre-elaborazione F0 è stato aggiunto per migliorare ulteriormente il contrasto e ridurre il rumore degli schemi d'ingresso. Il meccanismo usato per l'aggiornamento dei vettori dei pesi si basa sull'implementazione di ART2 di Paolo Gaudiano disponibile al CMU Artificial Intelligence Repository (http://www.cs.cmu. edu/afs/cs/project/ai-repository/ai/areas/neurol/systems/art/art2/0.html).

Le equazioni dello strato F0
Le equazioni che descrivono la dinamica dei livelli F0 e F1 sono descritte come segue, secondo il flusso dal basso verso l'alto attraverso la rete. I è il vettore d'ingresso presentato alla rete; a, b, c, d, e e θ sono costanti (vedi pp. 143-144), e $f(x)$ è una funzione di filtraggio del rumore.

$$w'_i = I_i + au'_i$$
$$x'_i = \frac{w'_i}{e + \|w'\|}$$
$$v'_i = f(x_i)$$
$$u'_i = \frac{v'_i}{e + \|v'\|}$$

Le equazioni dello strato F1
Le equazioni che descrivono la dinamica dello strato F1 sono descritte come segue, di nuovo secondo il flusso che parte dal basso verso l'alto.

$$w_i = u'_i + au_i$$
$$x_i = \frac{w_i}{e + \|w\|}$$
$$v_i = f(x_i) + bf(q_i)$$
$$u_i = \frac{v_i}{e + \|v\|}$$
$$p_i = \begin{cases} u_i & \text{se F2 è inattivo} \\ u_i + dz_{Ji} & \text{se il } J^{esimo} \text{ nodo F2 è attivo} \end{cases}$$
$$q_i = \frac{p_i}{e + \|p\|}$$

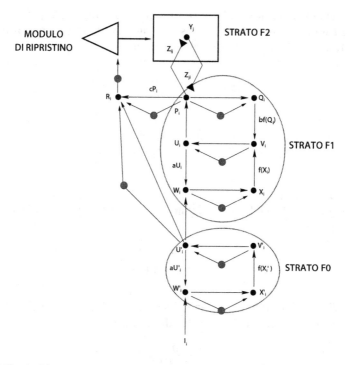

Figura 5.38 Architettura ART2. Vengono illustrati lo strato F2 (nodo Y), lo strato F1 (nodi P, Q, U, V, W, X), lo strato F0 (nodi U', V', W', X'), i moduli di azzeramento, i pesi di andata (Z_{IJ}) e di ritorno (Z_{JI}), per un singolo elemento, i, del vettore di ingresso, I. Le frecce illustrano i passi che conducono da un nodo al successivo; in particolare quelle racchiuse in un cerchio tratteggiato indicano un'operazione di normalizzazione eseguita sul vettore associato. (Adattata da [Carpenter & Grossberg 87])

Il filtro del rumore

L'equazione seguente è stata usata per eliminare il *rumore* di fondo con una soglia θ ai nodi v'_i e v_i

$$f(x) = \begin{cases} 0 & \text{se } 0 \le x < \theta \\ x & \text{se } x > \theta \end{cases}$$

I vettori dei pesi

I pesi dal basso verso l'alto (z_{ij}) e dall'alto verso il basso (z_{ji}) tra gli strati F1 e F2 sono inizializzati come segue, dove M è il numero d'ingressi allo strato F1.

$$z_{ij} = \frac{1}{(1-d) \times \sqrt{M}} \quad \text{per tutte le unità } i \text{ in F1}, j \text{ in F2}$$

$$z_{ji} = 0 \qquad \text{per tutte le unità } j \text{ in F2}, i \text{ in F1}$$

Le seguenti equazioni differenziali sono state impiegate per aggiornare i pesi per l'unità J vincente da F2, e sono state risolte utilizzando il metodo di Runge-Kutta (per una descrizione di questo metodo, si veda il lavoro di [Calter & Berridge 95]).

$$\frac{dz_{iJ}}{dt} = d(1-d)\left[\frac{u_i}{1-d} - z_{iJ}\right]$$

$$\frac{dz_{Ji}}{dt} = d(1-d)\left[\frac{u_i}{1-d} - z_{Ji}\right]$$

Il modulo di ripristino
L'attivazione del modulo di ripristino r viene determinata utilizzando la seguente equazione:

$$r_i = \frac{u_i' + cp_i}{e + \|u'\| + \|cp\|}$$

Lo strato F2 è ripristinato quando i seguenti criteri sono soddisfatti dopo la fase di retroazione dato un parametro di vigilanza ρ:

$$\frac{\rho}{e + \|r\|} > 1$$

I valori dei parametri
I seguenti valori dei parametri sono stati usati in tutti gli esperimenti e le simulazioni documentate in questo paragrafo:

$$a = 5,0 \quad b = 5,0 \quad c = 0,225 \quad d = 0,8 \quad e = 0,0001 \quad \theta = 0,3$$

Differenti valori sono stati usati per la soglia di vigilanza ρ a seconda del particolare esperimento o simulazione portato a termine (si veda anche l'appendice). Sia negli esperimenti con un robot reale, sia nelle simulazioni che usano un sensore a infrarossi, è stato usato un valore di ρ uguale a 0,9. Nelle simulazioni con i sonar è stato impiegato un valore di ρ uguale a 0,75. In generale, il valore del parametro di vigilanza ha un effetto critico all'interno dell'insieme approssimativo di valori $0,7 \leq \rho < 1,0$, dove i valori alti sono il risultato di una categorizzazione fine e quelli bassi di una categorizzazione grossolana. La tabella 5.1 mostra i valori dei parametri variabili, o "numeri magici", utilizzati nei vari componenti del sistema di localizzazione durante i differenti esperimenti e simulazioni.

In ART2 l'apprendimento adattativo è ottenuto muovendo i vettori dei pesi memorizzati nella direzione del vettore d'ingresso (l'ampiezza dei vettori è ignorata a causa della normalizzazione dei vettori stessi).

Tabella 5.1 Parametri utilizzati nei sistemi di localizzazione

Parametro	Descrizione	Valore in esperimenti reali su robot	Valore in simulazioni wall fall	Valore in simulazioni 2D
ρ	Soglia di vigilanza usata in ART2	0,9	0,9	0,75
D	Soglia di distanza usata per la costruzione di mappe	0,25 m	0,25 m	0,25 m
GAIN	Fattore di guadagno usato nella localizzazione	8,0	3,0	3,0
DECAY	Fattore di decadimento usato nella localizzazione	0,7	0,7	0,7
MIN	Livello di confidenza minimo consentito nella localizzazione	0,5	0,5	0,5
T	Distanza di tolleranza usata nella localizzazione	0,50 m	0,50 m	0,50 m

È stato implementato un modo "veloce" di apprendimento, che consente alla rete di stabilizzarsi completamente dopo la presentazione di ciascuno schema di addestramento. Ciò significa che i vettori dei pesi sono mossi con l'estensione più ampia possibile, permettendo al robot di apprendere le posizioni dopo una singola visita. Il metodo di Runge-Kutta è stato usato per risolvere le equazioni differenziali per l'aggiornamento dei pesi. Il vettore d'ingresso alla rete ART2 è stato acquisito o dai 16 sensori a infrarossi o dai 16 sensori sonar montati sulla torretta del FortyTwo, in base all'esperimento o alla simulazione che dovevano essere portati a termine. Gli schemi dei sensori erano sempre presentati nella stessa orientazione, senza badare alla direzio-

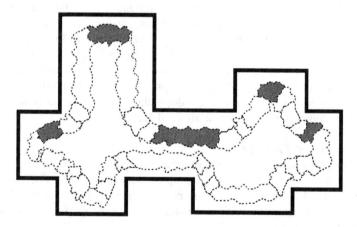

Figura 5.39 I risultati delle classificazioni della rete ART2 durante la simulazione dell'inseguimento del muro. Poiché il robot ha seguito i muri di una stanza, lo spazio fisico che esso ha coperto è stato suddiviso in regioni in accordo con la categoria ART registrata. Un esempio di ambiguità percettiva è illustrato dalle regioni tratteggiate; esse condividono la stessa classificazione ART.

ne di viaggio del robot. Questo è stato realizzato mantenendo fissa la torretta del robot rispetto al corpo mentre viaggiava. L'implementazione è stata impiegata con successo per classificare lo spazio percettivo del robot coerentemente tra la scoperta e la rivisitazione delle stesse posizioni. La figura 5.39 mostra i risultati della simulazione dove ART2 è stato eseguito con un comportamento di inseguimento del muro. Lo spazio fisico del robot è stato diviso in regioni, in accordo alla classificazione delle categorie di ART (queste aree sono identificate come "regioni percettive" nel resto del paragrafo). Un esempio di ambiguità percettiva è mostrato dalle regioni ombreggiate: tutte queste regioni condividono la stessa categoria ART.

Problemi nell'uso di reti ART

Nelle reti ART una percezione nuova dà vita alla creazione di un nuovo prototipo. Perciò, modelli d'ingresso grossolani o affetti da rumore possono generare categorie spurie, come pure errori di classificazione. Nel mondo reale, nessun metodo di classificazione sarà probabilmente mai in grado di fornire prestazioni prive di errore. Tuttavia, l'implementazione ART2 raramente ha sofferto a causa di entrambi questi problemi e le prestazioni sono state sufficientemente buone per il successo dell'algoritmo di localizzazione durante gli esperimenti condotti.

In aggiunta, il sovra-addestramento normalmente costituisce un problema durante l'uso prolungato della rete ART2: per esempio, dopo 5 o 6 giri di una stanza sono emerse nuove classificazioni risultate incongrue con i risultati ottenuti nei giri precedenti.

Ciò accade perché i vettori dei prototipi continuano a essere aggiornati durante l'addestramento che dura tutta la vita e gli schemi memorizzati sono continuamente approssimati agli schemi d'ingresso presentati. È stato scoperto che i nuovi prototipi erano creati occasionalmente per riempire i "buchi" che apparivano tra i raggruppamenti precedentemente sovrapposti e successivamente spostati dall'addestramento adattivo. Nel sistema di localizzazione presentato tale problema è stato superato disattivando l'addestramento dopo che la costruzione della mappa era stata portata a termine. I modelli erano rimasti fissi durante la localizzazione. Per esempio, durante l'inseguimento del muro l'addestramento era stato completato dopo che un intero circuito del robot era stato appreso mediante il processo di dead reckoning.

La costruzione della mappa

Dopo aver portato a termine il raggruppamento percettivo, la fase successiva è costituita dalla costruzione della mappa delle posizioni visitate durante l'esplorazione. La mappa creata contiene *posizioni* memorizzate, laddove una posizione è una categoria ART associata a coordinate (x, y) ottenute dal processo di dead reckoning.

Nella mappa vengono inserite nuove locazioni quando una nuova categoria ART è percepita o quando il robot si è mosso per una distanza maggiore di $D = 25$ cm. La mappa rappresenta un raggruppamento dello spazio cartesiano all'interno di regioni definite dal classificatore ART, che consiste in un insieme discreto di punti memorizzati. Le posizioni memorizzate potrebbero perciò corrispondere a "prototipi di luogo". La rappresentazione favorisce le ambiguità percettive poiché potrebbe esistere una relazione "uno a molti" tra le caratteristiche percettive (le categorie ART) e le posizioni memorizzate nella mappa. Nella tassonomia di Lee ([Lee 95]) il modello del mondo potrebbe essere descritto come *posizioni riconoscibili*, a condizione che anche l'informazione metrica sia rappresentata. Se la mappa è stata incorporata in un sistema di navigazione completo, potrebbe probabilmente memorizzare i collegamenti topologici, come pure la pianificazione del percorso.

Il metodo

Le coordinate x e y del robot sono continuamente mediate mentre il robot si muove lungo una regione percettiva che corrisponde a una particolare categoria ART, come mostrato in figura 5.40. Ogni qualvolta il robot si muove in una regione percettiva differente, un nuovo punto posizione viene creato. Tale punto, che corrisponde approssimativamente al centro del raggruppamento, sarà mantenuto fino a quando un nuovo raggruppamento non sarà formato. Questo procedimento è simile al sistema di costruzione della mappa descritto da Kurz ([Kurz 96]). In aggiunta, quando lo spostamento del robot dal punto corrente (più vicino) eccede la soglia $D = 25$ cm, viene creato un nuovo punto, col risultato che si producono molteplici punti posizione all'interno di regioni percettive grandi (figura 5.41).

Inoltre, questo procedimento consente di gestire il problema delle ambiguità percettive, poiché luoghi differenti che condividono la stessa caratteristica percettiva saranno rappresentati da punti differenti nella mappa, a condizione che siano a una distanza superiore alla distanza D. Altrimenti potrebbe accadere che la media delle coordinate x e y di tutte le regioni ombreggiate dia come risultato un punto da qualche parte in mezzo alla stanza (come in figura 5.39).

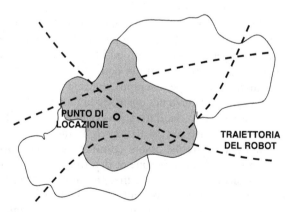

Figura 5.40 Creazione dei punti di locazione. Poiché il robot si muove all'interno di un'area corrispondente a una determinata classificazione ART (ombreggiata), viene calcolata continuamente la media delle coordinate x e y al fine di determinare la posizione del corrispondente punto di locazione. (Adattata da [Kurz 96])

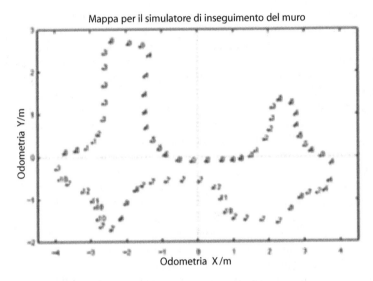

Mappa per il simulatore di inseguimento del muro

Figura 5.41 I punti di locazione creati durante l'inseguimento dei muri. I punti di locazione qui disegnati corrispondono alle regioni percettive illustrate in figura 5.39. I numeri mostrati corrispondono a diverse classificazioni ART2, per esempio i punti numerati con '0' giacciono all'interno delle aree ombreggiate mostrate in figura 5.39.

Ne risulterebbe una mappa non corretta, poiché questo punto non corrisponderebbe a nessuno dei luoghi dai quali esso è stato ricavato.

La gestione della deriva dell'odometria

Il principale punto debole di questo metodo è costituito dall'insufficiente affidabilità dell'odometria globale per soddisfare la componente metrica della mappa. Tale inconveniente non si presenta nell'algoritmo che usa l'odometria solo per distanze brevi tra i punti di riferimento locali. Nel processo medio, invece, se da un lato le variazioni locali si appianano con l'odometria, dall'altro l'intera mappa sarà soggetta agli errori globali di movimento. Questo inconveniente non è emerso negli esperimenti qui condotti, poiché sono stati compiuti percorsi relativamente brevi (per esempio, durante l'inseguimento del muro, è stato usato un solo giro di stanza per costruire la mappa). Tuttavia in ambienti ampi e complessi questo può risultare nella coincidenza con il punto "più vicino" sbagliato durante la fase di costruzione della mappa.

Questo inconveniente potrebbe essere eliminato combinando le fasi di costruzione della mappa e di localizzazione o, in altre parole, implementando un apprendimento che duri tutta la vita. La mappa, quindi, dovrebbe essere adoperata per correggere la posizione corrente stimata, che è usata a sua volta per costruire la mappa stessa. Ritornando alla figura 5.35, ciò significa creare un collegamento all'indietro dal sistema di localizzazione al processo di dead-reckoning, applicando ai valori odometrici assoluti le correzioni appropriate basate sui risultati dell'algoritmo di localizzazione.

Localizzazione
Il principio di base del metodo di localizzazione è simile a quello di ART e di altri schemi di apprendimento competitivo; il punto nella mappa con il *livello di attivazione*, o *livello di confidenza*, più alto è selezionato come vincitore. Perciò, i punti di localizzazione sono analoghi alle celle di piazzamento presenti nei modelli di localizzazione dell'ippocampo (si veda, per esempio, [Recce & Harris 96]). I livelli di confidenza vengono corretti mediante l'accumulo di evidenze basate sull'odometria relativa tra le locazioni. L'algoritmo agisce confrontando le informazioni vecchie con quelle nuove a ciascuna iterazione o, in altri termini, considerando i *cambiamenti* nel tempo delle percezioni del robot in movimento.

Algoritmo di localizzazione
Le possibili posizioni sono memorizzate come una lista di ipotesi in una memoria di lavoro, ciascuna con il livello di confidenza associato. Quando il robot percepisce una nuova posizione o riconosce un cambiamento nella categoria corrente o un cambiamento nell'odometria più grande della massima distanza tra i punti memorizzati delle posizioni, viene creato un altro insieme di possibili posizioni. (La distanza massima tra le locazioni memorizzate sarà pari a $2D$, poiché il processo usato nella costruzione della mappa implica che il robot dovrebbe essere posizionato in un intorno di soglia $2D$ dal punto più vicino). Per combinare entrambe le risorse di evidenza e produrre una lista di ipotesi aggiornata, viene quindi impiegata una procedura di coincidenza. La costituzione e la spiegazione dettagliata dell'algoritmo è riportata di seguito.

0. *Inizializzazione*. Formula un insieme di ipotesi, $H = \{h_0, ..., h_N\}$, che consiste in un insieme di punti che coincidono con la categoria ART corrente. Inizializza i livelli di confidenza: $\forall h_i \in H$ poni conf $(h_i) = 1$.

1. Attendi fino a che la categoria ART cambia o il robot si è mosso per una distanza $2D$, dove D è la distanza di soglia utilizzata durante la costruzione della mappa.

2. Per ciascuna ipotesi h_i aggiungi un cambiamento nell'odometria (Δx, Δy) alle coordinate di h_i (x_{h_i}, y_{h_i}).

3. Genera un secondo insieme di ipotesi, $H' = \{h'_0, ..., h'_N\}$.

4. Per ciascun h_i, trova il più vicino h'_j, memorizzando a parte la distanza d_{h_i}.

5. Accumula l'evidenza, data una soglia di distanza j, un livello minimo di confidenza *MIN*, un fattore di guadagno *GAIN* > 1 e un fattore di decadimento $0 < DECAY < 1$:

   $\forall h_i \in H$

   se $d_{h_i} <$ T allora

   sostituisci (x_{h_i}, y_{h_i}) con $(x_{h'_j}, y_{h'_j})$ dalla coincidenza con h'_j

   dato conf$(h_i) =$ conf $(h_i) \times$ GAIN

   altrimenti dato conf$(h_i) =$ conf$(h_i) \times$ DECAY

   se conf$(h_i) <$ MIN allora cancella h_i.

6. Cancella qualsiasi duplicato in H, preservando quello con il livello più alto di confidenza.

7. Aggiungi ad H tutti i rimanenti h'_j da H' che non sono già contenuti in H, assegnando $conf(h'_j) = 1$.

8. Ritorna al passo 1.

Nel passaggio 2, l'insieme esistente di stime di locazione è aggiornato aggiungendo il cambiamento nella posizione registrata dell'odometria relativa. Un nuovo insieme di ipotesi è allora generato selezionando dalla mappa tutti i possibili punti che coincidono con la categoria corrente.

Una procedura di ricerca è eseguita quando ciascuna delle ipotesi esistenti è fatta coincidere con i vicini prossimi nel nuovo insieme di candidati. Il passaggio 5 usa un criterio di soglia per determinare se ciascuna ipotesi debba essere aumentata o decrementata nel suo livello di affidabilità. Una sufficiente vicinanza tra le stime di posizione viene considerata come un'evidenza a favore di questa particolare ipotesi. Il livello di confidenza è quindi aumentato con un fattore di guadagno e la posizione stimata dalla vecchia ipotesi è sostituita con il nuovo valore. Ne consegue che le stime di una buona posizione sono corrette continuamente sulla base della percezione.

Al contrario, se la distanza di confronto supera il valore di soglia, il livello di confidenza associato è abbassato con un termine di decadimento e la posizione stimata viene lasciata non corretta, cioè non viene sostituita con il vicino più prossimo nell'insieme dei candidati.

Le ipotesi che cadono sotto un certo livello di confidenza sono rigettate ed escluse dalla lista delle possibili posizioni, eliminando velocemente le ipotesi sbagliate e minimizzando lo spazio di ricerca. Sono anche eliminati i duplicati creati dal processo di coincidenza. I punti non coincidenti che rimangono nell'insieme dei candidati sono aggiunti alla lista corrente delle ipotesi e si assegna un valore iniziale di confidenza. Questo sarà il caso per tutte le ipotesi candidate nella prima iterazione, dato che l'insieme delle ipotesi sarà inizialmente vuoto. (L'inizializzazione è stata inclusa qui per chiarezza come passo 0, sebbene non sia realmente necessaria). Sono considerate tutte le locazioni compatibili con la caratteristica percettiva corrente, così che l'algoritmo possa far fronte ai cambiamenti inaspettati e arbitrari della posizione.

Infine una delle ipotesi emerge come chiaro vincitore. Per esempio, negli esperimenti condotti su un robot reale, questo richiedeva in media 7 iterazioni attraverso l'algoritmo, in un tempo medio di 27 secondi, viaggiando il robot alla velocità di 0,10 ms^{-1}. Se il robot si perde, la confidenza in questa ipotesi particolare decade gradualmente fin quando non emerge un nuovo vincitore.

Prestazioni

La versione corrente dell'algoritmo si localizza tramite il punto più vicino memorizzato. Quindi, l'accuratezza della posizione stimata dipende dalla distanza di soglia D usata nel processo di costruzione della mappa. Dopo che è stata ottenuta la localizzazione, l'errore tra la posizione attuale e quella stimata dovrebbe perciò variare tra 0 e D.

Risultati

I risultati sperimentali ottenuti con questo sistema di localizzazione e un'analisi quantitativa delle prestazioni sono presentati nel caso di studio 13 (p. 224 sgg.).

Caso di studio 7: conclusioni

Questo sistema di localizzazione può attuarsi anche in ambienti nei quali nessuna locazione presenti caratteristiche percettive uniche: non è richiesta alcuna stima *a priori* della posizione, così il robot può localizzarsi anche dopo essersi completamente disorientato. Questo algoritmo di localizzazione implementa uno schema di apprendimento competitivo, correlato con modelli dell'ippocampo. Durante una fase di esplorazione, l'evidenza viene accumulata per supportare le stime di posizioni alternative. I cambiamenti percettivi (dal sonar, dal sensore a infrarossi e dall'odometria relativa) sono correlati con un modello interno del mondo per fornire i rinforzi positivi o negativi delle ipotesi emergenti. L'algoritmo ha anche altre proprietà emergenti interessanti. Una è legata al fatto che il robot continua a collezionare evidenze utili anche quando si muove tra locazioni che condividono la stessa caratteristica percettiva. Più in generale, può essere osservato che un vincitore emerga una volta che un percorso percettivamente unico sia stato trovato attraverso la mappa. Ciò si verifica indipendentemente dalla lunghezza del percorso: in altre parole, per disambiguare posizioni che sembrano simili, è necessario utilizzare le esperienze sensoriali passate. Inizialmente, l'algoritmo è perciò in grado di compiere generalizzazioni per far fronte ai livelli arbitrari di ambiguità percettiva nell'ambiente, a patto che siano confermate le seguenti condizioni:

1. l'ambiente abbia un dimensione finita (per esempio l'ambiente abbia confini distinguibili percettivamente dalle sue parti interne);
2. il robot abbia una bussola o possa recuperare il proprio orientamento senza ambiguità dai punti di riferimento nell'ambiente;
3. la strategia di esplorazione del robot trovi un percorso unico attraverso l'ambiente (le condizioni 1 e 2 garantiscono l'esistenza di tale percorso).

Il ragionamento è che se l'ambiente ha una dimensione finita, allora orientandosi in qualunque direzione, il robot troverà un confine. Seguire i contorni della recinzione consentirà al robot di trovare la propria posizione, a patto che possa distinguere gli schemi delle percezioni che si ripetono lungo la recinzione. Nel caso peggiore di una stanza circolare, o simmetrica radialmente, il robot avrà bisogno di una bussola per trovare la propria posizione. In caso contrario, la posizione relativa dei punti di riferimento dovrà permettere al robot di recuperare il proprio orientamento originale. Naturalmente ciò presuppone un mondo perfetto; in pratica, le assunzioni descritte possono essere invalidate dalle incertezze inerenti l'uso di un robot reale nel mondo. Tuttavia, i risultati (dati nel caso di studio 13, a p. 224 sgg.) mostrano che l'algoritmo di localizzazione presentato è molto robusto, avendo subito solo un leggero degradamento nelle prestazioni rispetto agli errori introdotti. Con riferimento alla terza condizione, i risultati dimostrano anche la superiorità nel seguire percorsi canonici rispetto a un'esplorazione casuale.

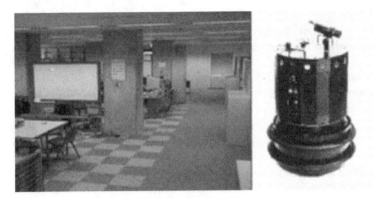

Figura 5.42 Il robot mobile Nomad 200 (a destra) e l'ambiente utilizzato per gli esperimenti di navigazione (la telecamera omnidirezionale utilizzata negli esperimenti non è visibile nell'immagine di destra).

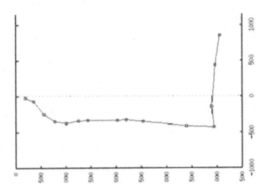

Figura 5.43 Traiettoria seguita dal robot nello spazio cartesiano. Le dimensioni lungo gli assi x e y sono espresse in unità di 2,5 mm.

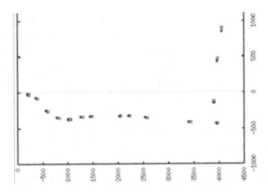

Figura 5.44 L'addestramento e i dati di test ottenuti lungo la traiettoria illustrata in figura 5.43. Le 15 percezioni di addestramento (asterischi) sono state usate per addestrare la rete, mentre le 15 percezioni rilevate (riquadri) per determinare la corrispondenza tra le coordinate virtuali e quelle cartesiane. Le dimensioni sono espresse in unità di 2,5 mm.

5.4.5 Caso di studio 8 *Reti con funzioni a basi radiali per la determinazione di scorciatoie*

Nel 1948 Tolman introdusse il termine *mappa cognitiva* per descrivere la rappresentazione di un animale, del suo ambiente, le rotte codificate, i punti di riferimento e le relazioni tra questi fattori di navigazione ([Tolman 48]). In particolare, Tolman dedusse che la capacità nel determinare nuovi percorsi (scorciatoie) dimostra l'esistenza di una mappa cognitiva.

In modo analogo O'Keefe e Nadel ([O'Keefe & Nadel 78]) argomentavano che la capacità di trovare scorciatoie era la caratteristica che differenziava gli animali dotati di mappe cognitive da quelli che ne erano sprovvisti. La capacità di alcuni animali nel determinare scorciatoie è ora ben documentata sperimentalmente (si veda, per esempio, [Chapius & Scardigli 93]).

Andrew Bennett affronta la questione se la capacità nel determinare scorciatoie indichi la presenza di una mappa cognitiva o no, e argomenta che le scorciatoie potrebbero essere scoperte anche con l'integrazione del percorso, per esempio mediante la trigonometria ([Bennett 96]).

In questo ottavo caso di studio considereremo un sistema di navigazione capace di determinare le scorciatoie usando la trigonometria. Da questa analisi emerge il dato interessante che la trigonometria del robot non è basata sull'integrazione del percorso, ma sul riconoscimento dei punti di riferimento.

L'esperimento descrive uno scenario in cui un robot Nomad 200 associa le percezioni con le *coordinate virtuali* – le coordinate quasi-cartesiane richiamate dalla memoria quando viene identificato un punto di riferimento – e utilizza queste coordinate per determinare i percorsi più brevi tra le posizioni, anche se queste non sono mai state visitate prima.

L'assetto sperimentale
Per gli esperimenti il robot è stato equipaggiato con una telecamera CCD omnidirezionale (figura 5.46) che produceva immagini a 360 gradi come quelle mostrate in figura 5.45. Il robot è stato guidato manualmente attraverso l'ambiente mostrato in figura 5.42, lungo la traiettoria mostrata in figura 5.43. Durante questo percorso sono state memorizzate circa 700 immagini della telecamera CCD e le corrispondenti posizioni nello spazio cartesiano (ottenuto dal sistema odometrico del robot). 30 di queste percezioni sono state usate off-line per gli esperimenti qui descritti. Le posizioni da cui queste immagini sono state tratte sono mostrate in figura 5.44.

Meccanismo
L'idea fondamentale in questo caso è stata associare la percezione (immagine della telecamera) con la posizione (coordinate virtuali). Tuttavia, prima di usare le immagini grezze della telecamera per questo scopo, sono state eseguite alcune elaborazioni. La telecamera omnidirezionale è stata puntata verso l'alto e fornita di uno specchio per produrre un'immagine a 360 gradi (questo assetto è mostrato in figura 5.46). Ovviamente se il robot ruota, l'immagine ruota contestualmente e ciò rappresenta un problema se una posizione specifica

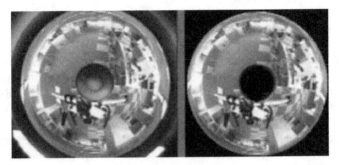

Figura 5.45 La pre-elaborazione dell'immagine I. Nell'immagine a sinistra sono mostrati i dati grezzi ottenuti dalla telecamera CCD omnidirezionale del robot, mentre a destra
si può osservare l'immagine dopo l'elaborazione: i dati non rilevanti sono stati rimpiaz-
zati da zeri (mostrati in nero nell'immagine).

Figura 5.46 Una telecamera omnidirezionale, che utilizza una telecamera CCD orientata verso l'alto e uno
specchio conico.

deve essere associata esattamente con un'unica percezione e un'unica coordinata virtuale. Per rimuovere la dipendenza delle immagini dall'orientamento,
abbiamo segmentato l'immagine in 90 cerchi concentrici (si veda la figura
5.47) e usato la potenza H dell'immagine lungo ciascun cerchio concentrico,
secondo l'equazione

$$H = \sum_{j}^{N} h_j^2 \tag{5.8}$$

dove h_j è il valore del livello di grigio del pixel j del raggio selezionato e N è
il numero totale di pixel selezionati lungo il raggio ($N = 314$ nei nostri esperimenti, indipendentemente dal raggio). Questa scelta dà luogo a un vettore d'ingresso (normalizzato) per immagine di 90 elementi di lunghezza. Tre di questi
spettri di potenza sono mostrati in figura 5.48. Si può osservare che differiscono tra di loro, in quanto le percezioni della telecamera differiscono anche in
corrispondenza di queste tre locazioni.

In conclusione, i vettori d'ingresso di 90 elementi sono stati associati con
le rispettive coordinate cartesiane, utilizzando una rete basata su funzioni a
basi radiali. La rete era fornita di 15 unità d'ingresso, una per ciascun punto di
riferimento da apprendere, e due unità di uscita per i valori x e y delle coordinate virtuali.

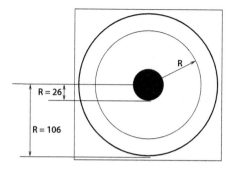

Figura 5.47 Pre-elaborazione dell'immagine II. Per eliminare la dipendenza dall'orientamento, la potenza H contenuta all'interno dell'immagine è suddivisa in 90 cerchi concentrici con raggio compreso tra R=26 e R=106. Lungo ciascun anello i valori dei livelli di grigio sono presi con incrementi di 1,14°, 314 valori per anello.

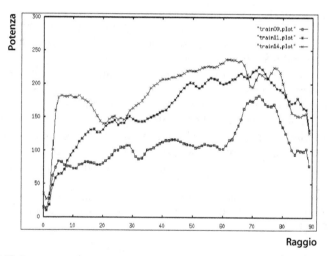

Figura 5.48 Lo spettro di potenza per i tre differenti punti di riferimento.

Risultati sperimentali

Cinquanta immagini ricavate dai dati, uniformemente distribuite lungo la traiettoria del robot, sono state usate per addestrare la rete, semplicemente rendendo i pesi di ciascuna delle 15 unità d'ingresso identici rispettivamente a uno dei 15 punti di riferimento. Ciascuna unità perciò diventava un rivelatore di un particolare punto di riferimento. Per provare la capacità della rete di localizzarsi, 15 posizioni differenti, vicine, ma non identiche alle posizioni di addestramento (figura 5.44) sono state presentate alla rete per la localizzazione. La figura 5.49 mostra l'effettiva traiettoria del robot (usando i dati di verifica), e la traiettoria come è stata percepita dalla rete. Le due traiettorie sono quasi coincidenti e ciò indica che il robot ha buona capacità di determinare il punto in cui si trova.

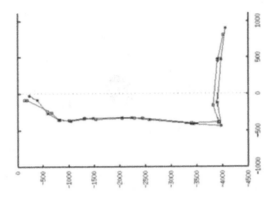

Figura 5.49 Traiettoria di test seguita (asterischi) e traiettoria percepita nelle coordinate virtuali (quadrati).

Ricerca di scorciatoie

Queste coordinate virtuali possono essere adoperate per il ragionamento spaziale globale, per esempio per stabilire scorciatoie. Per determinare l'accuratezza del robot nelle svolte verso una posizione mai visitata prima, valutiamo la differenza tra l'orientamento corretto e quello calcolato, usando i punti di riferimento virtuali, quando il robot è in viaggio tra le cinque posizioni mostrate in tabella 5.2. L'errore di orientamento in gradi è mostrato in tabella 5.3.

L'errore è molto piccolo, il che significa che tutte le scorciatoie ipotizzate erano molto simili al percorso tra le due posizioni effettivamente più breve. Anche se il robot non era mai transitato per questi percorsi, era capace di determinarli basandosi sulla conoscenza che aveva acquisito con l'esplorazione.

Tabella 5.2 Coordinate cartesiane dei cinque punti di riferimento utilizzati per determinare l'abilità del robot nel trovare le scorciatoie (si veda la tabella 5.3). Le coordinate sono quelle mostrate in figura 5.49.

Punto	(x, y)	
A	− 362	− 816
B	− 362	− 2572
C	− 122	− 3882
D	895	− 4050
E	27	− 212

Tabella 5.3 Scoperta di nuovi percorsi attraverso le locazioni della tabella 5.2. I numeri della tabella indicano l'errore, misurato in gradi, che il robot compie calcolando gli orientamenti richiesti per mezzo di coordinate virtuali al posto delle coordinate reali della posizione.

da:	a: A	B	C	D
E	7	2	3	− 1
A		1	0	− 1
B			− 3	− 4
C				− 2

Caso di studio 8: conclusioni

Localizzazione molto distante da punti di riferimento conosciuti
La rete genera *sempre* le coordinate virtuali dalla percezione, sia che il robot si trovi in una posizione nota, sia che si trovi molto lontano da posizioni note. Questo è uno svantaggio, poiché le coordinate virtuali generate potrebbero essere prive di significato. Un modo efficace per ovviare a questo inconveniente è prendere in considerazione soltanto il livello attuale di uscita dell'unità RBF più forte (si veda l'equazione 4.13): se non vi è una coincidenza stretta (cioè il robot si è perso), tale uscita è bassa e può essere utilizzata per rilevare che la localizzazione non è affidabile. È interessante osservare ciò che accade quando il robot è in presenza di punti di riferimento molto distanti dai punti di riferimento conosciuti (sebbene questi punti di riferimento noti siano ancora all'interno del raggio visivo). Abbiamo usato i sette punti di riferimento riportati in tabella 5.4 per determinare la capacità del robot di localizzarsi e di calcolare gli orientamenti del cammino al di fuori dell'immediata vicinanza dei punti di riferimento noti. I punti di riferimento da *F* a *H* sono stati visitati prima dal robot, i punti di riferimento da *I* a *L* sono lontani da posizioni conosciute.

Tabella 5.4 Coordinate reali dei punti di riferimento utilizzati per determinare la capacità del robot di trovare scorciatoie a partire da punti conosciuti. Le coordinate sono quelle illustrate in figura 5.49.

Locazione	(x, y)	
F	−32	181
G	−432	−3932
H	852	−4044
I	−422	−3192
J	−324	−3929
K	194	−3906
L	−351	−1733

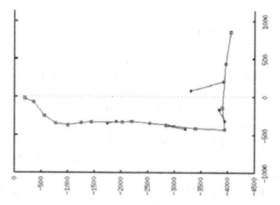

Figura 5.50 Localizzazione distante da punti di riferimento conosciuti. I riquadri indicano la posizione dei punti di riferimento conosciuti, mentre gli asterischi collegati indicano le coordinate reali e quelle virtuali delle locazioni I, J, K e L (si veda la tabella 5.4).

Tabella 5.5 Errore di orientamento espresso in gradi calcolato per vari percorsi nuovi che passano attraverso i punti di riferimento "distanti" I, J, K, L e i punti di riferimento conosciuti F, G, H.

da: a:	F	G	H
I	– 1	– 2	– 12
J	5	23	– 7
K	– 1	50	– 34
L	0	– 1	1

Le posizioni distanti *I*, *J*, *K* e *L* e le coordinate virtuali loro associate sono mostrate in figura 5.50. Le distanze di queste quattro posizioni dal punto di riferimento noto al robot sono rispettivamente 50, 61, 72 e 27 cm. Sebbene le discrepanze tra le coordinate reali e quelle virtuali siano più ampie rispetto alle condizioni di addestramento (figura 5.49), la corrispondenza è comunque notevolmente buona.

In tutti e quattro i casi le coordinate virtuali sono plausibili e la navigazione risultante dall'uso di queste coordinate virtuali può funzionare nei casi in cui il robot devii nella direzione indicata e incontri altri punti di riferimento familiari, che gli consentano una localizzazione più precisa. Come prima, abbiamo determinato l'errore di orientamento del robot per percorsi nuovi, con l'utilizzo delle coordinate virtuali delle posizioni mostrate in tabella 5.4. Questi errori di orientamento, espressi in gradi, sono mostrati in tabella 5.5.

Questi errori mostrano che spesso la pianificazione del percorso è possibile con un alto grado di accuratezza, ma che vi sono anche percorsi durante i quali il robot, a seconda della situazione, potrebbe deviare dalla direzione corretta per più di 50 gradi. Tuttavia, a condizione che il robot ripeta regolarmente il processo di pianificazione del percorso quando si muove, vi sono buone probabilità che possa usare i punti di riferimento incontrati "per strada" per ottenere il corretto orientamento con una precisione via via crescente.

5.5 Letture di approfondimento

Navigazione animale
T.H. Waterman, *Animal navigation*. Scientific American Library, New York, 1989.
C.R. Gallistel, *The organisation of learning*. MIT Press, Cambridge MA, 1990.
The Journal of Experimental Biology. January, 1996.

Navigazione umana
T. Gladwin, *East is a big*. Harward University Press, Cambridge MA, 1970.
D. Lewis, *We, the navigators*. University of Hawaii Press, Honolulu, 1972.

Navigazione robotica
J. Borenstein, H.R. Everett, L. Feng, *Navigating mobile robots*. AK Peters, Wellesley MA, 1996.
G. Schmidt (ed.), *Information processing in autonomous mobile robots*. Springer, Berlin-Heidelberg-New York, 1991.

Caso di studio 5

Il quinto caso di studio è basato su [Nehmzow & Smithers 91] e [Nehmzow et al. 91], nei quali sono fornite informazioni dettagliate sulle procedure sperimentali e ulteriori riferimenti.

U. Nehmzow, T. Smithers, Mapbuilding Using Self-Organising Networks. In: J.-A. Meyer, S. Wilson (eds.), *From Animals to Animats,* pp. 152-159. Proc. 1st Intern. Conference on Simulation of Adaptive Behaviour. MIT Press, Cambridge MA, 1991.

U. Nehmzow, T. Smithers, J. Hallam, Location Recognition in a Mobile Robot Using Self-Organising Feature Maps. In: G. Schmidt (ed.), *Information Processing in Autonomous Mobile Robots,* pp. 267-277. Springer, Berlin-Heidelberg-New York, 1991.

Caso di studio 6

C. Owen, U. Nehmzow, Route learning in mobile robots through self-organisation. *Proc Eurobot* 1996, pp. 126-133. IEEE Computer Society.

C. Owen, U. Nehmzow, Map interpretation in dynamic environments. *Proc. 8th International Workshop on Advanced Motion Control.* IEEE Press, 1998.

U. Nehmzow, C. Owen, Robot navigation in the real world: experiments with Manchester's FortyTwo in unmodified, large environments. *International Journal Robotics and Autonomous Systems,* vol. 33 (4), 2000.

C. Owen, *Map-Building and Map-Interpretation Mechanisms for a Mobile Robot,* PhD Thesis. Dept. of Computer Science, University of Manchester, 2000.

Caso di studio 7

Un'analisi approfondita di questo studio, insieme con le proposte di estensioni rispetto all'apprendimento che dura tutta la vita, all'esplorazione attiva, al riconoscimento dei punti di riferimento familiari da prospettive nuove e ai fattori di scalabilità può essere trovato nei lavori di [Duckett & Nehmzow 96], [Duckett & Nehmzow 99] e [Duckett 00].

T. Duckett, U. Nehmzow, A Robust, Perception-Based Localisation Method for a Mobile Robot. *Technical Report,* Report No. UMCS-96-11-1. Dept. of Computer Science, University of Manchester, 1996.

T. Duckett, U. Nehmzow, Knowing Your Place in Real World Environments. *Proc. Eurobot 99,* IEEE Computer Society, 1999.

T. Duckett, *Concurrent Map Building and Self-Localisation for Mobile Robot Navigation,* PhD Thesis. Dept. of Computer Science, University of Manchester, 2000.

Scorciatoie e mappe cognitive

The Journal of Experimental Biology, January, 1996.

J. O'Keefe, L. Nadel, *The hippocampus as a cognitive map.* Oxford University Press, 1978.

J. Gould, The local map of honey bees: do insects have cognitive maps? *Science,* vol. 232, pp. 861-863, 1986.

U. Nehmzow, T. Matsui, H. Asoh, Virtual coordinates: perception-based localisation and spatial reasoning in mobile robots. *Proc. Intelligent Autonomous Systems 5 (IAS 5),* Sapporo, 1998. Reprinted in: *Robotics Today,* 12 (3), 1999.

6

Il riconoscimento delle novità

Questo capitolo pone l'attenzione sul concetto di "carico utile" per un robot in grado di apprendere e navigare: dato un robot capace di apprendere le associazioni tra percezione e risposta motoria (capitolo 4) e di esplorare un ambiente creandone una mappa e pianificando i percorsi al suo interno (capitolo 5), come può un robot sfruttare utilmente queste capacità? Viene introdotto il concetto di "novità"(novelty) e viene descritto un caso di studio in cui un robot mobile è capace di rilevare le caratteristiche nuove del proprio ambiente: il primo passo verso un robot esploratore autonomo.

6.1 Motivazioni

Il capitolo introduce il concetto di *novità* e spiega come essa possa essere automaticamente rilevata da un robot. Con il termine "novità" intendiamo uno stimolo sensoriale o un evento mai percepito o sperimentato dal robot.

Un simile evento "nuovo" potrebbe in pratica essere del tutto banale, come un muro dipinto in un colore differente dagli altri incontrati in precedenza. L'aspetto importante è che la caratteristica "nuova" è qualcosa fuori dall'ordinario, un'eccezione alla norma.

Perché dovrebbe essere interessante avere un meccanismo capace di percepire eventi nuovi? Le tre motivazioni principali sono presentate di seguito.

6.1.1 Motivazioni tecnologiche

L'interazione di un robot mobile con il proprio ambiente richiede di solito una risposta tempestiva agli stimoli sensoriali (comportamenti definiti *in tempo reale*). Se un ostacolo viene riconosciuto, per esempio, il comportamento per l'aggiramento dell'ostacolo deve ovviamente avere inizio prima che si verifichi la collisione. Queste limitazioni legate al tempo reale si applicano a molti aspetti del controllo di un robot mobile.

Uno dei fattori limitanti la capacità del robot di rispondere in tempo reale, in particolare per i robot mobili autonomi che hanno a bordo alimentatori e computer, è rappresentata dalla quantità limitata di memoria e dalla potenza di calcolo disponibile.

Gli stimoli "nuovi" sono, con tutta probabilità, rilevanti per il comportamento del robot, la capacità di individuarli consente dunque al controllore del robot di porre l'attenzione soltanto su di essi. In questo modo si ottiene un uso più efficiente delle risorse computazionali e della memoria a bordo del robot.

Vi è una seconda ragione tecnica per cui il controllore di un robot dovrebbe avere la capacità di riconoscere gli stimoli nuovi. Alcune modalità sensoriali, in particolare le telecamere e i laser, generano un'enorme quantità di dati e buona parte di essi deve essere scartata velocemente, in modo da poter eseguire in tempo reale operazioni rilevanti con i dati residui.

La percezione delle novità è un modo per ottenere questo tipo di pre-elaborazione dei segnali sensoriali.

6.1.2 Motivazioni industriali

Alcune delle più comuni attività industriali svolte dai robot autonomi sono l'ispezione, il monitoraggio e la sorveglianza. Nei compiti di sorveglianza un robot mobile potrebbe perlustrare un'area assegnata, percepire l'ambiente attraverso i propri sensori e allertare un supervisore nel caso in cui siano stati rilevati specifici segnali (come fumo, rumori molesti ecc.). Nei compiti di monitoraggio, un robot mobile potrebbe essere impiegato per monitorare le prestazioni di un particolare macchinario e allertare un supervisore qualora i valori dei parametri operativi del macchinario deviassero da alcuni specifici valori di riferimento. Infine, nei compiti di ispezione, un robot mobile potrebbe essere usato per ispezionare un macchinario, o un impianto tecnico, e riconoscerne le anomalie, come pure i difetti. Un esempio di quest'ultima applicazione può essere rappresentato dall'ispezione delle condutture: un cosiddetto *pipe-traversing robot* è posizionato in una tubatura dell'acqua, striscia al suo interno e riporta le posizioni degli eventuali danni rilevati.

In tutte le applicazioni industriali la capacità di rilevare le alterazioni di alcune condizioni di normalità (ossia le novità) è estremamente utile. Nelle ispezioni delle condutture, per esempio, uno dei maggiori problemi che affliggono le compagnie che gestiscono gli acquedotti è rappresentato dal calo di attenzione di un operatore umano con il trascorrere del tempo; infatti, dopo aver controllato le condutture per diverse ore l'operatore non è più capace di scoprire eventuali anomalie. Un robot capace di percepire le novità non si stanca mai e può segnalare all'operatore solo le regioni in cui si sta verificando qualcosa fuori dall'ordinario, così da consentirne un esame minuzioso.

Infine, molte applicazioni industriali richiedono una valutazione dell'intera situazione, descritta da una grande quantità di percezioni sensoriali nel tempo. La percezione delle novità potrebbe semplificare la valutazione della situazione, consentendo al robot di concentrarsi con particolare attenzione sulla maggior parte degli stimoli nuovi.

6.1.3 Motivazioni scientifiche

La percezione delle novità è una capacità comunemente osservata negli esseri viventi. Permette agli animali di porre l'attenzione sui pericoli o sulle opportunità (per esempio, il cibo) presenti nel loro ambiente, per concentrarsi sui segnali più rilevanti; tale abilità è parte del loro apparato percettivo ed è essenziale per la loro sopravvivenza.

Un robot mobile fornisce una buona piattaforma per studiare le teorie per il riconoscimento delle novità basate su fondamenti biologici o neurofisiologici. È molto difficile, se non impossibile, analizzare i processi neurologici degli esseri viventi, mentre i sistemi di controllo di un robot mobile sono assai più facili da studiare. L'implementazione su un robot mobile di meccanismi per la percezione delle novità ispirati alla biologia dovrebbe pertanto aiutarci a comprendere meglio i meccanismi biologici alla base di tale processo.

6.2 Approcci alla percezione delle novità

6.2.1 Considerazioni generali

Esistono due aspetti fondamentali che rendono la percezione delle novità particolarmente difficile:

1. la natura dello stimolo da ricercare è sconosciuta *a priori* (non si conosce esattamente ciò che si sta cercando);
2. gli stimoli *"nuovi"* si verificano per definizione molto meno frequentemente di quelli ordinari.

Il primo punto indica quanto sia difficile costruire dei percettori delle novità *cablati a livello di hardware*, per esempio filtri in grado di individuare specifici segnali. Poiché non si sa ciò che si sta cercando, la progettazione di filtri per la percezione delle novità è virtualmente impossibile.

Il secondo punto interessa particolarmente i sistemi in grado di *apprendere*. Solitamente, gli algoritmi per l'apprendimento da parte delle macchine richiedono una presentazione ben strutturata di tutte le classi di stimoli che devono essere appresi. Poiché il numero di esempi di apprendimento della classe "novità" è per definizione molto piccolo, è virtualmente impossibile per i sistemi di apprendimento imparare a riconoscere gli stimoli nuovi.

La via normalmente seguita per la soluzione di entrambi questi problemi consiste nel far apprendere non le *novità*, ma le *regolarità*, e nel confrontare quindi i segnali percepiti con i modelli di regolarità appresi. Grandi differenze indicano allora la presenza di un nuovo stimolo. I vantaggi di questo approccio consistono nel fatto che è possibile progettare filtri di regolarità, poiché le situazioni normali sono conosciute *a priori*, ed è possibile l'apprendimento di situazioni normali, poiché in tali casi è disponibile una grande quantità di dati.

6.2.2 Percezione delle novità in specifiche aree di applicazione

Se l'obiettivo consiste nella percezione delle novità in aree di applicazione limitate e ben definite, nelle quali la natura dei segnali è ampiamente conosciuta in anticipo, è possibile discernere gli stimoli ordinari e riconoscere le caratteristiche nuove adoperando filtri di regolarità per il confronto dei segnali.

Un esempio è la rilevazione di masse anomale nel corso della mammografia, come discusso nel lavoro di [Tarassenko et al. 95]. Tarassenko sfrutta il fatto che le immagini mammografiche presentano notevole regolarità, con caratteristiche presenti in "tutte" le immagini (per esempio conformazioni curvilinee, quali i dotti galattofori). Il primo passo per percepire le novità, dunque, è l'identificazione manuale di tali caratteristiche, prima che le immagini vengano elaborate. In secondo luogo Tarassenko parte da due presupposti: il riconoscimento delle caratteristiche nuove deve essere selezionato in modo tale che i segnali degli stimoli "normali" cadano all'interno della funzione di densità di probabilità (*fdp*) di quella caratteristica, mentre gli stimoli "anormali" devono apparire alle estremità di tale funzione; inoltre, le anormalità sono considerate normalmente distribuite al di fuori dei confini di normalità.

Si applicano, quindi, meccanismi di riconoscimento, come i modelli basati sulle misture gaussiane o le finestre di Parzen per la stima e l'apprendimento delle funzioni di densità di probabilità adatte a rappresentare la normalità.

L'applicazione di questi metodi non è affatto limitata al campo di elaborazione delle immagini. [Chen et al. 98] presentano un approccio molto simile (stima della densità di probabilità per eventi normali usando le finestre di Parzen) per rilevare gli incidenti automobilistici dai dati registrati on-line dalle attrezzature di monitoraggio del traffico autostradale.

6.2.3 Riconoscimento generale delle novità

Sebbene gli approcci riportati nel paragrafo precedente contengano elementi di apprendimento, essi si concentrano sul riconoscimento delle novità all'interno di una classe ristretta di segnali di ingresso e sfruttano il fatto che le caratteristiche degli eventi "*normali*", del dominio considerato, sono conosciute *a priori*. In alcune applicazioni, quali l'ispezione delle condutture menzionata precedentemente, un'informazione *a priori* può non essere disponibile. In questi casi è stato utilizzato un approccio più generale per ottenere modelli di regolarità per la valutazione delle percezioni: i modelli basati *sull'apprendimento* dell'andamento normale costituiscono una scelta possibile.

Approccio auto-organizzante e riconoscimento delle novità
Un meccanismo adatto per la creazione di modelli di normalità basati sull'apprendimento fa uso di una mappa auto-organizzante per il riconoscimento delle caratteristiche (rete SOFM). La capacità della mappa di raggruppare le per-

cezioni sensoriali consente di raggiungere un livello utile di astrazione, rendendola robusta ai disturbi e alle piccole variazioni delle percezioni. Invece di analizzare le percezioni sensoriali non elaborate, possono essere adoperate le informazioni sensoriali astratte raccolte come uscita della rete SOFM.

[Taylor & MacIntyre 98] presentano, per esempio, un'applicazione, basata su rete SOFM, per rilevare condizioni operative anomale delle macchine (monitoraggio delle condizioni). Il meccanismo per il riconoscimento delle novità di Ypma e Duin ([Ypma & Duin 97]) è simile al precedente. Nel caso di Taylor e MacIntyre, una rete SOFM è addestrata con segnali pre-elaborati, ottenuti da sensori posizionati alla base della zona che deve essere monitorata. La rete apprende perciò gli stati operativi normali della macchina sottoposta a monitoraggio raggrupando le percezioni normali nella rete SOFM. Dopo il completamento della fase iniziale di apprendimento, questo modello di normalità può essere utilizzato per il riconoscimento di informazioni non note: se la distanza euclidea tra la risposta della rete al segnale sensoriale e la classe normale più vicina eccede una soglia predefinita, viene riconosciuto un nuovo stimolo. La soglia – che è parametrizzata globalmente, per l'intera mappa auto-organizzante, o individualmente per ciascuna classe di segnali – deve essere determinata manualmente. Questo procedimento è svantaggioso per un robot autonomo con il compito di ispezione; il caso di studio 9 presenta un metodo per risolvere tale problema.

L'uso di una rete SOFM è stato menzionato come esempio di sistema di apprendimento applicato al riconoscimento delle novità e come introduzione al caso di studio 9. Vi sono diversi altri approcci per il riconoscimento delle novità che usano sistemi di apprendimento; per esempio le reti di Hopfield ([Crook & al. 02]), i filtri di novità di Kohonen e di Oja ([Kohonen 88]), l'analisi delle componenti principali, la teoria della risonanza adattativa, le reti RCE e i modelli di Markov. Nel lavoro di Marsland sono ampiamente trattati tutti questi approcci [Marsland 02].

6.3 Caso di studio sul riconoscimento delle novità

6.3.1 Caso di studio 9 *Riconoscimento di caratteristiche nuove attraverso modelli autonomi di apprendimento*

Scenario di applicazione
Inizialmente il robot deve apprendere come rispondere agli stimoli sensoriali, in modo da mantenersi lontano dagli ostacoli, nei corretti limiti operazionali e all'interno di strutture guida come i muri. In altre parole, il robot è addestrato a rimanere operativo (si veda il capitolo 4), a riconoscere i punti di riferimento percettivi della mappa, a localizzarsi nell'ambiente e a imparare e pianificare nuovi percorsi (si veda il capitolo 5). La questione che ora si pone è: "quali compiti utili possono essere portati a termine dal robot?". Il caso di studio 9 presenta un robot per ispezione, il cui compito è esplorare un ambiente e apprendere il maggior numero possibile delle sue caratteristiche, in modo da ri-

conoscere di conseguenza gli scostamenti dalla normalità presenti all'interno di quell'ambiente. Lo scenario d'applicazione cui abbiamo pensato, quando abbiamo progettato un robot capace di ispezionare, era il monitoraggio di condutture: il robot si muove autonomamente nella rete di condutture e identificare automaticamente i possibili guasti, confrontando le percezioni sensoriali con il suo modello di regolarità dell'ambiente. In realtà, il robot presentato nel caso di studio 9 non è in grado di ispezionare le condutture, ma si muove attraverso i corridoi di un palazzo adibito a ufficio e riconosce le caratteristiche inusuali presenti in quell'ambiente. Tuttavia, nonostante il robot sia impiegato per l'esplorazione di un ufficio, vi è una stretta analogia tra il movimento attraverso una rete di corridoi e il movimento attraverso una rete sotterranea di condutture.

Meccanismo per il riconoscimento delle novità

Come nella maggior parte delle applicazioni della robotica mobile, è necessario disporre di un meccanismo per astrarre e classificare le percezioni sensoriali, in modo tale da gestire i disturbi sensoriali o le piccole variazioni percettive che si verificano nel tempo. In questo caso di studio, una mappa auto-organizzante (SOFM) è stata adoperata per classificare le letture sensoriali del sonar del robot.

Esplorando un ambiente "normale", il robot crea un modello di normalità attraverso l'addestramento della rete SOFM. I segnali sensoriali percepiti durante la fase successiva di ispezione possono essere confrontati con le percezioni normali modellate all'interno della rete, e classificate conseguentemente come "normali" o "nuove". Il problema è: "con quale meccanismo può essere ottenuta questa differenziazione?".

Nel paragrafo 6.2.3 abbiamo introdotto metodi basati su soglie per differenziare gli stimoli "normali" da quelli "nuovi". Tuttavia, per un'operatività autonoma è desiderabile che un robot sia indipendente da soglie predeterminate. Perciò introduciamo il concetto di *abitudine* (*habituation*) in modo da differenziare le caratteristiche "normali" da quelle "nuove".

L'abitudine – cioè la riduzione nella risposta comportamentale quando uno stimolo è percepito ripetutamente – è considerata un meccanismo fondamentale dell'adattamento comportamentale. Tale meccanismo è presente negli esseri umani ([O'Keefe & Nadel 78]) e negli animali, come la lumaca marina *Aplysia* ([Bailey & Chen 83] e [Greenberg e al. 87]), i rospi ([Ewert & Kehl 78] e [Wang & Arbib 92]) e i gatti ([Thompson 86]). A differenza delle forme di decremento della risposta comportamentale, come l'*affaticamento* (*fatigue*), un cambiamento nella natura dello stimolo riporta la risposta comportamentale ai suoi livelli iniziali di attivazione, un processo noto come *disabitudine* (*dishabituation*). In aggiunta, se un particolare stimolo non si presenta per un determinato arco di tempo, la risposta sensoriale viene ricostituita (una forma di dimenticanza). Diversi ricercatori hanno prodotto modelli matematici per gli effetti dell'abitudine sull'efficacia di una sinapsi. Questi modelli sono riportati in diversi lavori ([Groves & Thompson 70], [Stanley 76] e [Wang & Hsu 90]). I modelli sono simili, tranne per il fatto che il modello di Wang e Hsu – a dif-

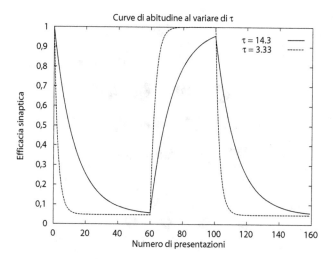

Figura 6.1 Un esempio di come l'efficacia sinaptica decada nel momento in cui subentra l'abitudine. In entrambe le curve è presente uno stimolo costante $S(t) = 1$, che causa il calo dell'efficacia. Lo stimolo viene ridotto al valore $S(t) = 0$ al tempo $t = 60$, nel punto in cui il grafico cresce nuovamente, e diventa nuovamente pari a $S(t) = 1$ al tempo $t = 100$, causando in tal modo una nuova caduta. Le due curve illustrano gli effetti ottenuti con la variazione di τ nell'equazione 6.1. Come si può notare, un grande valore di τ comporta una maggior rapidità sia nell'apprendimento sia nella perdita di memoria. Le altre variabili sono identiche per entrambe le curve, $\alpha = 1,05$ e $y_0 = 1,0$.

ferenza degli altri – consente una memorizzazione a lungo termine. Una memoria a lungo termine comporta che un animale si abitui più velocemente a uno stimolo al quale era stato sottoposto in precedenza. Il modello utilizzato nel caso di studio 9 è quello di Stanley. In questo caso l'efficacia sinaptica $y(t)$ è decrementata in funzione del numero di volte in cui si manifesta uno stimolo, in accordo con l'equazione

$$\tau \frac{dy(t)}{dt} = \alpha \left[y_0 - y(t) \right] - S(t) \qquad (6.1)$$

dove τ è il parametro relativo alla velocità di abitudine e di dimenticanza, $S(t)$ è lo stimolo presente al tempo t, e α è un fattore di scala. La figura 6.1 mostra come l'efficacia sinaptica cambi con l'aumentare del numero di presentazioni di uno stimolo. Abbiamo tutte le componenti per la creazione di un riconoscitore delle novità basato su mappe auto-organizzanti: una rete SOFM classifica i segnali sensoriali di ingresso durante la fase iniziale di esplorazione. Nella successiva fase di ispezione, tutti i nodi della rete SOFM sono collegati a un singolo neurone di uscita, attraverso sinapsi basate sull'abitudine. L'eccitazione totale ricevuta dal neurone di uscita fornisce un'indicazione di quanto frequentemente uno stimolo particolare sia stato incontrato precedentemente. La figura 6.2 mostra il riconoscitore completo.

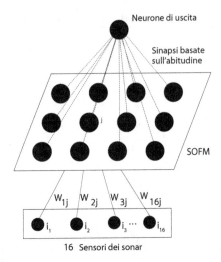

Figura 6.2 La mappa auto-organizzante basata sull'abitudine (HSOM) utilizzata per il caso di studio 9. Il livello di ingresso connette il neurone vincente (ovvero, il più simile all'ingresso) al livello di raggruppamento che rappresenta lo spazio delle caratteristiche, inviando la sua uscita mediante una sinapsi basata sull'abitudine, in modo tale che l'uscita ricevuta da un neurone diminuisca all'aumentare del numero di volte che il neurone è stato attivato.

Procedura sperimentale

Gli esperimenti sono stati condotti con FortyTwo. Il robot si muove attraverso tre differenti ambienti, *A*, *B* e *C*, mostrati in figura 6.3.

Le bande dei sensori a infrarossi montati nella parte bassa del robot sono state usate per compiere un compito precedentemente appreso di inseguimento del muro, come descritto nel caso di studio 1; i 16 sensori sonar posizionati sulla cima della torretta sono stati usati per consentire la percezione dell'ambiente del robot. L'angolo tra la torretta e la base del robot è stato mantenuto fisso durante il movimento del robot lungo il muro. Il vettore di ingresso per il filtro di novità consiste in 16 sensori sonar; ognuno di questi è normalizzato tra 0 e 1, con una soglia di circa 4 metri. Le letture sensoriali sono state invertite in modo tale che gli ingressi provenienti dalle risposte sensoriali dei sonar ricevuti dagli oggetti più vicini fossero più grandi.

Per ogni esperimento sono state previste numerose prove, ciascuna delle quali con caratteristiche simili. Il robot è stato posizionato in un punto di partenza scelto arbitrariamente nell'ambiente. A partire da questo punto, il robot viaggiava per dieci metri attuando un comportamento di inseguimento del muro, addestrando contemporaneamente la mappa auto-organizzante basata sull'abitudine (HSOM, *Habituation self organizing feature maps*) mediante la percezione degli stimoli sensoriali; il robot quindi si fermava e memorizzava i pesi della rete HSOM. Ogni 10 cm circa, lungo il percorso, i valori delle percezioni dei sonar venivano inviati al filtro delle novità, che produceva un va-

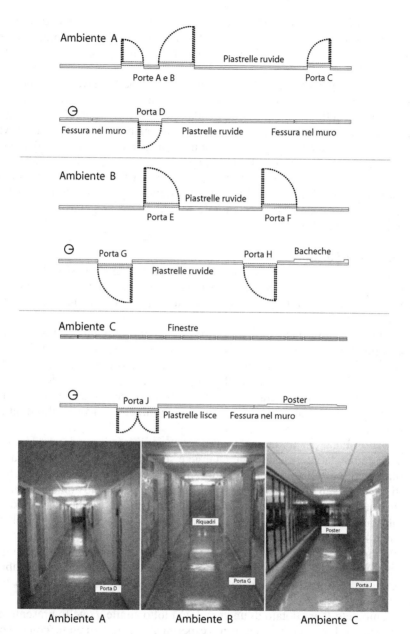

Figura 6.3 Diagrammi dei tre ambienti utilizzati. Il robot è rivolto nella direzione di navigazione adiacente al muro che ha seguito. Gli ambienti A e B sono due sezioni molto simili di un corridoio, mentre l'ambiente C è più vasto e contiene muri costituiti da materiali differenti (vetro e piastrelle invece di blocchi di cemento, come invece accade negli ambienti A e B). Le fotografie illustrano gli ambienti così come essi appaiono dalla posizione iniziale del robot. Le bacheche – visibili nell'ambiente B – sono situate al di sopra dell'altezza dei sensori sonar del robot e, pertanto, non vengono individuate.

lore di novità per quella percezione. Alla fine del percorso veniva utilizzato un controllo manuale per far ritornare il robot all'inizio del corridoio; la stessa procedura veniva ripetuta, iniziando con i pesi appresi durante il precedente percorso.

Dopo ogni percorso di addestramento, il robot effettuava nuovamente lo stesso percorso, senza l'addestramento della rete HOFM, per vedere quanto il riconoscitore delle novità si fosse già adattato agli stimoli percepiti durante il percorso precedente. Dopo una breve fase di addestramento, il filtro iniziava a riconoscere le percezioni simili, e dopo ulteriori percorsi veniva raggiunta una rappresentazione accurata dell'ambiente così che nessuna percezione "normale" venisse classificata come "novità". L'uscita del filtro di novità era quindi soltanto l'attività di riposo del neurone di uscita. A questo punto il robot aveva imparato a riconoscere e a ignorare le percezioni "regolari" (si veda per esempio la figura 6.4 in basso).

Risultati sperimentali

Abbiamo iniziato facendo abituare FortyTwo all'ambiente A (si veda la figura 6.4). Dopo tre percorsi di attraversamento del corridoio, il robot si è abituato a tutti gli stimoli osservati nell'ambiente e l'uscita del neurone mostrava soltanto l'attività di riposo.

Abbiamo allora introdotto un fattore di novità nell'ambiente A, aprendo una porta. Fino a questo momento, il robot non aveva mai incontrato porte aperte. La risposta del filtro delle novità a questa nuova caratteristica dell'ambiente è mostrata in figura 6.5 (nella parte alta, 3,5 m lungo il corridoio). Mentre la risposta a tutte le caratteristiche osservate precedentemente è rimasta a un livello basso, l'apertura della porta ha determinato un livello alto di attività del neurone di uscita.

Se ritorniamo per un momento allo scenario di ispezione di una conduttura, una domanda interessante che emerge è se un robot, addestrato in una particolare sezione della rete di condutture, ignorerebbe la maggior parte degli stimoli "normali" in altre sezioni di conduttura simili, sebbene non abbia mai visitato quelle particolari sezioni. In altre parole, il robot sarebbe capace di generalizzare e quindi di applicare la propria conoscenza astratta agli ambienti che non ha mai visitato precedentemente?

Per rispondere a tale quesito abbiamo condotto una seconda prova. Per questo esperimento (si veda la figura 6.6), il robot è stato addestrato nell'ambiente A (figura 6.4), ma posizionato successivamente nell'ambiente B (mostrato nella figura 6.3).

L'ambiente B era dotato di un corridoio molto simile a quello presente nell'ambiente A. La procedura del primo esperimento è stata ripetuta, con l'esplorazione da parte del robot di una sezione di 10 metri dell'ambiente. Attraverso il confronto delle figure 6.4 e 6.6, può essere osservato che un numero inferiore di novità sono state individuate nel secondo ambiente rispetto al caso di un robot non addestrato precedentemente nell'ambiente A. Si può rilevare che durante il primo esperimento nell'ambiente B l'unico punto in cui l'uscita del neurone assume un valore particolarmente alevato (ciò significa la scoperta di novità) è la prima porta sulla destra del robot (porta G in figura 6.3). Durante l'ispezione dell'ambiente, è stato scoperto che questa porta era in una posizione più profonda rispetto a quella dell'ambiente A. La parte bassa del grafico di figura 6.6 mostra i valori di novità quando il robot è posizionato nell'ambiente B dopo essere stato addestrato in un ambiente completamente differente, molto grande e aperto.

Per l'addestramento in questo ambiente di controllo, il robot è stato guidato in modo da muoversi vicino al muro, ruotare muovendosi verso il centro dell'ambiente e subito dopo ritornare verso il muro. La parte bassa del grafico mostra che molte più novità vengono rilevate quando la rete addestrata in questo ambiente di controllo è stata utilizzata nell'ambiente B, invece che nell'ambiente A. La conclusione del secondo esperimento, quindi, afferma che il robot

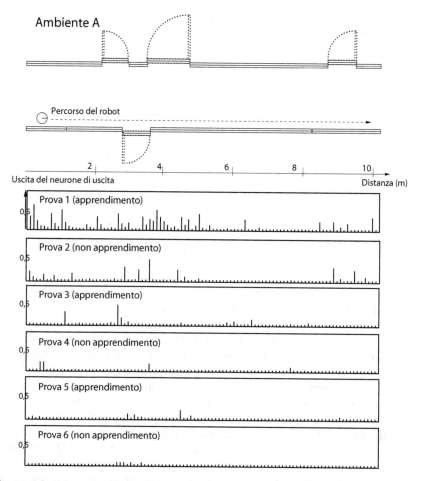

Figura 6.4 Abituarsi agli stimoli normali. Le barre verticali illustrano l'uscita del neurone del filtro di novità quando il robot si muove ripetutamente all'interno dell'ambiente A nel caso in cui esso apprenda e nel caso in cui non apprenda.

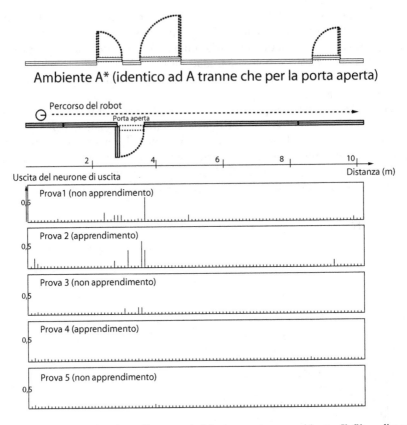

Figura 6.5 L'individuazione di caratteristiche nuove in un ambiente. Il filtro di novità percettive essendosi abituato all'ambiente illustrato in figura 6.4, mostra una intensa attività quando il robot passa vicino a una caratteristica nuova (la porta aperta).

è certamente in grado di applicare la conoscenza acquisita in un ambiente per la ricerca delle novità in un altro ambiente simile.

Un filtro delle novità come quello descritto in questo caso di studio può essere utilizzato anche per quantificare le similarità tra gli ambienti. Nella figura 6.6 abbiamo osservato che l'ambiente *A* è molto più simile all'ambiente *B* che all'ambiente grande e aperto utilizzato per gli esperimenti di controllo. Per investigare ulteriormente questa proprietà del filtro delle novità, abbiamo posizionato il robot FortyTwo nell'ambiente *C*, dopo averlo addestrato nell'ambiente *A* (si veda la figura 6.3). I risultati sono mostrati in figura 6.7.

Nell'ambiente *C* vengono rilevate molte più novità rispetto a quelle scoperte nell'ambiente *B*, quando viene esplorato dal robot per primo. Questa modalità operativa era prevedibile, poiché l'ambiente è significativamente differente, essendo più ampio e avendo muri realizzati con materiali differenti (si vedano le immagini fotografiche in basso nella figura 6.3). Specialmente la porta di ingresso – particolarmente profonda rispetto agli altri elementi dell'am-

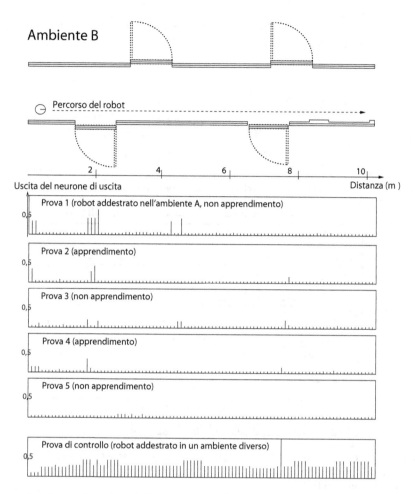

Figura 6.6 Generalizzazione della conoscenza: dopo essere stato addestrato nell'ambiente A, il robot è stato posizionato nell'ambiente B. In maniera analoga alla figura 6.4, il diagramma mostra l'uscita del filtro di novità percettive in risposta alle percezioni del robot. Il controllo nella parte bassa della figura mostra la risposta agli ambienti dopo un precedente addestramento in un altro ambiente completamente differente, aperto e più vasto.

biente – causa un valore alto in uscita dal filtro delle novità, come si verifica alla fine dell'ambiente *C* a causa dei poster attaccati al muro del corridoio.

Di nuovo, la prova di controllo effettuata mostra che il filtro delle novità riconosce molte più similarità tra gli ambienti *C* e *A*, contenenti entrambi un corridoio, che tra l'ambiente *C* e l'area aperta, all'interno della quale il filtro di controllo è stato addestrato.

In conclusione, il terzo esperimento ha dimostrato come la somiglianza tra gli ambienti possa essere stabilita attraverso il procedimento di ricerca delle novità. Questa caratteristica può essere utilizzata, per esempio, nella naviga-

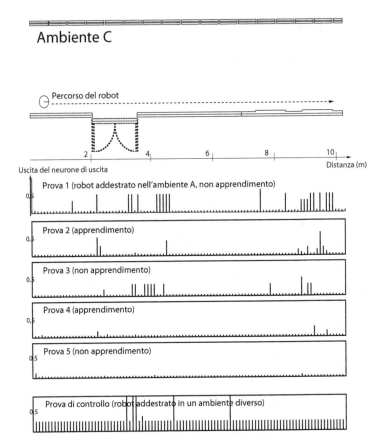

Figura 6.7 Quantificazione delle similarità tra gli ambienti A e C. Dopo essere stato addestrato nell'ambiente A, il robot è stato posizionato all'interno dell'ambiente C. Si effettui il confronto con la figura 6.6.

zione, quando il robot deve essere in grado di compiere delle distinzioni tra l'ambiente familiare e quello non familiare e deve selezionare di conseguenza la propria strategia di navigazione.

6.4 Conclusioni

6.4.1 Perché rilevare le novità?

La rilevazione delle novità è un ambito di ricerca importante per la robotica mobile per diverse ragioni. Le limitate risorse computazionali di un robot autonomo mobile possono essere sfruttate in maniera più efficace se utilizzate per i compiti più importanti, spesso caratterizzati da stimoli nuovi. Allo stesso modo, la capacità operativa di un robot è maggiore se è in grado di focalizzare la propria attenzione sugli stimoli nuovi. Queste sono le ragioni tecniche alla base della scelta di un rilevatore delle novità. In secondo luogo, un alto numero di applicazioni industriali potrebbe beneficiare della capacità di un robot di scoprire novità. In particolare, compiti come il monitoraggio, la sorveglianza o l'ispezione richiedono la capacità di distinguere le percezioni sensoriali "interessanti" da quelle non "interessanti". Infine, vi sono ragioni scientifiche che spiegano perché la rilevazione delle novità rappresenti un importante ambito di ricerca. Molti esseri viventi possiedono la capacità di riconoscere le novità; verificare nuove ipotesi su come tale capacità possa essere conseguita da un robot mobile costituisce un terreno di approfondimento della ricerca in questo ambito.

6.4.2 Le scoperte nel caso di studio 9

Il caso di studio 9 presenta il robot FortyTwo alle prese con un compito di ispezione. Il compito del robot consisteva nell'esplorare un ambiente, nell'abituarsi agli stimoli comuni e nel rilevare gli stimoli nuovi.

Il robot era in grado di fare ciò usando un processo di apprendimento online veloce e non supervisionato, che usava definizioni non *a priori* del concetto di *novità*. Il robot *ha appreso* un modello di rappresentazione delle regolarità, si è abituato agli stimoli normali ed è stato quindi in grado di riconoscere stimoli che non erano stati osservati in precedenza. Il caso di studio 9 mostra anche che il robot era capace di generalizzare, applicando la conoscenza acquisita in un ambiente a un ambiente simile ma con caratteristiche diverse ed evidenziando le differenze tra i due ambienti. In conclusione, abbiamo mostrato che il filtro delle novità può essere adoperato per quantificare le similarità tra ambienti differenti.

6.4.3 Sviluppi futuri

Sono plausibili diverse estensioni per il meccanismo mostrato nel caso di studio 9, molte delle quali potrebbero costituire interessanti progetti di ricerca.

Il processo di abitudine e dimenticanza, regolato dall'equazione 6.1, potrebbe essere controllato manualmente. In un compito d'ispezione supervisionato, il robot dovrebbe per primo allertare un operatore umano per ogni percezione sensoriale. L'operatore, a seconda che desideri classificare i segnali come "normali" o "nuovi", potrebbe inizializzare il processo. Questo potrebbe essere il risultato di un robot per ispezione, il quale allerterà l'operatore soltanto quando si verificheranno specifici segnali sensoriali. Se un insieme ampio di differenti stimoli sensoriali è stato memorizzato, la mappa auto-organizzante potrebbe eventualmente saturarsi. Per superare questo problema, sono state adoperate reti *in grado di crescere*, come le reti crescenti a gas neurale (cap. 5, p. 109) (*growing neural gas networks*, [Fritzke 95]) o reti che crescono quando è richiesto (GWR, *grow when required*, [Marsland 01]). Le modalità sensoriali usate nel caso di studio 9 (sensori sonar) costringono il robot a riconoscere solo le caratteristiche nuove percepibili attraverso i sensori sonar.

Chiaramente, molti compiti d'ispezione richiedono l'analisi di segnali differenti, come quelli visuali, acustici oppure olfattivi. L'adattamento del filtro delle novità adoperato per FortyTwo per questi compiti è un'interessante estensione al lavoro presentato. Infine, esattamente come nell'acquisizione di competenze sensomotorie o di navigazione, il problema delle ambiguità percettive è un inconveniente nel riconoscimento delle novità. Il caso di studio 7 ha dimostrato come l'uso di sequenze temporali possa ridimensionare il problema. Allo stesso modo, l'applicazione di un ragionamento temporale per il riconoscimento delle novità è un'estensione interessante al caso di studio 9.

6.5 Letture di approfondimento

Caso di studio 9
S. Marsland, U. Nehmzow, J. Shapiro, Detecting novel features of an environment using habituation. *Proc. Simulation of Adaptive Behavior: from Animals to Animats*. MIT Press, 2000.
S. Marsland, *On-line novelty detection through self-organisation with application to inspection robotics*, PhD Thesis. Department of Computer Science, University of Manchester, 2001.

7

La simulazione: modellazione dell'interazione robot-ambiente

Questo capitolo si occupa della relazione tra l'interazione di un robot reale con il proprio ambiente e il modello digitale (una simulazione) di tale interazione. Un caso di studio presenta un metodo per ottenere simulazioni, con un alto grado di fedeltà, di un robot specifico che interagisce con un determinato ambiente.

7.1 Motivazioni

Condurre esperimenti con robot mobili può richiedere parecchio tempo, costi elevati e difficoltà. A causa della complessità dell'interazione robot-ambiente, gli esperimenti devono essere ripetuti molte volte per ottenere risultati statisticamente significativi. Essendo dispositivi meccanici ed elettronici, i robot ottengono risultati identici in ogni esperimento; il loro comportamento, talvolta, cambia drasticamente al variare di alcuni parametri. Alder, per esempio, ha la fastidiosa caratteristica di girare leggermente a sinistra quando dovrebbe andare dritto, al contrario, quando la carica della batteria diminuisce, il robot comincia a curvare a destra. Questi comportamenti relativi ai problemi legati all'hardware rendono la simulazione un'alternativa attraente.

Se fosse possibile catturare le componenti essenziali che regolano l'interazione robot-ambiente in un modello matematico, le previsioni riguardo al risultato degli esperimenti sarebbero ottenute usando un computer invece di un robot. Il computer è più veloce, meno costoso, e ha il vantaggio aggiuntivo che le simulazioni possono essere ripetute con parametri definiti in maniera precisa. Questo procedimento permette all'utente di valutare l'influenza dei singoli parametri per ogni prestazione. Ciò non può essere realizzato usando robot reali, poiché non vi sono due situazioni realmente identiche nel mondo reale.

Lo scopo delle simulazioni al computer è:

"Costruire un modello soggetto a manipolazioni che potrebbero essere impossibili, troppo costose o impraticabili da eseguire sull'entità che esso rappresenta. Il funzionamento del modello può essere studiato e, da questo, può essere dedotto il comportamento del sistema effettivo o dei suoi sottosistemi."
[Shubik, 60]

La simulazione presenta molti altri vantaggi, oltre a quello della velocità, della semplicità e del basso costo. A condizione che possa essere trovato un modello fedele, la simulazione è un mezzo per fare predizioni riguardo a sistemi troppo complessi da analizzare (per esempio le economie nazionali), o a sistemi per i quali non si disponga ancora di dati sui quali basare un'analisi rigorosa (per esempio l'esplorazione dello spazio prima ancora che l'uomo vi sia arrivato). La simulazione permette la modifica controllata dei parametri, e tale modifica può a volte condurre a una migliore comprensione del modello. Le simulazioni possono essere utilizzate per istruire e addestrare il personale. Gli scenari del tipo "che cosa succede se" possono essere analizzati usando i modelli, e la simulazione può dare indicazioni su come scomporre un sistema complesso in sottosistemi.

7.2 Fondamenti della simulazione tramite computer

L'idea fondamentale della simulazione è che un *modello* sia definito da un *sistema*. Un sistema potrebbe essere l'economia di una nazione, una fabbrica o un robot mobile che consegna la posta nel Dipartimento di informatica dell'Università di Manchester. Le *variabili di ingresso* e le *variabili di uscita* del sistema – che potrebbero, per esempio, essere materiale grezzo in entrata in una fabbrica e prodotti finiti in uscita – sono rappresentati dalle *variabili esogene*, che rappresentano le variabili esterne al modello, mentre gli elementi del modello sono rappresentati dalle *variabili endogene*, interne al modello.

Il modello stesso è costruito in modo che esso descriva solo quegli aspetti rilevanti per la domanda posta dall'utente. L'utilizzo di un modello nella robotica mobile presenta diverse difficoltà, in quanto le regole che governano le interazioni tra il robot e l'ambiente non sono ben conosciute. Esiste sempre un grosso rischio: che il modello trascuri qualche aspetto importante o ne includa qualcuno irrilevante.

7.2.1 I modelli

La prima distinzione che deve essere fatta è quella tra i *modelli casuali,* o *stocastici,* e i *modelli deterministici*. Un modello casuale approssima il sistema usando processi basati su pseudo numeri casuali. Un esempio potrebbe essere il modello del flusso di traffico lungo un'autostrada, nel quale il numero di vetture e la loro velocità sono scelti a caso. Un modello deterministico, d'altra parte, usa relazioni deterministiche (definite matematicamente) tra le variabili di ingresso e quelle di uscita. Un esempio potrebbe essere un modello dell'urto di una palla di gomma, il quale usa le leggi di conservazione dell'energia e di moto per predire il comportamento della palla.

È quindi possibile porre la distinzione tra le *soluzioni analitiche* e le *soluzioni numeriche* del modello. Le prime sono istanziazioni del modello trattabili matematicamente, usando il calcolo differenziale e il calcolo integrale, mentre le seconde usano metodi di approssimazione numerica, come l'integrale numerico o l'algoritmo di Newton per trovare la radice di una funzione.

Infine è stata fatta una distinzione tra il *metodo Monte Carlo*, che usa un generatore di numeri casuali senza tener conto della dimensione temporale, e le simulazioni, che tengono in considerazione il tempo. Una simulazione Monte Carlo, pertanto, tiene in considerazione il tempo e usa numeri casuali.

Quasi tutti i modelli usati nelle simulazioni sono *discreti*, piuttosto che *continui*. Questo perché girano su un computer digitale, che lavora con *stati discreti*. In pratica ciò significa che lo stato del sistema (per esempio un robot) che esegue compiti nel mondo reale, in uno spazio temporale continuo, è campionato a intervalli regolari e, quindi, modellato. Questo non rappresenta un problema se la frequenza campionata è il doppio della frequenza più alta necessaria nel sistema fisico. La difficoltà è, comunque, conoscere qual è la frequenza più alta.

7.2.2 Verifica, validazione, conferma e altri problemi

Avendo costruito un modello di un sistema, per esempio quello di un robot mobile nei corridoi dell'Università di Manchester, la domanda è: cosa può essere detto circa la precisione delle predizioni del modello? Se il modello predice una collisione con un muro, per esempio, questa collisione accadrà realmente, o è solo un'ipotesi?

Oreskes, Shrader-Frechette e Belitz ([Oreskes et al. 94]) discutono questo problema prendendo in considerazione la modellazione delle proprietà del suolo e del terreno e le valutazioni della sicurezza per la costruzione di centrali nucleari in particolari luoghi. Se il modello predice che un luogo potrebbe essere "sicuro", quanto lo è in realtà? Essi distinguono tre classificazioni di un modello: *verificato*, *validato* e *confermato*. La verifica, essi dicono, è la dimostrazione della verità di una proposizione, che può essere ottenuta solo per i sistemi chiusi (i sistemi completamente noti). Date due osservazioni del tipo "*p* implica *q*", e "*q*", si conclude che "*p*" è vero, cioè è verificato. Purtroppo i modelli dei sistemi fisici non sono mai chiusi, poiché i sistemi chiusi richiedono parametri di ingresso completamente noti.

La letteratura sulla simulazione (si veda, a questo proposito, il lavoro di [Kleijnen & Groenendaal 92]) si riferisce spesso alla verifica come semplice dimostrazione che non siano stati fatti errori nella programmazione quando il modello è stato realizzato. Questi impieghi differenti della parola possono creare confusione.

La validazione è descritta come "costituzione della legittimità" da [Oreskes et al. 94]), attraverso la presentazione di un modello che non contiene alcun errore percepibile ed è interamente consistente. Il termine può dunque essere applicato al codice generico del computer, ma non necessariamente ai modelli effettivi. Che il modello sia valido oppure no, dipende dalla qualità e quantità dei parametri d'ingresso. Contrariamente agli altri ricercatori del settore, Oreskes e collaboratori stabiliscono che *verifica* e *validazione* non sono sinonimi.

Infine un modello – come una teoria o una legge generale – può essere *confermato* dalle osservazioni, se queste confermano le predizioni formulate dalla teoria. Ma le osservazioni di conferma non permettono comunque di dedurre la veridicità o la validità del modello.

> *"Se un modello fallisce nella riproduzione dei dati osservati, allora ne possiamo dedurre che il modello è in qualche modo non corretto, in caso contrario, tuttavia, non si può affermare con certezza che sia effettivamente valido."*
> ([Oreskes et al. 94])

Sfortunatamente, in merito alla modellazione dell'interazione tra robot e ambiente, ciò significa che il meglio a cui possiamo aspirare è un modello confermato, cioè un modello le cui (preferibilmente numerose) predizioni siano state confermate da molteplici osservazioni. Non possiamo stabilire che le predizioni del modello rappresentino effettivamente la realtà. Sebbene vi siano buone ragioni per ricorrere alla simulazione (vedi p. 178), ve ne sono altrettante per non farne uso. In alcune circostanze ottenere un modello accurato può richiedere molto più impegno che far girare un robot reale; e far girare un robot fornirà risposte "vere", al contrario di una simulazione.

Vi è anche il rischio di simulare qualcosa che non rappresenta un problema nel mondo reale. Per esempio, la situazione nella quale due robot si incontrino a un incrocio, nello stesso momento e sulla rotta di collisione, è un comune problema nella simulazione, ma non nel mondo reale, nel quale quasi sempre uno dei robot raggiungerà l'incrocio per primo, ed esigerà la precedenza. Una tale *situazione di stallo* (*deadlock*) capita di fatto solo nella simulazione.

Un secondo esempio mostra come le simulazioni possano rendere la vita più dura. Un robot reale, che si muove nel mondo reale, potrà spostare occasionalmente gli oggetti che circumnaviga: l'ambiente cambia attraverso l'interazione con il robot; per esempio gli angoli diventano più "*smussati*". Nella simulazione questo non succede. Un robot simulato rimarrà bloccato nell'angolo, mentre uno reale potrebbe spostare l'ostacolo.

Il rischio più grande è che le "simulazioni sono destinate ad avere successo"(Takeo Kanade). Molto spesso, il progettista di un sistema di simulazione è anche colui che lo utilizza per progettare i programmi del robot; se, durante la fase di progettazione del modello, ha fatto qualche erronea assunzione, vi sono buone probabilità che la impieghi al momento dell'utilizzo. L'errore non sarà scoperto, data la mancanza di una conferma indipendente.

7.2.3 Esempio: il simulatore del robot Nomad

FortyTwo ha un modello numerico, che utilizza per definire alcuni dei parametri che governano le percezioni dei sensori del robot e le azioni ([Nomad 93]).

Tabella 7.1 Parametri di simulazione per i modelli sonar e infrarosso di ForthyTwo

[sonar]		
firing_rate	= 1	; 0,004 sec
firing_order	= 1 2 3 4 5 6 7 8 9 10 11 12 13 14 15 16	
dist_min	= 60	; minimum detectable distance is 6,0 in
dist_max	= 2250	; maximum detectable distance is 255,0 in
halfcone	= 125	; sonar cone opening is 25 deg
critical	= 600	; specular reflections start at 60,0 deg incident angle
overlap	= 0,2	; 20% (a segment is visible if greater than 0,2x25 deg)
error	= 0,2	; returned range readings are between 80% and 120% of true value
[infrared]		
calibration	= 0 20 40 60 80 100 120 140 160 180 200 220 240 260 280 300 320	
	; dist. values in inches corresponding to the 15 range bins	
firing_order	= 1 1 1 1 1 1 1 1 1 1 1 1 1 1 1 1	
dependency	= 0	; 0% (no evening out of readings over time)
halfcone	= 100	; 10,0 deg simulated beam width
incident	= 0,05	; error factor for oblique incident angles
error	= 0,1	; returned range readings are between 90% and 110% of true distance

La tabella 7.1 mostra i parametri che determinano le percezioni ottenute dal sonar simulato e dai sensori infrarossi del modello.

I parametri mostrati in questa tabella indicano quali proprietà fisiche dei sensori sono state modellate e i loro valori correnti. Per esempio, nel modello è stato assunto che il raggio di apertura del sonar sia un segmento circolare di 25°. L'effettivo raggio di azione di un sensore sonar è mostrato in figura 3.2 e non è un segmento circolare, bensì una figura più complessa con un lobo principale e uno laterale.

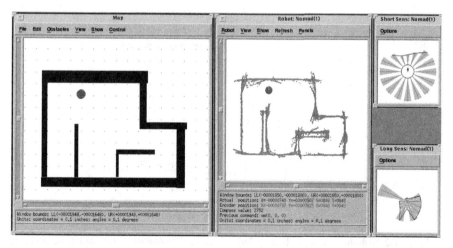

Figura 7.1 L'ambiente di simulazione del robot FortyTwo. L'ambiente simulato è mostrato a sinistra, la percezione dell'ambiente da parte del robot al centro (la simulazione delle letture dei sensori sonar e a infrarossi). La finestra piccola posta sulla destra in alto mostra i segnali correnti del sensore a infrarossi e quella sulla destra in basso i segnali correnti del sensore sonar. (Riprodotta con il permesso della Nomadic Technologies Inc.)

Il modello di FortyTwo attua delle assunzioni semplificate; per esempio, che l'angolo di incidenza oltre il quale si verificano riflessioni speculari sia costante. Ciò equivale all'assunzione, non utilizzabile nella realtà, che tutti gli oggetti nell'ambiente simulato abbiano la stessa tessitura superficiale. L'ambiente di simulazione di FortyTwo è mostrato in figura 7.1.

Assunzioni semplificate possono condurre a errori clamorosi. La figura 7.2 mostra le letture sonar di un sensore di FortyTwo, mentre sta percorrendo un corridoio; sono illustrate anche le letture predette dal modello.

Quando il robot attraversa un porta con una superficie levigata (come accade nell'esempio 20), le riflessioni speculari creano una raggio di lettura sbagliato, che il modello non è capace di predire, poiché assume che tutti gli oggetti presenti all'interno dell'ambiente simulato possiedano superfici di struttura uniforme.

Il punto di forza dei modelli numerici prima discussi è che forniscono una descrizione generalizzata e astratta dell'interazione tra robot e ambiente. Così le descrizioni sono concise e relativamente semplici da analizzare.

Il punto debole di questi modelli, d'altra parte, è che non descrivono molto fedelmente l'interazione tra il robot e l'ambiente. Si basano su assunzioni semplificate – come la struttura e il colore uniforme delle superfici e degli oggetti dell'ambiente – che conducono a volte a drastici errori (come mostrato nell'esempio precedente). Modelli numerici standard sono utili come "prima ipotesi", ma non possono produrre predizioni accurate circa il comportamento di un robot specifico, intento a eseguire un compito specifico in uno specifico ambiente. Il paragrafo seguente descriverà come una simulazione più fedele possa essere ottenuta in una situazione del genere.

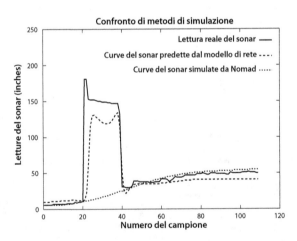

Figura 7.2 Simulazione delle letture delle distanze del sensore sonar durante le operazioni di inseguimento del muro. L'improvviso aumento in corrispondenza del campione numero 20 ("lettura reale del sonar") è dovuto alla riflessione speculare di una porta di legno. Il modello del robot FortyTwo (il "simulatore nomad") non riesce a predire tale fatto, poiché il modello stesso suppone che sia presente una struttura di superficie uniforme all'interno dell'intero ambiente.

7.3 Le alternative ai modelli numerici

Il robot, il compito e l'ambiente devono essere considerati come un'unica entità. Lo stesso robot, che esegue lo stesso compito in un ambiente differente, si comporterà in modo diverso. Lo stesso accade per un robot differente, che esegue lo stesso compito nello stesso ambiente. La conseguenza di questa considerazione è che se vogliamo simulare il più fedelmente possibile, dobbiamo simulare l'interazione di un robot specifico con un ambiente specifico.

7.3.1 Esempio: inseguimento di un muro nel mondo reale

Analizziamo quindi un esperimento durante il quale uno specifico robot esegue uno specifico compito in uno specifico ambiente: FortyTwo, segue i muri nel laboratorio di robotica a Manchester. La figura 7.3 mostra le traiettorie effettive compiute da FortyTwo e la sua simulazione.

In un modello di robot, vi sono due possibili fonti di errori che potrebbero portare alle discrepanze osservate tra il comportamento del robot reale e quello della sua simulazione: il modello dei sensori del robot e il modello degli attuatori del robot. Un modo per scoprire quale sia la fonte principale di errore potrebbe essere fornire al simulatore le letture di sensori reali e far girare il robot reale con le letture dei sensori simulati. Se le discrepanze persistono, allora è il modello degli attuatori che introduce l'errore. La figura 7.4 mostra che, in entrambi i casi, le traiettorie del robot simulato e di quello reale coincidono.

Da questa osservazione si può concludere che è il modello "dei sensori" a introdurre l'errore più grande. Di conseguenza, ci concentreremo in un primo momento su un modello sensoriale fedele e utilizzeremo un semplice e generale modello degli attuatori del robot.

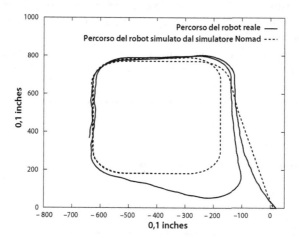

Figura 7.3 Le traiettorie seguite dal robot FortyTwo e dalla sua simulazione sono state controllate dallo stesso programma di inseguimento del muro. Il muro nella parte bassa ha una superficie più omogenea rispetto agli altri tre muri, il che comporta una discrepanza tra la traiettoria seguita dal robot simulato e quella seguita dal robot reale.

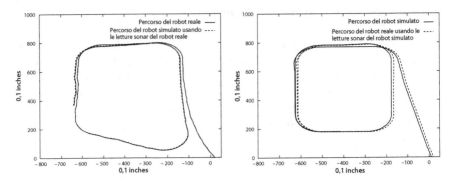

Figura 7.4 La traiettoria seguita dal robot simulato assomiglia a quella del robot reale se al controllore del robot simulato vengono forniti i dati delle letture del sonar ottenute dal robot reale (a sinistra). Analogamente, le traiettorie del robot reale e di quello simulato diventano molto simili se al controllore del robot reale vengono forniti i dati ottenuti dal sonar simulato (a destra).

L'idea fondamentale dietro alla modellazione fedele dei sensori è descritta in figura 7.5: non appena un sensore (per esempio un sensore sonar) fornisce differenti letture in differenti posizioni, il modello associa la posizione con la lettura sensoriale, basandosi sull'esplorazione dell'ambiente e l'acquisizione del modello durante l'esplorazione.

È praticamente impossibile per il robot visitare ogni posizione dell'ambiente in cui si muove. Se ciò fosse possibile, e se fosse disponibile una quantità illimitata di memoria, si potrebbe semplicemente immagazzinare la percezione sensoriale di ogni singola locazione in una tabella di ricerca.

Poiché questo procedimento non può essere realizzato, il modello ha bisogno di incorporare un elemento di generalizzazione per predire le letture dei sensori in posizioni che non sono state mai visitate prima.

Il caso di studio 10, presentato nel prossimo paragrafo, mostrerà in maniera approfondita come ciò possa essere ottenuto.

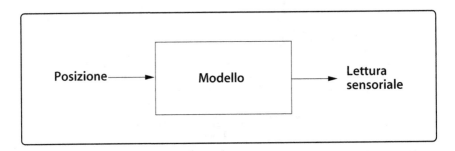

Figura 7.5 Il principio fondamentale della modellazione dell'interazione tra uno specifico robot con uno specifico ambiente: il robot esplora l'ambiente, e apprende un modello che associa le locazioni fisiche alle percezioni sensoriali.

7.4 Simulazione dell'interazione tra robot e ambiente

7.4.1 Caso di studio 10 *FortyTwo: il modello di apprendimento autonomo*

Il decimo caso di studio presenta un meccanismo che riesce ad apprendere la corrispondenza tra posizioni e percezioni attraverso l'esplorazione. Tale meccanismo è in grado di prevedere le letture sensoriali per posizioni che non sono state mai visitate prima; a tale scopo, viene utilizzato un percettrone multistrato. La struttura della rete a due livelli è mostrata in figura 7.6. Si tratta di un percettrone multi-strato che associa la posizione corrente del robot in coordinate (x, y) con l'insieme delle letture del sensore sonar da modellare. Sono state usate sedici reti, una per ogni sensore sonar di FortyTwo.

7.4.2 Procedura sperimentale

Per ottenere i dati di addestramento, FortyTwo è stato mosso attraverso una zona obiettivo in maniera metodica e regolare, ottenendo a intervalli regolari valori delle letture del sensore sonar. La posizione (x, y), ottenuta dall'odometria del robot, e la lettura del sensore sono state immagazzinate per un succes-

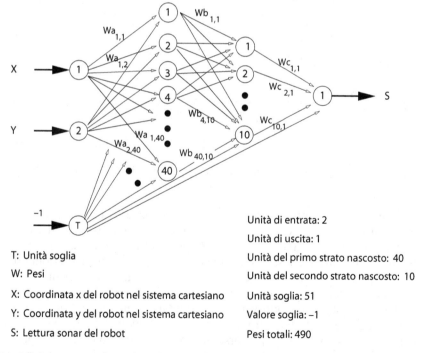

Unità di entrata: 2
Unità di uscita: 1

T: Unità soglia   Unità del primo strato nascosto: 40
W: Pesi   Unità del secondo strato nascosto: 10
X: Coordinata x del robot nel sistema cartesiano   Unità soglia: 51
Y: Coordinata y del robot nel sistema cartesiano   Valore soglia: −1
S: Lettura sonar del robot   Pesi totali: 490

Figura 7.6 Il percettrone multi-strato utilizzato per simulare un sensore sonar del robot FortyTwo.

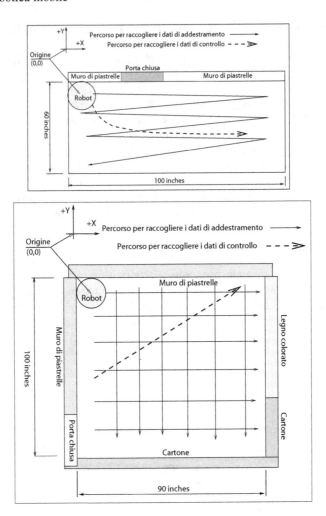

Figura 7.7 Configurazione sperimentale per acquisire dati in due differenti ambienti.

sivo addestramento off-line della rete. Per minimizzare l'errore dovuto alla deriva dell'odometria, i codificatori delle ruote del robot sono stati frequentemente calibrati e il percorso del robot è stato scelto in modo da risultare retto, piuttosto che curvo, consentendo così di limitare gli errori dell'odometria. La figura 7.7, mostra queste due condizioni sperimentali, che indicano i percorsi che il robot ha compiuto per acquisire i dati di addestramento.

Il robot è stato condotto verso un differente e più *"interessante"* percorso per raccogliere i dati di controllo. Come si può vedere dalla figura 7.7, il percorso di addestramento e il percorso di controllo coincidono solo per pochissimi punti. Se il modello acquisito ha un qualche potere esplicativo *generale* circa l'interazione di FortyTwo con questi due ambienti, ciò sarà rilevato quando

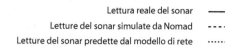

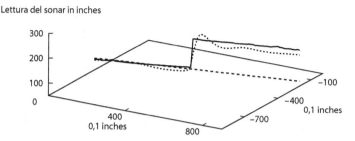

Figura 7.8 La risposta della rete ai dati di test. Il simulatore Nomad non è in grado di predire l'improvviso aumento nella lettura della distanza dovuto alla riflessione speculare, mentre al contrario il simulatore della rete riesce a predire correttamente tale fenomeno.

le predizioni della rete circa le percezioni sensoriali durante il percorso di controllo saranno confrontate con le percezioni sensoriali effettive del robot.

7.4.3 Risultati

Predizione delle percezioni sensoriali
La figura 7.2 mostra queste predizioni rispetto alle letture effettive del sensore durante il percorso di controllo rappresentato in figura 7.7 in alto. Come si può osservare, la rete è capace di predire l'incremento improvviso in un intervallo di letture in corrispondenza del campione numero 20, dovuto a un riflesso speculare di una porta di legno levigata. Il risultato di un modello numerico semplificato (*il simulatore del robot Nomad*) è mostrato per un confronto.
Similmente, la figura 7.8 mostra la predizione delle percezioni sensoriali di un modello addestrato attraverso il percorso di controllo rappresentato in figura 7.7 in basso.
Inoltre, il modello acquisito è capace di predire un improvviso incremento nell'intervallo delle letture sensoriali vicino alla posizione (400,−400).

La predizione del comportamento del robot
Finora, vi è un'indicazione che il modello della rete sia in grado di predire le letture sensoriali del sonar di FortyTwo in un ambiente obiettivo. Ciò è chiaramente utile, ma in realtà siamo interessati alla predizione del *comportamento* del robot in quell'ambiente, mentre esegue un particolare programma di controllo. Si potrebbe, per esempio, utilizzare un programma di controllo cablato a livello hardware – per esempio un programma che utilizzi una struttura di controllo fissa senza apprendimento, per ottenere un comportamento di *"inse-*

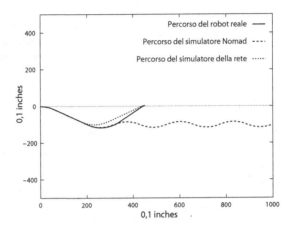

Figura 7.9 Ipotizzando una superficie del muro omogenea, il simulatore Nomad non riesce a predire le collisioni che il robot reale effettuerà, a causa della riflessione speculare. Il simulatore della rete riesce invece a predire correttamente le collisioni.

guimento del muro", ed eseguire quel programma su un robot reale e sul semplice simulatore numerico.

Il risultato è sorprendente. A causa del riflesso speculare della porta nell'ambiente mostrato in figura 7.7 in alto, FortyTwo si scontra effettivamente con la porta, assumendo erroneamente che vi sia più spazio di quello reale (figura 7.9). Poiché il modello numerico semplificato assume una struttura superficiale uniforme per tutto l'ambiente, esso fallisce nel predire la collisione (simulatore del robot Nomad, figura 7.9), mentre il simulatore che utilizza la rete

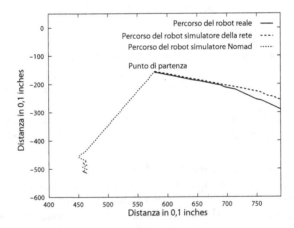

Figura 7.10 Le traiettorie del robot reale e di quello simulato nel programma "trova lo spazio più libero". Il semplice modello numerico predice che il robot si muoverà verso il centro geometrico dell'ambiente, che si trova nella posizione (450, −450). Il simulatore della rete predice invece una traiettoria che è più vicina a quella effettivamente seguita.

neurale vede la porta quando arriva. La figura 7.9 evidenzia che non si tratta necessariamente di piccole differenze tra il comportamento di un robot e la sua simulazione: esistono grandi discrepanze, che portano a un comportamento qualitativamente completamente differente.

Supponiamo ora che venga eseguito un altro semplice programma di controllo cablato a livello hardware, questa volta in un ambiente come quello mostrato in figura 7.7 in basso. Ne risulta un programma "che trova lo spazio libero", che considera tutte le 16 letture del sonar del robot e lo fa quindi muovere di 1 pollice (2,54 centimetri) nella direzione corrispondente alla lettura maggiore. Il robot ripete il processo fino a quando non ha coperto una distanza di 100 pollici (2,54 metri) oppure fino a quando con i suoi sensori a infrarosso ha riconosciuto un ostacolo. Questo è un programma "critico", poiché persino piccole deviazioni porteranno il robot a dirigersi verso un'area diversa dell'ambiente, con il risultato di una traiettoria totalmente differente. I risultati sono mostrati in figura 7.10.

In un ambiente uniforme, ci si potrebbe aspettare che un programma che cerca spazi liberi conduca il robot verso il centro geometrico dell'ambiente, facendo oscillare il robot attorno a quel centro. Questo è precisamente ciò che il semplice simulatore numerico predice. Invece, nella realtà il robot viene spostato effettivamente verso il margine dell'ambiente, come è stato predetto in maniera molto accurata dal simulatore che utilizza la rete neurale.

Predire il comportamento di un controllore con apprendimento

Finora i programmi di controllo che abbiamo usato per predire il comportamento del robot sono stati programmi cablati a livello hardware relativamente semplici. Questi programmi considerano le letture del sonar come ingressi e compiono una specifica azione, definita dall'utente come risposta.

In questi esperimenti il comportamento del robot è dominato da due componenti: la percezione sensoriale del robot e la strategia di controllo utilizzata. Qualche errore di simulazione si ripercuoterà solamente sul robot, quando esso utilizzerà un programma di controllo cablato a livello hardware, per esempio nella percezione. Il programma di controllo è fornito dall'utente ed è fisso, e perciò non soggetto a errori di simulazione.

D'altra parte, se utilizziamo un controllore "con apprendimento", i problemi causati dagli errori di simulazione potrebbero essere aggravati. In questo caso il robot potrebbe apprendere una strategia di controllo basata sulle percezioni sensoriali erronee e, quindi, eseguire una strategia di controllo errata, adottando come ingressi delle letture sensoriali sbagliate. Gli errori di simulazione hanno un doppio impatto in queste situazioni e gli esperimenti tramite controllori con apprendimento potrebbero dunque essere assunti come significativi per misurare la reale precisione del simulatore.

Impostazioni sperimentali

Abbiamo sperimentato un controllore con apprendimento basato su regole di istinto simile a quello descritto nel caso di studio 1 usando un *associatore*. La strategia di controllo, quindi, è stata codificata in termini di pesi della rete del-

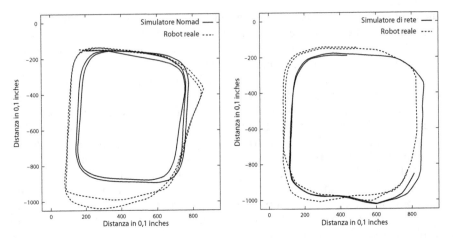

Figura 7.11 A sinistra: il tracciato predetto dal simulatore Nomad e quello percorso dal robot reale utilizzando i pesi generati dal simulatore Nomad. A destra: il tracciato predetto dalla rete è simile a quello reale se vengono utilizzati i pesi generati dal simulatore della rete.

l'associatore. L'obiettivo del processo di apprendimento era acquisire un comportamento "di inseguimento del muro".

L'apprendimento è stato effettuato nella simulazione, nel semplice modello numerico e nel modello basato sulla rete neurale. I pesi delle reti addestrate sono stati immagazzinati in un associatore del robot reale per controllare i movimenti del robot stesso.

La traiettoria del robot reale è stata tracciata, come pure le traiettorie che i rispettivi simulatori avevano predetto. Queste traiettorie sono mostrate in figura 7.11, nella quale si può osservare che il simulatore basato sulla rete neurale funziona meglio del semplice simulatore numerico del robot. Tuttavia, si potrebbe anche osservare che la nostra assunzione di un esperimento più sensibile a causa del doppio impatto di ogni errore sia vera: nel confronto tra le figure 7.9 e 7.10 la traiettoria predetta e quella simulata si inseguono in maniera ravvicinata.

7.4.4 Riassunto e conclusioni

In sintesi, per ogni ricerca robotica solo un esperimento con un robot reale nel suo ambiente obiettivo rivelerà se la strategia di controllo scelta funziona. Comunque, vi sono varie ragioni per ricercare dei modelli più fedeli di interazione tra il robot e l'ambiente:

– basso costo di implementazione;
– alta velocità;
– possibilità di ripetere gli esperimenti sotto condizioni controllate;
– possibilità di alterare i singoli parametri in modo controllato;
– possibilità di ottenere un modello dell'interazione tra il robot e l'ambiente più semplice e più facile da comprendere e da descrivere.

Gli esperimenti mostrano che la maggior parte degli errori nella simulazione dei robot deriva dal simulare i loro sensori, piuttosto che dal simulare i loro attuatori. Il caso di studio 10, che non utilizza modelli predeterminati, mostra un metodo di "acquisizione" dei modelli di una specifica percezione sensoriale di un robot e come il modello acquisito per predire il comportamento del robot sia usato in un ambiente obiettivo.

I risultati dimostrano che una tale modellazione può essere davvero ottenuta e che un modello acquisito predice il comportamento finale del robot molto più accuratamente di un semplice modello numerico. Tuttavia, lo svantaggio dell'approccio assunto nel caso di studio 10 è che si può solo modellare un robot specifico in uno specifico ambiente. Si è argomentato prima che la percezione e l'azione sono strettamente correlate e che il comportamento di un robot dipende sia dal robot stesso sia dall'ambiente in cui esso opera. Fatta questa premessa, l'unico procedimento valido è modellare uno specifico robot in uno specifico ambiente. Per ottenere una simulazione fedele non possiamo evitare tale restrizione.

7.5 Letture di approfondimento

Caso di studio 10
T.M. Lee, U. Nehmzow, R. Hubbold, Mobile robot simulation by means of acquired neural network models. *Proc. European Simulation Multiconference*, pp. 465-469, Manchester, 1998 (disponibile all'indirizzo internet *http:// cswww.essex.ac.uk/staff/udfn/ftp/esm.ps*).

8

L'analisi del comportamento di un robot

Questo capitolo si occupa del concetto di "scienza della robotica mobile" e illustra i metodi per analizzare quantitativamente il comportamento di un robot. Il capitolo si conclude con tre casi di studio sull'analisi quantitativa dei sistemi di navigazione robotica.

8.1 Gli obiettivi

La robotica mobile opera attraverso artefatti, per esempio macchine progettate e costruite per adempiere a specifici compiti.

Un tipico *processo progettuale* si basa sui seguenti passi:
1. costruire un prototipo;
2. analizzare il comportamento;
3. identificare i punti deboli;
4. modificare il progetto originale;
5. ripetere il processo.

La robotica mobile rappresenta una nuova scienza emergente e i robot vengono sempre più utilizzati come strumenti per verificare le ipotesi sul comportamento, sul ragionamento e sull'interazione intelligente con il mondo reale.

Un tipico *processo di ricerca* scientifica prevede i seguenti passi:
1. identificare la domanda a cui rispondere;
2. formulare un'ipotesi riguardo le possibili risposte;
3. identificare dei metodi di verifica delle ipotesi;
4. eseguire degli esperimenti;
5. analizzare i risultati;

6. modificare le ipotesi in base alle interpretazioni dei risultati;

7. ripetere il processo.

Sia il processo di progetto sia il processo di ricerca scientifica hanno una componente estremamente importante in comune: l'*analisi*.

Senza l'analisi dei risultati tutti i progressi nella scienza e nella progettazione dipenderebbero da cambiamenti casuali fortuiti e non sarebbero basati su principi efficaci. I potenti metodi di analisi sono quindi gli strumenti essenziali per l'investigazione scientifica e ingegneristica. Questa è la prima profonda motivazione per lo sviluppo di metodi di analisi delle prestazioni del robot.

Vi è una seconda ragione. Gli scienziati fanno parte di una comunità scientifica. Nelle scienze come la biochimica, per esempio, un risultato viene dato per acquisito dalla comunità scientifica se è stato possibile replicare l'esperimento due o tre volte in maniera indipendente. Una singola pubblicazione relativa a una sperimentazione, nonostante appaia importante, non è considerata un dato scientificamente accertato, ma solo un'ipotesi che necessita di una verifica indipendente.

Affinché si possano ripetere, gli esperimenti devono essere accuratamente riportati, con tutti i parametri sperimentali rilevanti identificati chiaramente, così che qualcun altro possa condurre lo stesso esperimento.

Questa seconda motivazione chiarisce l'importanza dell'analisi quantitativa del comportamento dei robot; il metodo della descrizione è uno strumento che consente una definizione precisa degli esperimenti e, quindi, una riproduzione indipendente degli stessi.

La scienza della robotica mobile è relativamente giovane. La maggior parte dei risultati della ricerca pubblicati sulle riviste di robotica mostrano gli esperimenti "originali", piuttosto che le verifiche con i risultati di altri studiosi. Nella comunità robotica non vi è ancora la cultura di verificare le osservazioni sperimentali indipendentemente, ma diverse ragioni sono alla base di questo approccio atipico rispetto alle altre scienze.

Innanzitutto, i robot di oggi differiscono molto l'uno dall'altro, tanto che una comparazione tra loro è molto difficile. Lo stesso vale per gli ambienti in cui i robot operano. Abbiamo detto prima che l'interazione di un robot con l'ambiente è una relazione compatta e unita, che richiede l'analisi dell'intero sistema robot-ambiente. Un passo in avanti è, di conseguenza, sviluppare modelli di interazione robot-ambiente. Uno di questi modelli è stato illustrato nel capitolo 7.

In secondo luogo manca una terminologia specifica e univoca per esprimere *precisamente* il comportamento dei nostri robot, come pure le caratteristiche dell'ambiente in cui essi operano. L'ambiente "simile a un ufficio", per esempio, è una descrizione qualitativa che non facilita una riproduzione precisa e indipendente degli esperimenti.

Sono dunque due gli aspetti del problema. In primo luogo, la comunità dovrebbe essere d'accordo su ambienti standard molto semplici, compiti e robot, così che possano essere realizzate identiche condizioni ("banchi di prova" o *benchmark*). Questo approccio è attuabile e viene occasionalmente utilizzato, ma presenta molti problemi: gli ambienti tendono a essere così semplificati, che le prestazioni dei robot sono poco rilevanti per il loro comportamento nell'applicazione in uno scenario realistico. Inoltre, le prove tendono a concentrarsi sulle novità delle ricerche, così che un comportamento ottimizzato per uno specifico banco di prova risulta di scarso beneficio se impiegato per altre applicazioni. In secondo luogo, la comunità scientifica deve trovare il modo di sviluppare – e bene – la "terminologia dell'analisi" (per alcuni esempi, si vedano [Smithers 95], [Bicho & Schöner 97] e [Lemon & Nehmzow 98]). Tale processo è lento.

Tuttavia, man mano che crescerà il numero degli scienziati interessati al problema dell'analisi del comportamento dei robot, aumenteranno anche i metodi di valutazione quantitativa del loro comportamento, e questi saranno impiegati per la valutazione dei risultati sperimentali come pure per le repliche indipendenti.

Questo capitolo presenterà, inizialmente, alcuni strumenti matematici per descrivere quantitativamente l'interazione robot-ambiente e si concluderà con 3 casi di studio di valutazione del comportamento del robot. I metodi discussi qui non sono i soli attuabili e non sono per altro utili per tutte le applicazioni di robot mobili. Lo scopo dei casi di studio presentati è fornire degli esempi e degli spunti per ulteriori ricerche.

8.2 Analisi statistica del comportamento di un robot

A causa della complessa interazione tra il robot e l'ambiente, governata da una moltitudine di fattori, molti dei quali sono spesso sconosciuti, due esperimenti con robot non saranno mai uguali. Per fare delle asserzioni quantitative riguardo al comportamento del robot, dobbiamo condurre diversi esperimenti e analizzarne i risultati ricorrendo alla statistica.

Lo scopo dei paragrafi successivi è introdurre alcuni concetti di base di statistica utili alla robotica. Per un'introduzione più dettagliata, si può fare riferimento ai testi di statistica applicata (per esempio, [Sachs 82]).

8.2.1 Distribuzione normale

Errore
Ogni misura è soggetta a un errore, che solitamente risulta *distribuito normalmente* attorno a un valore centrale definito *media*. La densità di probabilità di una distribuzione normale (comunemente conosciuta come distribuzione gaussiana) $p(x)$, rappresentata in figura 8.1, è definita dall'equazione 8.1, nella quale μ rappresenta la media (equazione 8.3) e σ la deviazione standard (equazione 8.4):

$$p(x) = \frac{1}{\sigma\sqrt{2\pi}} e^{\frac{-(x-\mu)^2}{2\sigma^2}} \tag{8.1}$$

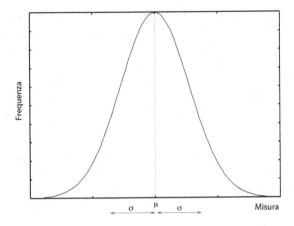

Figura 8.1 Distribuzione normale. I valori sono centrati sulla media μ, con le misure esterne che diventano sempre meno frequenti quanto più lontane sono dalla media. Il 68,3% di tutte le misure è compreso nell'intervallo $\mu \pm \sigma$.

Ogni misura individuale è soggetta a un *errore assoluto* ε, ricavato dall'equazione

$$\varepsilon = a - x \tag{8.2}$$

dove α è il valore misurato e x il valore vero (sconosciuto).

Valore medio e deviazione standard

Quando si effettua una serie di misurazioni di una stessa entità, i valori ottenuti saranno distribuiti normalmente, come mostrato in figura 8.1.

Assumendo questa distribuzione normale degli errori, possiamo determinare il valore atteso della nostra misurazione, ossia la media μ, utilizzando l'equazione

$$\mu = \frac{1}{n} \sum_{i=1}^{n} x_i \tag{8.3}$$

dove x_i rappresenta un singolo valore della serie di valori e n è il numero totale delle misurazioni.

Ora che abbiamo determinato il valore atteso, possiamo anche determinare l'errore medio della misura. Esso descrive la deviazione media della misura dalla media di tutte le misure (equazione 8.3). La deviazione standard σ è definita come

$$\sigma = \sqrt{\frac{1}{n-1} \sum_{i=1}^{n} (x_i - \mu)^2} \tag{8.4}$$

In una distribuzione normale (gaussiana) il 68,3% di tutte le misure cade nell'intervallo $\mu \pm \sigma$; il 95,4% si trova all'interno di $\mu \pm 2\sigma$ e il 99,7% all'interno di $\mu \pm 3\sigma$.

Aumentando il numero delle misurazioni miglioreremo la stima del valore medio μ, ma non della deviazione standard σ, cioè l'errore medio delle misure individuali. Questo perché l'accuratezza della misura individuale non può essere aumentata considerando un numero maggiore di misurazioni.

Esempio
Deve essere misurata la capacità di un robot di inseguire una sorgente luminosa. Il robot è equipaggiato con diversi sensori per il riconoscimento della luce, e utilizza questi sensori per posizionarsi di fronte alla sorgente luminosa nel modo più accurato possibile.

L'esperimento è condotto con le seguenti modalità: la sorgente luminosa si muove verso un punto prefissato e lo sperimentatore attende finché il robot non si ferma. Viene quindi misurata la differenza angolare tra la direzione corretta verso la sorgente luminosa e l'asse orizzontale del robot; dopo aver effettuato tale misura, la sorgente luminosa viene spostata nuovamente.

Si ottengono le seguenti differenze angolari α (nove misure rappresentano un piccolo campione, che è stato scelto qui per semplicità):

misurazione numero:	1	2	3	4	5	6	7	8	9
differenza α:	−0,2	1,1	0,3	−1,4	−0,3	0,6	−0,5	−0,8	−0,9

Qual è la differenza angolare attesa e qual è l'intervallo all'interno del quale ricade il 68,3% delle misure?

Risposta: utilizzando l'equazione 8.3 si determina la media $\mu = -0,23$ e con l'equazione 8.4 si ottiene $\sigma = 0,79$. Ciò significa che il 68,3% di tutte le misure si troverà nell'intervallo $-0,23 \pm 0,79$.

Errore standard
Anche la media (equazione 8.3) è soggetta a errore. Possiamo determinare l'errore medio della media $\bar{\sigma}$ come

$$\bar{\sigma} = \frac{\sigma}{\sqrt{n}} \tag{8.5}$$

Questo *errore standard* $\bar{\sigma}$ è una misura dell'incertezza della media; $\mu \pm \bar{\sigma}$ indica che il valore reale della media si trova all'interno dell'intervallo con una certezza del 68,3%, $\mu \pm 2\bar{\sigma}$ che il valore reale della media si trova all'interno dell'intervallo con una certezza del 95,4% e $\mu \pm 3\bar{\sigma}$ rappresenta l'intervallo di confidenza del 99,7%.

All'aumentare del numero delle misurazioni diminuisce l'errore standard $\bar{\sigma}$; ciò significa che la deviazione della media μ dalla media reale decresce. A ogni modo, poiché l'errore standard è proporzionale all'errore della media delle misure individuali (equazione 8.4) e inversamente proporzionale a $\sqrt{n}$, non è utile aumentare arbitrariamente il numero delle misure per ridurre l'incertezza. Se vogliamo ridurre l'errore di misura, è meglio aumentare la precisione nella misurazione.

Esercizio 4: *Media e deviazione standard*

Un robot è fermo davanti a un ostacolo e ottiene la seguente serie di valori (in cm) dai suoi sensori sonar:

60, 58, 58, 61, 63, 62, 60, 60, 59, 60, 62, 58.

Quali sono la distanza media misurata e la deviazione standard? Indicare l'intervallo in cui si trova la media reale e definire l'affidabilità di questa misurazione. (La risposta può essere trovata nell'appendice, p. 250.)

8.2.2 Distribuzione binomiale

La *distribuzione binomiale* è applicabile ai problemi che rispecchiano la seguente procedura: un esperimento, il cui risultato è l'evento A oppure l'evento *non A* (per esempio dando una risposta corretta o non corretta per la classificazione), è ripetuto n volte. Gli esperimenti sono indipendenti l'uno dall'altro, considerando che il risultato di uno di essi non influenza il risultato dei successivi. La probabilità che si verifichi A è p, la probabilità che non si verifichi è q; ovviamente, $q = 1 - p$. Sia X^n il numero di volte in cui A si verifica in n esperimenti. Ovviamente, X^n sarà un numero compreso tra 0 e n.

La probabilità p_k^n, cioè che in n esperimenti l'evento A si verifichi k volte (con k compreso tra 0 e n) è data dall'equazione

$$p_k^n = p\left(X^n = k\right) = \binom{n}{k} p^k q^{n-k} = \frac{n!}{(n-k)!k!} p^k q^{n-k} \qquad k = 0, 1, \ldots, n \quad (8.6)$$

Esempio

Un robot è stato programmato per attraversare una porta. La probabilità p che il robot sbagli ad attraversare la porta è stata determinata ripetendo gli esperimenti ed è risultata $p = 0,03$. Qual è la probabilità che vi sia un fallimento in 10 esperimenti successivi?

Risposta Utilizzando l'equazione 8.6, possiamo determinare la probabilità come segue:

$$p_1^{10} = \frac{10!}{(10-1)!1!} 0,03^1 (1 - 0,03)^{10-1} = 0,228$$

Media, deviazione standard ed errore standard della distribuzione binomiale

Se il numero n degli esperimenti è sufficientemente grande – caso che si verifica generalmente quando $np > 4$ e $n(1-p) > 4$ – la media μ_b e la deviazione standard σ_b della distribuzione binomiale possono essere determinate rispettivamente mediante le equazioni

$$\mu_b = np \qquad (8.7)$$

$$\sigma_b = \sqrt{npq} = \sqrt{np(1-p)} \qquad (8.8)$$

La media μ_b indica il numero previsto di volte che l'evento A avvenga in n esperimenti. La deviazione standard σ_b indica l'ampiezza della distribuzione.

L'errore standard $\overline{\sigma}_b$ della distribuzione binomiale, cioè l'errore medio della media, è definito similmente all'errore standard della distribuzione normale (equazione 8.5) ed è dato dall'equazione

$$\overline{\sigma}_b = \frac{\sigma_b}{\sqrt{n}} = \frac{\sqrt{np(1-p)}}{\sqrt{n}} = \sqrt{p(1-p)} \qquad (8.9)$$

Esercizio 5: Applicazione al problema della classificazione

Un robot mobile è stato dotato di un algoritmo prefissato per riconoscere le vie d'accesso utilizzando una telecamera. La probabilità che il sistema produca una risposta corretta è la stessa per ogni immagine.

Il sistema è stato sperimentato inizialmente usando 750 immagini: una metà contiene una via d'accesso, mentre la restante metà non ne contiene nessuna. L'algoritmo produce risposte corrette in 620 casi.

In una seconda serie di esperimenti, sono state presentate 20 immagini al robot. Qual è la probabilità che vi siano due errori di classificazione e quanti errori sono attesi nella classificazione di queste 20 immagini? (La risposta si trova nell'appendice, p. 250.)

Distribuzione di Poisson

La distribuzione di Poisson si occupa dello stesso problema della distribuzione binomiale; la sola differenza è che il numero degli esperimenti n è molto grande, mentre la probabilità p che un evento A accada è molto piccola. In altri termini, la distribuzione di Poisson è come la distribuzione binomiale per $n \to \infty$ e $p \to 0$. Un'ulteriore assunzione è che $np = a$ sia costante.

Per la distribuzione di Poisson, la probabilità Ψ_k^n che si osservi k volte l'evento A in n esperimenti è data dall'equazione

$$\Psi_k^n = \frac{a^k e^{-a}}{k!} \qquad (8.10)$$

con $np = a$.

La media μ_p della distribuzione di Poisson è data dall'equazione 8.11, la deviazione standard invece dall'equazione 8.12:

$$\mu_p = np = a \qquad (8.11)$$

$$\sigma_p = \sqrt{np} = \sqrt{a} \qquad (8.12)$$

8.2.3 Confronto tra le medie di due distribuzioni normali (T-Test)

È spesso utile avere qualche misura delle prestazioni di un particolare algoritmo o di un meccanismo di controllo. Se, per esempio, due programmi diversi hanno prodotto due differenti medie di un particolare risultato, è necessario decidere se tra queste due medie vi è una sostanziale differenza per capire se uno dei due programmi produce un risultato migliore dell'altro.

Il T-test è utilizzato per confrontare le due medie μ_1 e μ_2 di valori distribuiti normalmente, le cui deviazioni standard sono quasi uguali. L'ipotesi nulla H_0 che deve essere verificata è $\mu_1 = \mu_2$.

Per stabilire se le due medie μ_1 e μ_2 sono significativamente differenti, il valore T è stato calcolato con l'equazione

$$T = \frac{\mu_1 - \mu_2}{\sqrt{(n_1 - 1)\sigma_1^2 + (n_2 - 1)\sigma_2^2}} \sqrt{\frac{n_1 n_2 (n_1 + n_2 - 2)}{n_1 + n_2}} \qquad (8.13)$$

dove n_1 e n_2 sono il numero di punti dati rispettivamente nell'esperimento 1 e nell'esperimento 2, μ_1 e σ_1 sono rispettivamente la media e la deviazione standard dell'esperimento 1, e μ_2 e σ_2 sono la media e la deviazione standard dell'esperimento 2.

Il test è stato condotto nel seguente modo: il valore di t_α è stato determinato dalla tabella 8.1, con $k = n_1 + n_2 - 2$. Se è valida la disuguaglianza $|T| > t_\alpha$, l'ipotesi nulla H_0 viene scartata, considerando che le due medie differiscono significativamente. La probabilità che il risultato del T-test sia sbagliato dipende dal valore di t_α. Si è soliti prendere i valori con un 5% di livello di errore ($p = 0,05$), come dato in tabella 8.1. Le tabelle per gli altri livelli di errore possono essere trovate nei testi di statistica.

Tabella 8.1 Distribuzione-T, $p = 0,05$.

k	1	2	3	4	5	6	7	8
t_α	12,706	4,303	3,182	2,776	2,571	2,447	2,365	2,306
k	9	10	14	16	18	20	30	
t_α	2,262	2,228	2,145	2,12	2,101	2,086	2,042	

Esercizio 6: T-test

Un programma di controllo è stato sviluppato per permettere al robot di allontanarsi dai vicoli ciechi. Nella prima versione del programma, il robot ottiene i seguenti tempi (in secondi) per uscire da un vicolo cieco:

$x = (10,2 \quad 9,5 \quad 9,7 \quad 12,1 \quad 8,7 \quad 10,3 \quad 9,7 \quad 11,1 \quad 11,7 \quad 9,1)$.

Dopo che il programma è stato migliorato, un secondo insieme di esperimenti produce questi risultati:

$y = (9,6 \quad 10,1 \quad 8,2 \quad 7,5 \quad 9,3 \quad 8,4)$.

Questi risultati indicano che il secondo programma funziona significativamente meglio? (La risposta è riportata in appendice, p. 251).

8.2.4 Analisi dei dati categorici

La media, la deviazione standard, il T-test e molti altri metodi di analisi statistica possono essere applicati solo a dati relativi a valori continui. Negli esperimenti di robotica, invece, vi sono molti casi in cui i risultati sono ottenuti come *categorie*, per esempio nei sistemi di classificazione, il cui compito è associare dati sensoriali a una o più categorie. In questo paragrafo, vedremo i metodi di analisi di dati categorici.

Tabelle di contingenza
Le variabili nominali sono variabili appartenenti a un gruppo non ordinato, come il *colore* o il *gusto*. Per le successive considerazioni, siamo interessati a determinare se due variabili nominali siano associate tra loro. Questo problema è rilevante per esempio per i compiti di classificazione, nei quali una variabile è il segnale in ingresso e l'altra è l'uscita. In questo caso, il quesito che si pone è "l'uscita del classificatore è associata con i segnali in ingresso?", in altre parole, "il classificatore sta lavorando correttamente?".

I dati di due variabili possono essere presentati in una tabella di contingenza, che ci consentirà di compiere la cosiddetta analisi delle *tabelle incrociate*. Per esempio, se vi è stata una competizione robotica, durante la quale tre robot sono entrati in competizione un certo numero di volte in tre diverse discipline, può essere costruita una tabella di contingenza che specifichi quante volte un robot ha vinto in ciascuna gara e l'analisi delle *tabelle incrociate* può essere utilizzata per determinare se vi sia una correlazione tra il robot e la disciplina. Mediante tale analisi si potrebbe stabilire se un robot sia particolarmente abile in qualche specifica disciplina. La figura 8.2 mostra la tabella di contingenza per quest'analisi.

Tabella 8.2 Esempio di tabella di contingenza. $n_{A,X}$ è il numero di volte che il robot X ha vinto la gara A, $N_{\cdot A}$ il numero di vincitori della gara A, N_Z il numero totale di vittorie del robot Z eccetera.

	Gara A	Gara B	Gara C	
Robot X	$n_{A,X}$	$n_{B,X}$	...	
Robot Y			...	
Robot Z	...	...	...	$N_{\cdot Z}$
	$N_{\cdot A}$	$N_{\cdot B}$	$N_{\cdot C}$	

Determinazione dell'associazione tra due variabili: Test χ^2
Un test per determinare il significato di un'associazione tra due variabili è il test χ^2. Sia N_{ij} il numero degli eventi, dove la variabile x ha valore i e la variabile y ha valore j. Sia N il numero totale degli eventi. Sia $N_{i\cdot}$ il numero degli eventi dove x ha valore i, indipendente da y, e sia $N_{\cdot j}$ il numero degli eventi dove y ha valore j, indipendente da x:

$$N_{i\cdot} = \sum_j N_{ij}$$

$$N_{\cdot j} = \sum_i N_{ij}$$

$$N = \sum_i N_{i\cdot} = \sum_j N_{\cdot j}$$

Derivazione della tabella dei valori attesi

L'ipotesi nulla nel test χ^2 è che le due variabili x e y non abbiano una correlazione significativa. Per provare tale ipotesi nulla, devono essere determinati i *valori attesi* per esprimere quali valori ci aspettiamo di ottenere se l'ipotesi nulla è verificata. I valori attesi possono essere entrambi rilevati da considerazioni generali dipendenti dall'applicazione o dal seguente ragionamento.

In una tabella come la tabella 8.2, $n_{ij}/N_{\cdot j}$ è una stima della probabilità che un certo evento i accada, dato j, cioè $n_{ij}/N_{\cdot j} = \mathrm{p}(i/j)$. Se l'ipotesi nulla è verificata, la probabilità per un particolare valore di i, dato un particolare valore di j dovrebbe essere esattamente la stessa del valore di i indipendentemente da j, cioè $n_{ij}/N_{\cdot j} = \mathrm{p}(i/j) = \mathrm{p}(i)$.

È inoltre vero che $\mathrm{p}(i) = N_{i\cdot}/N$. Assumendo che l'ipotesi nulla sia verificata possiamo concludere quindi:

$$\frac{n_{ij}}{N_{\cdot j}} = \frac{N_{i\cdot}}{N} \tag{8.14}$$

che produce la tabella dei valori n_{ij} attesi

$$n_{ij} = \frac{N_{i\cdot}\,N_{\cdot j}}{N} \tag{8.15}$$

χ^2 è definito nell'equazione

$$\chi^2 = \sum_{i,\,j} \frac{\left(N_{ij} - n_{ij}\right)^2}{n_{ij}} \tag{8.16}$$

Il valore calcolato per χ^2 (si veda l'equazione 8.16), insieme alla funzione di probabilità $\chi^2_{,05}$ (tabella 8.3), può essere utilizzato per determinare se l'associazione tra le variabili i e j è significativa. Per una tabella di dimensione $I \times J$, il numero di gradi di libertà m è dato da

$$m = IJ - I - J + 1 \tag{8.17}$$

Se $\chi^2 > \chi^2_{,05}$ (tabella 8.3) vi è una correlazione significativa tra le variabili i e j. La probabilità che questa asserzione sia sbagliata è $p = 0,05$ (cioè il 5%).

Tabella 8.3 Tabella dei valori di $\chi^2_{,05}$

m	1	2	3	4	5	6	7	8	9	10
$\chi^2_{,05}$	3,8	6,0	7,8	9,5	11,1	12,6	14,1	15,5	16,9	18,3

Se m è maggiore di 30, può essere determinata la significatività calcolando $\sqrt{2\chi^2} - \sqrt{2m-1}$. Se questo valore è superiore a 1,65 vi è una correlazione significativa tra i e j.

Considerazioni pratiche sulla statistica χ^2

Affinché la statistica χ^2 sia valida, i dati devono essere ben condizionati; le due regole pratiche seguenti determinano se ciò si verifica.

1. Nella tabella n_{ij} di valori attesi, nessuna cella dovrebbe avere valori inferiori a 1. Nel caso in cui $m \geq 8$ e $N \geq 40$ nessun valore deve essere inferiore a 4 ([Sachs 82, p. 321]).

2. Nella tabella n_{ij} di valori attesi, non più del 5% di tutti i valori dovrebbe essere inferiore a 5.

Se una delle condizioni sopra descritte viene violata, le righe o le colonne della tabella di contingenza possono essere combinate per soddisfare i due criteri sopra descritti.

Esercizio 7: Test χ^2

Un robot si trova in un ambiente che contiene quattro punti di riferimento sporgenti: A, B, C e D. Il programma per l'identificazione dei punti di riferimento produce 4 risposte α, β, γ e δ agli stimoli sensoriali ricevuti in corrispondenza di queste 4 posizioni. In un esperimento che prevede 200 visite in prossimità dei vari punti di riferimento, è ottenuta la tabella di contingenza 8.4 (i numeri indicano la frequenza di una particolare risposta della mappa ottenuta in una particolare posizione). Il valore in uscita dal classificatore è significativamente associata alla locazione del robot? (La risposta è in appendice, p. 252).

Tabella 8.4 Tabella di contingenza ottenuta per il programma di identificazione dei punti di riferimento.

	α	β	γ	δ	
A	19	10	8	3	$N_{A.} = 40$
B	7	40	9	4	$N_{B.} = 60$
C	8	20	23	19	$N_{C.} = 70$
D	0	8	12	10	$N_{D.} = 30$
	$N_{.\alpha} = 34$	$N_{.\beta} = 78$	$N_{.\gamma} = 52$	$N_{.\delta} = 36$	N = 200

Determinare la forza di un'associazione: V di Cramer

Il test χ^2 è un test di statistica generale e ha un potere espressivo limitato. Infatti, se il numero degli esempi contenuto in una tabella di contingenza è abbastanza ampio, il test indicherà sempre una correlazione significativa tra le variabili. Questo si deve alla *potenza* del test, che amplificherà anche le piccole correlazioni al di sotto del livello del "significato", dato che sono disponibili un numero elevato di esempi.

Per questa ragione, è meglio ri-parametrizzare il test χ^2 così che diventi indipendente dalla dimensione dell'esempio.

Questo consentirà di valutare la forza di un'associazione e di confrontare la tabella di contingenza con un'altra.

La V di Cramer (nota anche come *statistica phi*) riparametrizza il test χ^2 nell'intervallo $0 \leq V \leq 1$. $V = 0$ significa che non vi è nessuna associazione tra x e y, $V = 1$ significa che vi è un'associazione perfetta. V è data dall'equazione

$$V = \sqrt{\frac{X^2}{N_{min(I-1,\, J-1)}}} \qquad (8.18)$$

dove N indica il numero totale degli esempi nella tabella di contingenza di dimensione $I \times J$ e $min\,(I-1, J-1)$ è il minimo tra $I-1$ e $J-1$.

Esercizio 8: V di Cramer

Vengono confrontati due paradigmi per la costruzione delle mappe. Il paradigma A produce la tabella di contingenza 8.5, il paradigma B produce la tabella 8.6. Il quesito è: quale dei due meccanismi produce la mappa con la correlazione più forte tra la posizione del robot e la risposta della mappa? (La risposta è riportata in appendice, p. 253)

Tabella 8.5 Risultati del meccanismo 1 di generazione della mappa.

	α	β	γ	δ	
A	29	13	5	7	$N_{A.} = 54$
B	18	4	27	3	$N_{B.} = 52$
C	8	32	6	10	$N_{C.} = 56$
D	2	7	18	25	$N_{D.} = 52$
	$N._{\alpha} = 57$	$N._{\beta} = 56$	$N._{\gamma} = 56$	$N._{\delta} = 45$	$N = 214$

Tabella 8.6 Risultati del meccanismo 2 di generazione della mappa.

	α	β	γ	δ	ε	
A	40	18	20	5	7	$N_{A.} = 90$
B	11	20	35	10	3	$N_{B.} = 79$
C	5	16	10	39	5	$N_{C.} = 75$
D	2	42	16	18	9	$N_{D.} = 87$
E	6	11	21	9	38	$N_{E.} = 85$
	$N._{\alpha} = 64$	$N._{\beta} = 107$	$N._{\gamma} = 102$	$N._{\delta} = 81$	$N._{\varepsilon} = 62$	$N = 416$

Determinare la forza di un'associazione utilizzando le misure basate sull'entropia

L'analisi χ^2 e la V di Cramer ci consentono di determinare se vi sia un'associazione forte tra le righe e le colonne di una tabella di contingenza.

Tuttavia, dovremmo anche considerare una qualche misura della forza di un'associazione. Due misure quantitative della forza di un'associazione saranno discusse di seguito.

Lo scenario particolare che abbiamo ipotizzato è questo: un robot mobile esplora il proprio ambiente, costruisce una mappa e, successivamente, utilizza questa mappa per localizzarsi.

Quando il robot è in prossimità di un qualche luogo fisico L, il suo sistema di localizzazione genera una particolare risposta R, che indica la posizione del robot assunta nel mondo. In un sistema di localizzazione perfetto, l'associazione tra L e R sarà molto forte. In un sistema di localizzazione basato su un'ipotesi casuale, la forza dell'associazione tra L e R sarà inesistente o zero.

Le misure basate sull'entropia, in particolare l'entropia H e il coefficiente d'incertezza U, possono essere utilizzate per misurare l'efficacia di questa associazione; esse sono definite come segue.

Uso dell'entropia
Nell'esempio mostrato in figura 8.2, è stato raccolto un campione di 100 punti di riferimento, ciascuno dei quali ha due attributi. Uno corrisponde alla posizione predetta dal robot (la *risposta R* del robot); l'altro alla posizione effettiva del robot misurata da un osservatore esterno (la *posizione reale L* del robot). Per esempio, la figura 8.2 mostra una cella che contiene 19 punti di riferimenti: la risposta del robot è stata misurata nella riga 3 e la posizione nella colonna 5.

Per l'analisi della tabella di contingenza, sono stati calcolati rispettivamente, secondo le equazioni 8.19, 8.20 e 8.21: i totali di riga N_r per ogni risposta r, i totali di colonna $N_{\cdot l}$ per ogni luogo l e il totale di tabella N. N_{rl} è il numero dei punti di riferimento contenuti nella cella alla riga r e alla colonna l.

$$N_{r\cdot} = \sum_l N_{rl} \qquad\qquad (8.19)$$

$$N_{\cdot l} = \sum_r N_{rl} \qquad\qquad (8.20)$$

Locazione (L)

0	2	15	0	1	18
10	10	0	0	0	20
0	2	1	0	19	22
5	7	3	1	1	17
0	0	0	23	0	23
15	21	19	24	21	100

Risposta (R)

Figura 8.2 Esempio di tabella di contingenza. Le righe corrispondono alle risposte prodotte dal particolare sistema di localizzazione preso in esame e le colonne alle "vere" locazioni del robot misurate da un osservatore. Questa tabella rappresenta 100 punti di riferimento e mostra anche i totali di ciascuna riga e di ciascuna colonna.

$$N = \sum_{r,l} N_{rl} \qquad (8.21)$$

La probabilità di riga $p_{r.}$, la probabilità di colonna $p_{.l}$ e la probabilità di cella p_{rl} possono quindi essere calcolate secondo le equazioni

$$p_{r.} = \frac{N_{r.}}{N} \qquad (8.22)$$

$$p_{.l} = \frac{N_{.l}}{N} \qquad (8.23)$$

$$p_{rl} = \frac{N_{rl}}{N} \qquad (8.24)$$

L'entropia di L è $H(L)$, l'entropia di R è $H(R)$ e la mutua entropia di L e R è $H(L, R)$; i loro valori sono ottenuti rispettivamente dalle equazioni

$$H(L) = -\sum_{l} p_{.l} \ln p_{.l} \qquad (8.25)$$

$$H(R) = -\sum_{r} p_{r.} \ln p_{r.} \qquad (8.26)$$

$$H(L,R) = -\sum_{r,l} p_{rl} \ln p_{rl} \qquad (8.27)$$

Nelle equazioni 8.25, 8.26 e 8.27, si ricordi che il $\lim_{p \to 0} p \ln p = 0$.

Per lo scenario descritto precedentemente, dovremmo dare una risposta a questa domanda: "data una particolare risposta R del sistema di localizzazione del robot, come possiamo essere sicuri della posizione corrente L del robot?" Questa è l'entropia di L dato R, ossia $H(L|R)$. In altre parole, non ci si deve preoccupare se una particolare posizione fornisce risposte differenti $R1$ e $R2$ per differenti visite.

Il punto importante per la localizzazione del robot è che ogni risposta R sia fortemente associata a un'esatta posizione L.

$H(L|R)$ si ottiene come segue:

$$H(L|R) = H(L,R) - H(R) \qquad (8.28)$$

dove

$$0 \le H(L|R) \le H(L) \qquad (8.29)$$

Quest'ultima proprietà (equazione 8.29) mostra che l'insieme dei valori per $H(L|R)$ dipenderà dalla dimensione dell'ambiente, poiché $H(L)$ cresce con il numero di posizioni.

L'uso del coefficiente di incertezza

L'entropia H è un numero compreso tra 0 e *ln N*, dove N è il numero dei punti di riferimento. Se H è 0, l'associazione tra L e R è perfetta, cioè ogni risposta R indica esattamente una posizione L nel mondo. Più è alto il valore di H, più debole sarà l'associazione tra L e R.

Il coefficiente di incertezza U fornisce un altro modo per esprimere l'efficacia tra le variabili riga e colonna in una tabella di contingenza e ha due proprietà molto interessanti. La prima è che U è compreso tra 0 e 1, a prescindere dalla dimensione della tabella di contingenza; ciò consente paragoni tra tabelle di diversa dimensione. La seconda è che il coefficiente di incertezza è 0 per un'associazione inesistente e 1 per una perfetta associazione. Questo è il modo "più intuitivo" (più efficace è l'associazione, più grande sarà il numero).

Il coefficiente di incertezza U di L dato R, cioè $U(L|R)$, è ottenuto come:

$$U(L \mid R) \equiv \frac{H(L) - H(L \mid R)}{H(L)} \tag{8.30}$$

Un valore di $U(L|R) = 0$ significa che R non dà informazioni utili riguardo a L e implica che la risposta del robot non determinerà la sua posizione corretta. Un valore di $U(L|R) = 1$ significa che R fornisce tutte le informazioni utili riguardanti L e implica che la risposta determinerà sempre la corretta posizione. Si noti che l'ordine delle righe e delle colonne nella tabella di contingenza non produce differenze nel risultato di questo calcolo.

Esercizio 9: Coefficiente di incertezza
Il sistema di localizzazione di un robot produce le risposte mostrate in figura 8.2. Vi è una correlazione statisticamente significativa tra la risposta del sistema e il posizionamento del robot? (La risposta è data in appendice, p. 254.)

8.3 Casi di studio di analisi e valutazione delle prestazioni

8.3.1 Caso di studio 11 *Un paragone quantitativo dei sistemi per la costruzione delle mappe*

Il caso di studio 11 presenta un meccanismo per la generazione di mappe episodiche usate per l'autolocalizzazione di un robot mobile autonomo, cioè un meccanismo di generazione di mappe che usa una *sequenza* di percezioni. Una rete neurale auto-organizzante a due livelli classifica l'informazione percettiva ed episodica per identificare univocamente "i punti di riferimento percettivi" (e quindi la posizione del robot nel mondo).

Per valutare le prestazioni del sistema per la costruzione delle mappe, è stata effettuata un'analisi basata sulle tabelle di contingenza e sulle misure di entropia. Il sistema che costruisce le mappe episodiche è stato confrontato con un algoritmo che costruisce mappe statiche e usa solo informazioni percettive.

È stato dimostrato che il sistema episodico per la costruzione delle mappe ha prestazioni migliori rispetto al paradigma statico.

L'idea principale

Per le ragioni discusse precedentemente, è meglio ancorare il sistema di navigazione del robot alla *"esterocezione"*, per esempio al riconoscimento dei punti di riferimento, piuttosto che alla *"propriocezione"*. La questione da trattare quindi è quella dell'ambiguità percettiva. Un approccio per risolvere tale problema consiste nell'usare schemi di generazione di mappe episodiche.

Il principio fondamentale alla base di un meccanismo di generazione di mappe episodiche è considerare sia le caratteristiche percettive riguardanti la posizione corrente del robot, sia la storia delle percezioni precedenti del robot. Questo risolve il problema dell'ambiguità di due posizioni con identiche caratteristiche percettive, se le percezioni che precedono queste due posizioni sono diverse. Un sistema di localizzazione basato su questa metodologia è stato esaminato nel caso di studio 7.

Vi sono due fondamentali imperfezioni in un meccanismo di generazione di mappe episodiche: in primo luogo, è dipendente dai movimenti del robot lungo un percorso prefissato (o alcuni percorsi prefissati), poiché per identificare una determinata posizione è richiesta una sequenza unica e ripetibile di percezioni. In secondo luogo, la localizzazione è soggetta a "percezioni erronee" per molto più tempo che in un sistema di navigazione basato su un'unica percezione. La percezione erronea, infatti, è mantenuta in memoria per un intervallo di tempo n, dove n è il numero di percezioni precedenti usate per la localizzazione. Un'erronea percezione normalmente non si verifica nelle simulazioni, ma è frequente quando un robot reale interagisce con il mondo reale, a causa delle caratteristiche del sensore, per esempio le riflessioni speculari di un sonar, il rumore del sensore o il rumore elettronico.

L'algoritmo di generazione di mappe episodiche proposto affronta il problema delle percezioni erronee che si presenta quando si utilizza un meccanismo di generazione di mappe episodiche.

Meccanismo di generazione di mappe statiche

La componente per la costruzione della mappa utilizzata nel paradigma di costruzione di mappe statiche era una mappa bidimensionale auto-organizzante di $m \times m$ unità ($m = 9$ o $m = 12$ nel nostro esperimento). L'ingresso della rete SOFM era costituito da 16 sensori di lettura a infrarossi del robot (figura 8.3). Quando il robot si muoveva per più di 25 cm, era generato un vettore d'ingresso di 16 elementi per il primo strato della mappa auto-organizzante. Questo vettore di ingresso conteneva le letture sensoriali grezze ottenute dai sensori a infrarossi. La torretta del robot manteneva un orientamento costante durante gli esperimenti; questo eliminava qualsiasi influenza dell'orientamento corrente del robot in una particolare posizione, generando un'unica percezione sensoriale in ogni posizione, che prescindeva dall'angolo dal quale il robot si avvicinava alla posizione. Si noti che il vettore di ingresso di 16 elementi non ha fornito molte informazioni riguardo alla posizione corrente del robot. Un vet-

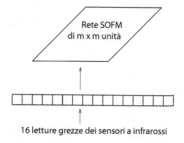

16 letture grezze dei sensori a infrarossi

Figura 8.3 Meccanismo di generazione di mappe statiche: la rete SOFM raggruppa in categorie le percezioni sensoriali correnti, generando in questo modo le mappe statiche.

tore grossolano d'ingresso come questo è stato deliberatamente scelto per queste simulazioni per riprodurre le ambiguità percettive. Lo scopo è stato trovare un metodo per ottenere la posizione anche in circostanze molto difficili.

Quando il robot si è mosso nel proprio ambiente, controllato dall'operatore, sono state ottenute delle letture sensoriali e i vettori di ingresso da fornire alla rete SOFM. La rete ha raggruppato queste percezioni secondo la loro somiglianza e la loro frequenza di occorrenza.

Meccanismo di generazione di mappe episodiche

Il paradigma di generazione di mappe episodiche ha usato due livelli di mappe auto-organizzanti (si veda la figura 8.4). Il livello 1 era il livello descritto precedentemente.

Il livello 2 era una rete SOFM bidimensionale di $k \times k$ unità ($k=9$ o $k=12$ nei nostri esperimenti): essa era stata addestrata utilizzando un vettore che

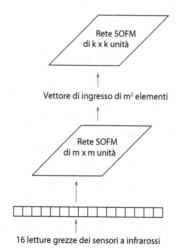

Vettore di ingresso di m^2 elementi

16 letture grezze dei sensori a infrarossi

Figura 8.4 Meccanismo di generazione di mappe episodiche: il primo strato della rete SOFM raggruppa in categorie le percezioni sensoriali correnti, il secondo strato raggruppa in categorie le ultime percezioni τ e in questo modo genera le mappe episodiche.

consiste di m^2 elementi. Tutti gli elementi di questo vettore erano stati impostati inizialmente a 0, tranne i centri di eccitazione τ del livello 1 dei precedenti passi temporali τ, che erano stati impostati a 1. Il parametro τ è stato variato nelle simulazioni, per determinare il valore ottimale. Le relazioni di precedenza tra questi centri di eccitazione non sono state codificate, infatti il vettore d'ingresso contiene soltanto le informazioni riguardanti gli ultimi centri di eccitazione τ, ma non l'ordine in cui si sono verificati.

Questo significa che il secondo livello della rete neurale, il livello di uscita, usa informazioni sulle caratteristiche percettive della locazione corrente così come i segnali temporali (in questo caso, il percorso del robot attraverso lo spazio percettivo prima che arrivi alla posizione corrente).

Robustezza alle percezioni erronee
Il secondo livello della rete SOFM produce una classificazione topologica degli ultimi centri di eccitazione osservati allo strato 1. Poiché l'uscita dello strato 1 è una mappa topologica dei segnali dei 16 sensori a infrarossi, e l'uscita dello strato 2 è di nuovo una mappa topologica, la risposta del sistema di generazione di mappe episodiche è molto meno sensibile alle percezioni erronee rispetto a un sistema di generazione di mappe che utilizzi come input degli episodi grezzi. Questa è una proprietà desiderabile, dal momento che i segnali sensoriali erronei si verificano regolarmente in sistemi robotici reali.

Misure di qualità per le mappe
Per valutare la qualità delle mappe, ottenute dal meccanismo di generazione di mappe episodiche, e per quantificare l'influenza dei paramentri individuali, utilizziamo la misura delle prestazioni basata sull'entropia descritta precedentemente.

Valutazione dei risultati
In generale per determinare la qualità della mappa abbiamo utilizzato l'entropia $H(L|R)$: più bassa è l'entropia $H(L|R)$, più alta è la qualità della mappa. Una mappa "perfetta" ha una entropia $H(L|R)$ pari a 0.

Durante tutti i nostri esperimenti sono stati confrontati due paradigmi di generazione di mappe fondamentalmente differenti: la generazione di *mappe statiche*, che usa una mappa auto-organizzante a un unico livello, e la generazione di *mappe episodiche*, che usa una mappa auto-organizzante a due livelli. La domanda che ci siamo posti è: il paradigma di generazione di mappe episodiche produce mappe con una migliore correlazione, tra la posizione e la risposta della mappa, rispetto all'algoritmo di generazione di mappe statiche?

Procedura sperimentale
Il procedimento sperimentale scelto deve riflettere gli obiettivi della nostra ricerca, che è triplice.
1. Identificare il contributo dei singoli parametri alle prestazioni complessive del sistema, modificando uno alla volta ciascuno di essi in condizioni controllate.

2. Paragonare i paradigmi di generazione di mappe differenti in identiche circostanze (non soltanto simili), cosicché possano essere eliminati effetti spuri dovuti alle differenze delle situazioni sperimentali come cause di prestazioni differenti.

3. Consentire una ripetizione precisa degli esperimenti per la validazione dei risultati.

Questi criteri non possono essere soddisfatti se sono svolte sperimentazioni "dal vivo" con un robot mobile, poiché le inevitabili variazioni tra gli esperimenti rimangono sconosciute allo sperimentatore. La sperimentazione dal vivo rende impossibile l'attribuzione del risultato degli esperimenti al parametro sperimentale in questione; vi sono infatti troppe influenze non osservabili che incidono sull'interazione tra il robot e l'ambiente.

Un assetto sperimentale che non soffre di tali influenze non osservabili dovrebbe fare uso di modelli di interazione tra il robot e l'ambiente. Queste simulazioni producono dei risultati identici se sono predisposte con modalità identiche. Anche se contengono elementi stocastici, i risultati che generano sono riproducibili, sempre che i processi casuali siano stati inizializzati in maniera identica. Tuttavia, a causa delle fondamentali limitazioni delle simulazioni al computer (si veda il capitolo 7), i risultati ottenuti con gli esperimenti che usano modelli numerici non possono essere applicati direttamente ai robot mobili. Al contrario, tali risultati dovrebbero essere verificati usando un'interazione reale tra il robot e l'ambiente.

La procedura sperimentale applicata ha perciò utilizzato dati sensoriali *registrati* ottenuti guidando manualmente il robot FortyTwo attraverso l'ambiente, e applicando quindi diversi schemi di generazione di mappe agli stessi dati. Questo assicura che i dati d'ingresso a ciascuno schema di generazione di mappe siano *identici* in tutti gli esperimenti. I dati sono stati ottenuti in due ambienti differenti (*A* e *B*). In entrambi gli ambienti, il robot è stato guidato manualmente lungo un percorso più o meno prefissato, mentre le letture sensoriali sono state memorizzate per essere usate successivamente dal meccanismo di generazione di mappe statiche e da quello di generazione di mappe episodiche.

Gli esperimenti nell'ambiente A

Nel primo esperimento il robot è stato guidato manualmente lungo un percorso più o meno stabilito in un ambiente che contiene muri, pareti di stoffa e scatole di cartone. I 366 punti di riferimento ottenuti in questo ambiente contenevano le letture dei 16 sensori a infrarossi del robot e le posizioni delle coordinate (x, y) in cui erano state prese le letture. Il percorso del robot e le percezioni dell'ambiente del robot sono mostrate in figura 8.5.

Dei 366 punti di riferimento, 120 sono stati usati per l'apprendimento iniziale della rete[1], cioè nella fase di costruzione della mappa, e i rimanenti 246 sono stati utilizzati per determinare le tabelle di contingenza.

---

[1] La rete di primo livello è stata addestrata per mezzo dei soli primi 20 punti di riferimento, i rimanenti 100 punti sono stati invece utilizzati per l'apprendimento di entrambe le reti.

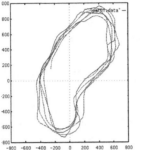

Figura 8.5 Traiettoria effettiva seguita dal robot nell'ambiente A e letture accumulate del sensore a infrarossi (l'ambiente A "come il robot lo vede"). Le dimensioni nel diagramma sono espresse in unità di 2,5 mm. L'estensione massima del percorso corrisponde a 2,87 × 4,30 m.

Per valutare l'influenza di parametri – come il numero delle percezioni precedenti, la dimensione delle reti o la risoluzione spaziale (dimensione delle celle) – sono stati condotti tre esperimenti separati, utilizzando le stesse informazioni. Le figure 8.7, 8.8 e 8.9 mostrano i risultati ottenuti. In tutti gli esperimenti i risultati della generazione di mappe statiche (indicati dalla linea orizzontale) servono come termine di paragone, mentre il caso di $\tau = 1$ (cioè il meccanismo di generazione di mappe episodiche che usa solo la percezione corrente per la localizzazione) serve come controllo. Il caso $\tau = 1$ dovrebbe produrre mappe di qualità simile a quelle ottenute con il paradigma statico[2].

Nel primo esperimento, lo spazio fisico è stato suddiviso in 15 celle (figura 8.6), la rete 12×12 del secondo livello in 16 celle (figura 8.7).

I risultati mostrano che, per un intervallo temporale di lunghezza compresa tra 2 e 7 percezioni precedenti ($1 < t < 8$), il meccanismo di generazione di mappe episodiche ha prestazioni migliori di quello statico. Se la lunghezza della storia è troppo lunga, nessun beneficio sarà ottenuto dal tenere in considerazione gli aspetti temporali, in quanto includere troppe percezioni passate riduce la qualità della mappa. La spiegazione di ciò è che, oltre un punto ottimale, l'inclusione di nuove informazioni episodiche produce un'influenza "che disorienta" a causa dell'introduzione di rumore. In altre parole, non è sufficiente accrescere semplicemente la risoluzione del sensore o la risoluzione temporale per risolvere i problemi di ambiguità percettiva.

Se lo stesso esperimento è condotto riducendo la risoluzione spaziale (per esempio dividendo lo spazio fisico in celle più larghe, si veda per esempio la figura 8.8), ci si dovrebbe aspettare una maggiore qualità di tutta la mappa, poiché vi sono meno opportunità di "sbagliare". In realtà è stato osservato

---

2 Simili ma non identiche, poiché il meccanismo di generazione di mappe episodiche produce la mappa di una mappa, mentre il paradigma statico effettua una mappatura delle letture sensoriali grezze. Simili significa che non ci si aspetta che il paradigma di generazione di mappe episodiche operi in modo significativamente migliore o peggiore rispetto al paradigma statico, e ciò è stato confermato per via sperimentale.

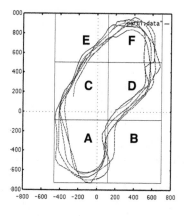

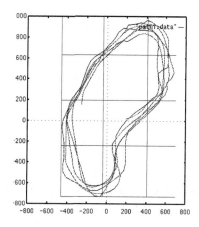

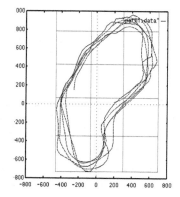

Figura 8.6 Partizionamento dell'ambiente A rispettivamente in 6, 12 e 15 celle. Le dimensioni sono espresse in unità di 2,5 mm.

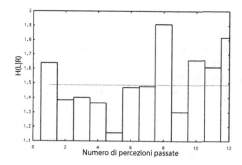

Figura 8.7 Esperimento 1: risultati ottenuti nell'ambiente A, usando una rete 12×12 e partizionandolo in 16 celle. Lo spazio fisico di 2,87 m $\times$ 4,30 m è stato diviso in 15 celle (si veda la figura 8.6). La rete a singolo strato ottiene come risultato in questo esperimento to H (L|R) = 1,49 (indicato dalla linea orizzontale).

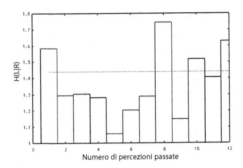

Figura 8.8 Esperimento 2: risultati ottenuti nell'ambiente A usando una rete 12 × 12 e partizionandolo in 16 celle. Lo spazio fisico di 2,87 m × 4,30 m è stato diviso in 12 celle (si veda la figura 8.6). In questo esperimento, la rete a singolo strato ottiene come risultato H (L|R) = 1,44 (indicato dalla linea orizzontale).

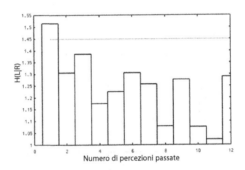

Figura 8.9 Esperimento 3: risultati ottenuti nell'ambiente A usando una rete 9 × 9 e partizionandolo in 9 celle. Lo spazio fisico di 2,87 m × 4,30 m è stato diviso in 6 celle (si veda la figura 8.6). In questo esperimento, la rete a singolo strato ottiene come risultato H (L|R) = 1,45 (indicato dalla linea orizzontale).

quanto segue: $H(L|R)$ diminuisce, indicando una correlazione più forte tra la posizione e la risposta della mappa. A parte questo, l'esperimento 2 mostra risultati simili all'esperimento 1, indicando che fino a una lunghezza massima di $\tau = 7$ le prestazioni del meccanismo di generazione di mappe episodiche sono sempre migliori di quelle fornite dal paradigma statico.

Se diminuiscono sia la risoluzione spaziale sia la risoluzione della mappa, il meccanismo di generazione di mappe episodiche mostra prestazioni migliori di quelle statiche (si veda la figura 8.9). La spiegazione che se ne può trarre è che il meccanismo di generazione di mappe statiche dipende solo dalla risoluzione percettiva (se questa decresce, la capacità di localizzare diminuisce di conseguenza), mentre il meccanismo di generazione di mappe episodiche può accumulare evidenze dall'utilizzo delle percezioni passate ed è meno soggetto alla diminuzione della risoluzione percettiva.

Gli esperimenti nell'ambiente B

Per una seconda serie di esperimenti, 456 punti di riferimento sono stati otte-nuti guidando manualmente il robot attraverso un ambiente contenente mobili (scrivanie, sedie ecc.), muretti e spazi aperti; 160 punti di riferimento sono sta-ti utilizzati per l'apprendimento delle reti[3], i rimanenti 296 punti sono stati uti-lizzati per valutare le prestazioni del sistema di localizzazione.

L'ambiente B era più disordinato e meno strutturato dell'ambiente A, nel quale vi era una maggiore varietà di oggetti percettivamente distinti. Era anche più grande e in esso il percorso del robot è stato più lungo rispetto all'ambien-te A. La figura 8.10 mostra il percorso del robot attraverso questo ambiente, e la percezione dell'ambiente da parte del robot.

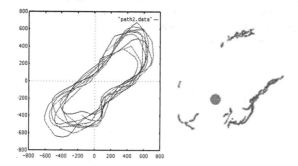

Figura 8.10 Traiettoria attuale seguita dal robot nell'ambiente B e letture accumulate del sensore a infrarossi (l'ambiente B "come il robot lo vede"). Le dimensioni nel diagram-ma sono espresse in unità di 2,5 mm. L'estensione massima del percorso corrisponde a 3,37 m × 3,36 m.

In un primo esperimento, la spazio dell'uscita della mappa 12×12 era sta-to suddiviso in 16 celle; anche lo spazio fisico era stato suddiviso in 16 celle (si veda la figura 8.11).

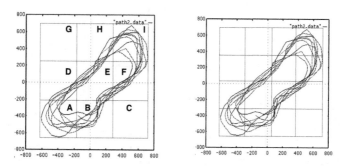

Figura 8.11 Partizionamento dell'ambiente B rispettivamente in 9 e 16 celle. Le dimen-sioni sono espresse in unità di 2,5 mm.

---

[3] I primi 20 punti di riferimento sono stati usati solo per addestrare la rete del primo livello.

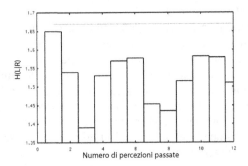

Figura 8.12 Esperimento 4: risultati ottenuti nell'ambiente B usando una rete 12 × 12 e partizionandolo in 16 celle. Lo spazio fisico di 3,37 m × 3,36 m è stato diviso in 16 celle (si veda la figura 8.11). In questo esperimento, la rete a singolo strato ottiene come risultato H (L|R) = 1,71 (indicato dalla linea orizzontale).

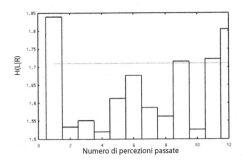

Figura 8.13 Esperimento 5: risultati ottenuti nell'ambiente B usando una rete 12 × 12 e partizionandolo in 16 celle. Lo spazio fisico di 3,37 m × 3,36 m è stato diviso in 9 celle (si veda la figura 8.11). In questo esperimento, la rete a singolo strato ottiene come risultato H (L/R) = 1,47 (indicato dalla linea orizzontale).

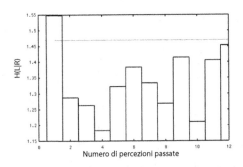

Figura 8.14 Esperimento 6: risultati ottenuti nell'ambiente B usando una rete 9 × 9 e partizionandolo in 9 celle. Lo spazio fisico di 3,37 m × 3,36 m è stato diviso in 9 celle (si veda la figura 8.11). In questo esperimento, la rete a singolo strato ottiene come risultato H (L|R) = 1,67 (indicato dalla linea orizzontale).

I risultati sono mostrati in figura 8.12. Come in precedenza, il meccanismo di generazione di mappe episodiche ha dato un risultato migliore di quello di generazione di mappe statiche, finché non si è raggiunto il valore critico $\tau = 9$.

Se la risoluzione spaziale viene diminuita (si veda la figura 8.13) la qualità di tutta la mappa decresce (come si è osservato prima) e il meccanismo di generazione di mappe episodiche supera il meccanismo di generazione di mappe statiche per tutti i valori di τ.

Se viene ridotta sia la risoluzione della mappa sia la risoluzione spaziale (figura 8.14), la qualità della mappa diminuisce, ma il paradigma di generazione di mappe episodiche genera nuovamente mappe migliori di quelle statiche, per tutti i valori di τ. Queste osservazioni sono simili a quelle rilevate per l'esperimento condotto nell'ambiente A.

Lavori correlati

I lavori correlati riguardano, da un lato, le implementazioni di meccanismi topologici di costruzione della mappa sui robot, dall'altro lato, l'analisi quantitativa del comportamento del robot.

Il sistema di generazione di mappe descritto è, per molti versi, simile alle mappe dell'ippocampo trovate nei ratti. In particolare, le cellule che si trovano nell'ippocampo di questi animali possono essere paragonate ai modelli di attività osservati nelle mappe auto-organizzanti fin qui utilizzate.

Sono stati implementati diversi sistemi di navigazione di robot che simulano le cellule dell'ippocampo. Si ricordano in particolare i lavori di Burgees, Recce e O'Keefe ([Burgess & O'Keefe 96] e [Burgees et al. 93]), ma anche di altri ([Mataric 91] e [Nehmzow & Smithers 91]).

Per la localizzazione del robot, sono stati usati i meccanismi auto-organizzanti per raggruppare il segnale statico del sensore (si vedano come esempi il caso di studio 5, [Kurz 96] e [Zimmer 95]). In questi casi, la percezione sensoriale corrente di un robot mobile è raggruppata attraverso una rete neurale auto-organizzante non supervisionata e il modello di eccitazione della rete indica l'attuale posizione del robot nello spazio percettivo. Se non fosse presente nessuna percezione erronea, il robot identificherebbe la sua posizione nel mondo senza ambiguità. Contrariamente a quanto fin qui discusso, tuttavia, nessuna informazione sulla percezione nel tempo è stata codificata in questi casi. L'uso delle informazioni episodiche come ingresso a una struttura auto-organizzante è stato presentato nel caso di studio 5.

Il lavoro fin qui discusso differisce da quel metodo, in quanto fa uso di una rete di Kohonen come secondo strato che riunisce le informazioni sensoriali già raggruppate nella rete del primo strato, piuttosto che usare delle sequenze di dati sensoriali grezzi.

Per quanto riguarda l'analisi quantitativa del comportamento del robot, il lavoro di Lee e Recce ([Lee 95]) è probabilmente il più importante tra quelli fin qui presentati. Utilizzando una metrica qualitativa (sostanzialmente un confronto tra una mappa acquisita da un robot che esplora e un mappa "precisa" fornita dall'utente), i due scienziati valutano le differenti strategie di esplorazione per i robot mobili.

Caso di studio 11: riepilogo e conclusioni

Questo caso presenta un meccanismo di localizzazione per i robot mobili autonomi che usa le informazioni spaziali *ed* episodiche per stabilire la posizione del robot nel mondo. Con un processo di raggruppamento automatico auto-organizzante e non supervisionato, le percezioni sensoriali grezze del robot sono state elaborate nella prima fase del processo (generazione di mappe statiche), e le ultime τ percezioni di questo primo livello sono quindi ulteriormente raggruppate per codificare le informazioni episodiche.

Per confrontare i due paradigmi di localizzazione e determinare l'influenza dei diversi parametri del processo individuale sulla qualità finale della mappa, è stata usata una metrica basata sull'entropia. Per un intervallo temporale di lunghezza adeguatamente scelta, il meccanismo di generazione di mappe episodiche si comporta considerevolmente meglio di quello statico. L'osservazione è che un intervallo troppo lungo è causa di prestazioni inferiori. Il metodo discusso ha il vantaggio di essere meno sensibile ai segnali erronei del sensore rispetto a uno schema di generazione di mappe episodiche che utilizza i dati grezzi del sensore. Ciò è conveniente per la localizzazione, poiché i segnali erronei del sensore sono frequenti quando si utilizzano robot reali.

Vi sono numerose domande senza risposta, soggette a ricerca futura. Abbiamo mostrato che esiste una lunghezza utile massima dell'episodio, oltre la quale la generazione di mappe episodiche fornisce risultati peggiori di quelle statiche. L'informazione su quale sia la lunghezza episodica ottimale τ è di fatto disponibile all'algoritmo attraverso un coefficiente di incertezza; è perciò plausibile che il robot possa determinare la lunghezza episodica ottimale automaticamente. La determinazione di τ non è un processo critico, poiché in tutti gli esperimenti che abbiamo osservato vi è una vasta gamma di valori di τ che hanno prodotto prestazioni migliori del meccanismo statico. Tuttavia, non vi è nessuna prova sperimentale che la determinazione automatica di τ funzioni realmente nella pratica. Inoltre, anche se si usano le percezioni precedenti per la generazione di mappe episodiche, non si codificano le relazioni di precedenza fra quelle percezioni.

Se l'uso di questa informazione supplementare possa produrre una mappatura migliore sarà oggetto di ulteriori ricerche.

8.3.2 Caso di studio 12 *Stima e valutazione di un sistema per l'apprendimento di percorsi*

Questo caso di studio analizza i risultati degli esperimenti effettuati con il sistema per l'apprendimento del percorso, discusso nel caso di studio 6. Una metrica della prestazione è definita e usata per misurare la capacità del robot di compiere il percorso. Il caso di studio 6 ha presentato un sistema in grado di apprendere percorsi basato sull'auto-organizzazione, che non utilizzava nessuna informazione *a priori* e funzionava in ambienti non modificati lungo percorsi di media distanza (oltre all'intervallo di letture del sensore relativo alla posizione "casa"). Ora ci concentreremo sulle misure quantitative delle prestazioni del sistema.

Assetto sperimentale

Il robot FortyTwo (par. 3.4, p. 40 sgg.) è stato utilizzato negli esperimenti descritti. Il sistema per l'apprendimento dei percorsi era quello discusso nel caso di studio 6. L'itinerario da cui sono stati ricavati i risultati è indicato nella figura 8.15. Questo percorso si trova al primo piano del Dipartimento di informatica dell'Università di Manchester, lungo i corridoi che si presentano sempre pre affollati. La figura 8.16 mostra una traccia del percorso del robot dotato a

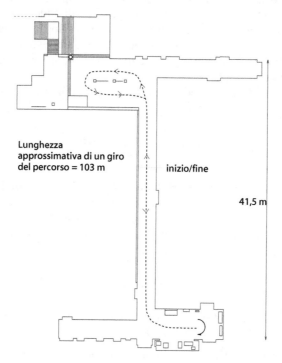

Figura 8.15 Il percorso appreso dal robot.

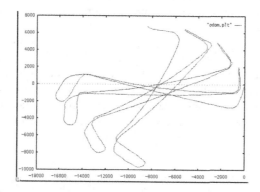

Figura 8.16 Deriva dell'odometria (circa 4 giri del percorso).

bordo di un meccanismo odometrico. L'effetto indicato è lo stesso che abbiamo rilevato in precedenza nella figura 3.9: cioè la deriva odometrica. Poiché il sistema descritto non fa uso delle informazioni metriche, non vi è necessità di compensare l'errore accumulato.

Risultati sperimentali

Nei nostri esperimenti il robot è stato addestrato in varie fasi. Per ciascuna fase il robot è stato condotto intorno al percorso dall'operatore, per effettuare un circuito completo; ciò rappresenta la fase iniziale di addestramento. Al termine di ogni fase di addestramento, il robot è stato collocato al punto di partenza per effettuare il percorso autonomamente. È stata registrata la distanza tra il "punto di fallimento" (definito più avanti) lungo il percorso e la distanza media tra i fallimenti.

Il valore della distanza media tra i fallimenti (MDBF, *mean distance between failures*) è calcolato mediante l'equazione

$$MDBF = \lim_{n \to \infty} \frac{1}{n} \sum_{i=1}^{n} DBF_i \qquad (8.31)$$

dove con n indichiamo il numero delle letture registrate e con D B F$_i$ "l'i-esima distanza tra i fallimenti". Questa metrica fornisce un'indicazione dell'aumento (MDBF che aumenta) o della diminuizione (MDBF che diminuisce) della capacità del robot di compiere il percorso considerato in ogni fase di addestramento. La definizione di fallimento nel compito di effettuare un percorso è descritto come segue:

– il robot tocca un oggetto (o una parete);

oppure

– la differenza tra la direzione (della parte anteriore del robot) richiesta e quella osservata è maggiore di 90°.

Una volta che si verifica un fallimento, il robot viene riportato alla posizione del percorso appena precedente il punto di fallimento, per essere poi guidato ulteriormente lungo l'itinerario fin quando non è capace di riprendere il percorso autonomamente. A questo punto la lettura sensoriale ricomincia (si veda la figura 8.17).

Negli esperimenti descritti, abbiamo raccolto 35 distanze tra i fallimenti ($n = 35$) prima dell'addestramento del robot su un giro completo. Questo parametro è stato scelto come un compromesso tra i requisiti di una misura espressiva e una scala temporale ragionevole per la raccolta dei dati (si consideri la durata della batteria del robot). Una volta che il robot è stato in grado di completare 15 giri senza fallimenti, si è ritenuto che avesse imparato il percorso con successo e che l'esperimento si potesse considerare concluso[4].

---

[4] Dal momento che l'esecuzione di un giro autonomo del percorso richede circa 16 minuti, 15 giri verranno compiuti approssimativamente in un tempo di 4 ore, che si avvicina al tempo massimo di operatività concesso a un robot da un set di batterie.

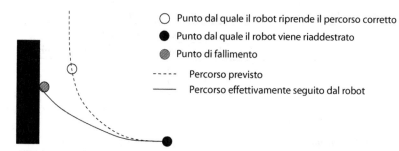

Figura 8.17 Dopo un "fallimento" il robot viene riportato manualmente alla posizione che occupava prima del fallimento e poi guidato ulteriormente fino a quando non è in grado di riprendere il percorso autonomamente. Il robot riprende il suo percorso da una posizione leggermente successiva al punto di fallimento.

Per realizzare questo risultato, sono stati necessari cinque giri di addestramento nell'ambiente della figura 8.15. La figura 8.18 mostra il valore MDBF in metri e l'intervallo di variazione per ogni giro di addestramento; può essere osservato dal grafico come il robot effettivamente migliori la propria capacità di seguire il percorso dopo ogni fase successiva di addestramento.

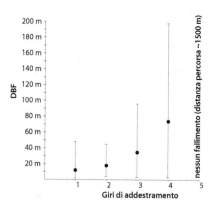

Figura 8.18 Risultati della MDBF: il punto indica la media, le barre indicano i valori minimi e massimi delle letture.

Condizioni ambientali
L'addestramento del robot è stato effettuato di sera, tra le 6 del pomeriggio e le 3 del mattino. La tabella 8.7 mostra il numero di persone che si muove oltre il robot durante l'addestramento e la verifica della sessione di addestramento della rete descritta nel paragrafo 8.3.2.

Verifica durante il giorno
Un'ulteriore prova è stata effettuata con la rete completamente addestrata durante il giorno, quando i corridoi erano molto più frequentati. In queste condi-

Tabella 8.7 Sommario delle condizioni ambientali.

Giro di addestramento	no. di persone di passaggio	
	Fase di addestramento	Fase di richiamo
1	3	3
2	2	6
3	2	5
4	4	4
5	2	9
Media	**2,6**	**5,4**

zioni il robot non è stato capace di completare 15 percorsi completi in successione ed è stato registrato un valore di MDBF pari a 66,25 m.

Mentre si prendeva nota di queste misure è stato notato che il fallimento era stato causato dalle persone che si sedevano o si alzavano all'interno dell'ambiente, piuttosto che da quelle che camminavano accanto al robot. Questa differenza può essere spiegata dal fatto che gli oggetti in movimento causano all'ambiente delle oscillazioni momentanee e, se qualcuno passa abbastanza rapidamente, il robot è capace di riguadagnare la "corretta" caratteristica percettiva per la posizione corrente. Al contrario, le persone ferme possono essere identificate occasionalmente come punti di riferimento ed essere causa di confusione per il proseguimento del percorso. Tuttavia, se il cambiamento della caratteristica percettiva causata dagli oggetti stazionari è piccolo, le proprietà di generalizzazione della rete fanno in modo che lo stesso nodo o uno dei suoi vicini diventerà attivo, generando il comportamento corretto malgrado la presenza di rumore.

Ambiguità percettive
La dimensione della rete adoperata in questi esperimenti era di 1600 unità (una griglia bidimensionale di 40×40 celle). Il numero medio di celle coinvolte per effettuare un giro completo del percorso con la rete completamente addestrata era pari a 258, misurato dopo cinque giri consecutivi del percorso[5]. Di queste celle, mediamente 28 (pari all'11% del numero complessivo) soffrivano di ambiguità percettiva (si definisce affetta da ambiguità percettiva una cella attivata in una posizione, o in più posizioni, oltre a quella in cui è stata attivata la prima volta). Seguendo approssimativamente le definizioni di [Ballard & Whitehead 92], possiamo definire due tipi di ambiguità percettiva nel contesto del nostro compito.

1. Ambiguità propizia:
   (*caratteristica A = caratteristica B*) $\land$ (*azione A = azione B*)
2. Ambiguità distruttiva:
   (*caratteristica A = caratteristica B*) $\land$ (*azione A $\neq$ azione B*)

---

[5] Il numero 1600 celle è stato scelto per garantire una rete di dimensioni sufficienti per l'ambiente dato; tuttavia, come si può vedere dai risultati dell'esperimento, la dimensione della rete era di gran lunga più grande del necessario (si veda oltre per la discussione di tale questione).

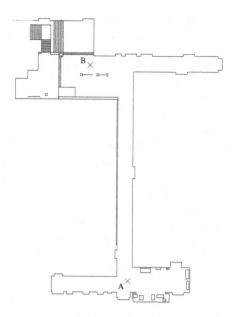

Figura 8.19 Le esperienze di apprendimento in un punto (per esempio B) possono influire sui comportamenti già appresi in un'altra locazione (A in questo caso).

Poiché le ambiguità percettive misurate nei nostri esperimenti non interferiscono con la capacità del robot di seguire un percorso, possiamo classificarle come di tipo 1. Questo tipo di ambiguità percettiva è ovviamente preferibile in termini di capacità di memorizzazione della rete. Un effetto simile alle ambiguità distruttive può essere osservato durante le fasi iniziali di addestramento. Durante queste fasi le posizioni con caratteristiche percettive simili, ma con differenti azioni associate, possono essere confuse finché la rete non sia stata addestrata sufficientemente per discriminare le differenze tra le caratteristiche percettive.

Un esempio di questa interferenza iniziale è illustrato in figura 8.19. È stato osservato che, dopo il secondo giro di addestramento, alcune posizioni in cui il robot aveva compiuto l'azione corretta per il primo giro erano diventate punti di fallimento. Il punto *A* in figura è un esempio di posizione in cui si è presentato questo fenomeno.

Analizzando la rete è stato trovato che i nodi vincenti per le posizioni *A* e *B* erano nello stesso intorno (la rete li aveva "identificati" come lo stesso punto di riferimento). L'effetto conseguente è che l'addestramento fornito nella posizione *B* al secondo giro, non essendo richiesto l'addestramento in *A*, aveva alterato la traiettoria in *A* quel tanto da causare un fallimento (in effetti i nodi nell'intorno considerato hanno ricevuto un addestramento doppio in *B* rispetto ad *A*). Alla fine della terza fase di addestramento i nodi vincenti per queste locazioni non erano contenuti nello stesso intorno, cioè l'ambiguità distruttiva non si era più verificata.

Caso di studio 12: riepilogo e conclusioni

In questo caso di studio si è analizzato un sistema di apprendimento dei percorsi presentato in precedenza. Un robot mobile è stato addestrato per seguire un percorso di appena 100 m ed è stato capace di seguirlo senza errori per 15 volte, dopodiché l'esperimento è stato ritenuto concluso. Il sistema utilizza dei punti di riferimento percettivi e un processo che costruisce la mappa basato sull'auto-organizzazione. L'odometria invece non è stata utilizzata.

Una metrica, la distanza media tra i punti di fallimento (MDBF, *mean distance between failures*), è stata introdotta e utilizzata per misurare la prestazione del robot nel seguire il percorso. I risultati mostrano un chiaro aumento nella competenza di navigazione dopo ogni successiva fase di addestramento.

Il sistema per l'addestramento del percorso è stato in grado di far fronte ai cambiamenti temporanei dell'ambiente (persone in movimento). Tuttavia, i cambiamenti permanenti (persone ferme) potrebbero causare fallimenti. Poiché la mappa generata dal robot può essere usata per la previsione delle percezioni future, un modo per risolvere questo problema potrebbe essere rilevare le deviazioni dalla percezione prevista e usare queste informazioni per decidere un'azione appropriata.

È inoltre necessario considerare la capacità della rete. In questi esperimenti le dimensioni della rete erano ben più grandi di quanto richiesto per l'ambiente considerato. Tuttavia, non è possibile determinare, osservando semplicemente l'ambiente, quali sarebbero le dimensioni ottimali della rete. Piuttosto che utilizzare dimensioni fisse della mappa, sarebbe meglio che il robot fosse in grado di determinare autonomamente le dimensioni indicative della mappa richieste in base alla complessità dell'ambiente.

Una guida approssimativa potrebbe forse essere ottenuta contando il numero di vettori di ingresso differenti presenti su un circuito del percorso (differenti secondo una misura predeterminata di somiglianza). Un metodo alternativo potrebbe essere usare reti ad accrescimento, quale la rete a gas neurale di Fritzke ([Fritzke 95]). Il sistema, come descritto, è predeterminato a seguire un percorso canonico (le informazioni contenute nella mappa sono simili alla "conoscenza del percorso", [O'Keefe 89]) e, in quanto tale, inadatto per una navigazione libera. Tuttavia, il meccanismo di raggruppamento percettivo può essere aumentato con informazioni relazionali, come la distanza e la direzione verso altre posizioni, per facilitare la navigazione libera.

8.3.3 Caso di studio 13 *Valutazione di un sistema di localizzazione del robot*

Nel caso di studio 7 (p. 136) per l'auto-localizzazione del robot è stato presentato un sistema auto-organizzante, che ha ipotizzato la posizione corrente del robot mediante evidenze accumulate nel tempo ("localizzazione basata sulle evidenze": EBL, *evidence-based localisation*). In questo tredicesimo caso di studio analizzeremo tale sistema e ne determineremo la capacità di localizzazione. In primo luogo, per valutare le prestazioni del sistema di localizzazione, deve essere definita una misura delle prestazioni. In questo caso usiamo due metodi. Il primo consiste nel determinare la corretta posizione del robot (per esempio tramite osservazione) e nel calcolare la differenza media in metri tra la posizione reale e quella ipotizzata. Il secondo è basato sull'entropia e calcola l'efficacia dell'associazione tra la posizione fisica del robot nel mondo e le risposte del sistema di localizzazione ottenute in quella posizione. Cominciamo con il metodo dell'errore medio della distanza.

Calcolo dell'errore medio di localizzazione

Allo scopo di calcolare l'errore medio di localizzazione, sono stati effettuati un certo numero di simulazioni e di esperimenti con il robot FortyTwo. Iniziamo con il descrivere le "simulazioni" e poi descriveremo gli "esperimenti".

Le simulazioni sono state condotte per prime, poiché permettono una valutazione in circostanze definite e ripetibili e consentono l'introduzione controllata di specifici errori. Gli esperimenti sono stati effettuati per dimostrare che il sistema raggiungerà realmente il proprio scopo, cioè permettere a un robot mobile di localizzarsi. Negli esperimenti eseguiti con il robot FortyTwo, i motori per la traslazione e la rotazione sono stati controllati indipendentemente e la torretta è stata lasciata in posizione fissa, per fornire "un senso di bussola" costante. In altre parole, il robot esplora il proprio ambiente con i propri sensori sempre orientato nella stessa direzione globale, piuttosto che nella direzione di viaggio. Quindi l'individuazione delle locazioni dipende solo dalla posizione del robot e non dal proprio orientamento.

Come nel paragrafo 5.4.4, il sistema di localizzazione è stato implementato come una gerarchia di comportamenti (si veda la figura 5.35). Due comportamenti differenti di esplorazione, l'inseguimento del muro e il girovagare (entrambi incorporano l'aggiramento degli ostacoli) sono stati implementati in una rete neurale simile a un percettrone, che è stata addestrata usando le regole d'istinto (per i dettagli si veda il paragrafo 4.3, p. 70). Dopo l'addestramento, il controllore è completamente reattivo e associa direttamente le diverse percezioni dal sensore sonar e dai sensori a infrarossi con le azioni appropriate dei motori per la traslazione e la rotazione.

In ogni esperimento o simulazione, l'errore di localizzazione è stato calcolato come la differenza fra la posizione corrente del robot e la valutazione della posizione generata dal sistema di localizzazione. Dove due o più ipotesi condividono lo stesso livello di confidenza, viene preso in considerazione "il caso peggiore", cioè la posizione ipotizzata che si trova il più lontano possibile dalla posizione corrente.

Simulazioni

Esplorazione mediante inseguimento del muro

In ognuna delle seguenti simulazioni, l'errore di localizzazione è stato memorizzato rispetto al tempo su oltre 30 prove e sono state tracciate le curve di errore medio. Inoltre, per ciascuna prova sono stati misurati il tempo e il numero di iterazioni per cui l'errore di localizzazione ricade sotto un soglia di distanza D ($D = 25$). La tabella 8.8 riporta un'analisi statistica di questi risultati.

Tabella 8.8 Confronto dei tempi di localizzazione nelle simulazioni di inseguimento del muro. Qui il tempo di localizzazione è registrato come il tempo per l'errore di localizzazione per scendere al di sotto della soglia D usata per la costruzione della mappa. In modo similare, il numero di iterazioni dell'algoritmo ("passi") è stato memorizzato in ciascuna prova. I risultati sono stati ottenuti con 30 prove per ciascuna simulazione.

Condizione di errore simulato	Passi registrati				Tempo registrato in sec			
	Media	Dev. stan	Min	Max	Media	Dev. stan	Min	Max
Nessun errore	3,6	1,1	1	6	169,6	67,6	22,5	313,5
10% errore di classificazione	12,4	9,0	3	41	195,3	108,4	58,2	518,3
25% errore di deriva	4,0	1,3	1	7	175,2	67,1	26,0	314,3
Entrambi gli errori	11,4	6,5	2	31	184,8	121,6	39,9	692,4

I tempi impiegati sono stati registrati dall'orologio del sistema UNIX nel corso della simulazione e sono risultati considerevolmente più lunghi di quelli misurati sul robot reale. La bassa velocità dell'esecuzione era dovuta al fatto che tutte e quattro le simulazioni descritte sono state eseguite simultaneamente, usando un singolo robot simulato per fornire l'ingresso sensoriale per ciascuno dei sistemi di localizzazione. Quindi, tutti i risultati sono basati sulle stesse letture sensoriali rilevate dallo stesso robot simulato lungo lo stesso periodo di tempo e usando lo stesso comportamento di esplorazione.

Controllo: nessun errore aggiuntivo
Sul simulatore è stato costruito un ambiente di verifica, come mostrato nelle figure 5.39 e 5.41, progettato in modo che nessuna posizione avesse un'unica caratteristica percettiva: "il caso peggiore" nella localizzazione di un robot mobile. La figura 8.20 mostra l'errore di localizzazione ottenuto come media su 30 tentativi. Si può rilevare che, dopo circa 250 secondi, la curva dell'errore medio scende sotto 25 cm, ossia la distanza di soglia *D* usata nel processo di costruzione della mappa. Ne deriva che, quando non sono presenti errori nel sistema, l'algoritmo individuerà sempre il punto più vicino nella mappa.

Un'altra importante osservazione è la seguente. Riferendoci alla figura 5.41, si immaginino due robot che seguono il muro: uno parte dall'origine e l'altro dalla parte opposta, a sinistra della mappa. Entrambi dovrebbero generare la stessa sequenza di cambiamenti alle categorie della rete neurale ART percepite quando viaggiano in senso orario lungo il recinto, cioè "0, 1, 2, 3, 0, 4, 5, 6, 0, ...". Se l'algoritmo di localizzazione funzionasse dopo un'unica sequenza d'apprendimento delle categorie della rete neurale ART, la disambiguazione tra i due robot avverrebbe al verificarsi della svolta successiva nella mappa. Infatti il primo robot memorizzerebbe un 4 e il secondo robot un 1. Invece, la simulazione condotta fin qui, ha mostrato che questo non succedeva.

Infatti, entrambi i robot simulati troverebbero un'ipotesi di posizione che emerge intorno alla sequenza "0, 1, 2, 3, ...", dove le dimensioni delle regioni percettive corrispondenti, mostrate in figura 5.39, variano significativamente. Quindi, non è soltanto la sequenza delle categorie della rete neurale ART percepite che determina la posizione valutata del robot, ma anche le "dimensioni"

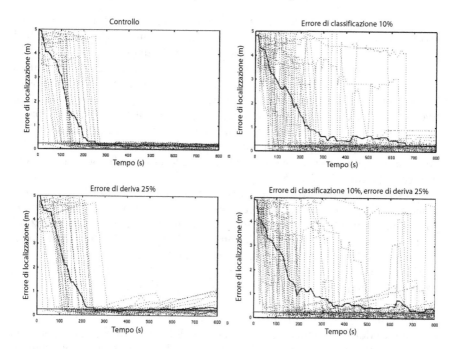

Figura 8.20 Simulazione dell'inseguimento del muro senza nessun errore aggiunto (controllo in alto a sinistra), con il 10% di errore di classificazione (in alto a destra), con il 25% di errore di deriva (in basso a sinistra) e con il 10% di errore di classificazione e il 25% di errore di deriva (in basso a destra). Le linee spesse rappresentano l'errore medio calcolato in circa 30 prove, le linee tratteggiate le prove individuali e la linea orizzontale posta a y = 0,25 la distanza di soglia D usata durante la generazione della mappa.

delle corrispondenti regioni nella mappa. Così il robot continua ad accumulare informazioni utili anche quando nessun cambiamento viene rilevato dalla rete ART. Questo aspetto non è stato mai deliberatamente "programmato" nel sistema, piuttosto è emerso dall'uso dell'odometria relativa per confrontare le successive ipotesi nell'algoritmo di localizzazione.

Introduzione di un errore di classificazione
In un'ulteriore simulazione, è stato aggiunto alla rete ART un errore di classificazione del 10%. Ogniqualvolta la categoria corrente di ART è stata rilevata, è stata introdotta una probabilità di 1 su 10 di classificazione errata, e una delle altre categorie possibili è stata selezionata a caso. Questo è uno scenario molto pessimistico. In pratica, il tasso di errore di classificazione è molto più basso sul robot FortyTwo. I risultati sono indicati nella figura 8.20. Sebbene la tendenza verso il basso sia ancora una volta prevalente, la curva media di errore richiede circa 650 secondi per raggiungere il livello di 25 centimetri. Tuttavia, questo è il caso medio peggiore, considerando un numero costantemente decrescente di valori "cattivi", dove un'ipotesi errata ha portato a un aumen-

to provvisorio nella confidenza sull'eventuale vincitore. I valori "cattivi" sono gradualmente soppressi, mentre l'ipotesi migliore fornisce una "inerzia" sufficiente grazie al termine di guadagno utilizzato nell'algoritmo.

Chiaramente, è molto importante l'equilibrio tra il guadagno e i termini di decadimento usati nell'algoritmo; se il guadagno generale è troppo basso, le buone ipotesi possono non emergere mai; ma se è troppo alto, le ipotesi "cattive" possono richiedere più tempo per essere eliminate. Un insieme separato di simulazioni ha indicato che un livello adatto per il fattore di guadagno è intorno a $1,5 \leq GAIN \leq 8$, con un fattore di decadimento di $0,6 \leq DECAY \leq 0,8$ circa, dato che le ipotesi sono cancellate quando la loro efficacia ricade sotto un livello minimo $MIN = 0,5$.

La tabella 8.8 mostra che, anche se il tempo medio speso per la localizzazione era soltanto di poco superiore al controllo, sono stati necessari molti più passi dell'algoritmo. Ciò perché ogni volta che il sistema di localizzazione guarda alla categoria corrente della rete neurale ART, vi è 1 probabilità su 10 che una classificazione errata innescherà un'altra iterazione dell'algoritmo di localizzazione (in effetti vi sono 2 probabilità su 10, poiché la procedura sarà ancora attivata quando è ottenuta la classificazione corretta).

Introduzione dell'errore di deriva
È stata introdotta deliberatamente una deriva globale artificiale nell'odometria. Ciò è stato realizzato integrando la distanza che ha percorso il robot e aggiungendo, quindi, la percentuale richiesta di deriva alle letture odometriche assolute in una direzione scelta a caso all'inizio di ogni prova. In un insieme separato di simulazioni, è stato trovato che anche con un errore di deriva fino al 20%, le prestazioni dell'algoritmo di localizzazione erano quasi indistinguibili dal controllo. Introdurre un errore di deriva del 25% ha avuto effetto sulle prestazioni, come appare in figura 8.20, dove si può osservare che alcune delle ipotesi vincenti erano degradate dalla deriva e dopo un certo tempo sono state sostituite da un'altra ipotesi corretta.

La soglia di distanza D, usata nella parte delle coincidenze dell'algoritmo di localizzazione, in questo caso diventa critica; se è troppo bassa, il processo di coincidenza fallirà, se è troppo alta, l'algoritmo non discernerà mai fra le ipotesi giuste e quelle sbagliate. Un valore $2D$, il doppio della soglia di distanza usata nel programma per la costruzione di mappe, è risultato sufficiente per il funzionamento normale del sistema.

Si dovrebbe comunque notare che la robustezza all'errore di deriva non è particolarmente sorprendente, in quanto queste simulazioni hanno usato una mappa "perfetta" e l'algoritmo usa soltanto l'odometria relativa. Considerando il funzionamento dell'algoritmo di localizzazione, le informazioni metriche contenute nella mappa sono usate soltanto come una misura approssimativa di vicinanza, in modo che le distorsioni locali nella mappa non dovrebbero essere un problema. Un problema ancora da affrontare è come far fronte all'errore di deriva durante la costruzione della mappa, cioè come garantire che la mappa sia globalmente consistente. Per esempio, con una deriva odometrica la stessa locazione potrebbe essere rappresentata due volte, poiché uno dei criteri per aggiungere posizioni alla mappa è che la posizione sia sufficientemente distinta dalle altre posizioni già presenti nella mappa. Tale criterio sarebbe soddisfatto non solo se le posizioni fossero effettivamente distinte, ma anche se apparissero distinte a causa dell'errore di deriva.

Introduzione dell'errore di classificazione e dell'errore di deriva
Una quarta simulazione ha rilevato una sinergia particolarmente interessante che emerge dalla combinazione di due differenti effetti dell'errore. Sono stati applicati sia un errore di classificazione del 10% sia un errore di deriva del 25%. La figura 8.20 mostra una classificazione "cattiva" e gli effetti della deriva discussi in precedenza. Tuttavia, questi risultati appaiono inconsueti se si attua un confronto con le altre simulazioni mostrate in tabella 8.8, in particolare con l'errore di classificazione del 10%. Può essere osservato che l'inserimento dell'errore di deriva ha fatto sì che l'algoritmo si localizzasse in meno passi e in meno tempo.

Ciò può essere spiegato come segue: l'errore di classificazione del 10% è dovuto a ipotesi cattive ad alta confidenza, come descritto prima. In certe circostanze, queste guadagnano in termini di confidenza quando le classificazioni errate (e le altre classificazioni) della rete ART producono un'evidenza totale a loro favore.

Dato che il passo di accumulazione dell'evidenza dell'algoritmo favorisce le ipotesi che ricadono all'interno della soglia di distanza D, le ipotesi cattive possono essere mantenute più a lungo, se mantengono la loro posizione dove la loro confidenza è decrementata. Perciò, un'accurata integrazione del percorso consentirà alle ipotesi cattive di sopravvivere più a lungo di un'integrazione del percorso meno accurata. Introducendo un errore di deriva del 25%, le ipotesi cattive decadranno più velocemente che nella simulazione con un errore di classificazione del 10%, in questo caso vi è un effetto di compensazione.

A parte questa interessante anomalia, la figura 8.24 (che riporta un confronto dell'influenza di tutti gli errori introdotti sulla capacità del robot di localizzarsi) mostra che le differenze delle prestazioni complessive dell'algoritmo nelle differenti simulazioni sono piccole e che si verifica una degradazione lenta delle prestazioni rispetto all'errore.

L'algoritmo di localizzazione è robusto rispetto all'errore di deriva, ma sono necessarie analisi su larga scala per valutare i problemi durante la costruzione della mappa. Gli errori di classificazione non sembrano degradare troppo le prestazioni rispetto al tempo, ma l'algoritmo deve lavorare pesantemente per ottenere questo risultato.

Introduzione della casualità nell'esplorazione
Nei paragrafi precedenti, per l'esplorazione è stato utilizzato il meccanismo per l'inseguimento del muro. Contrariamente a questa strategia "unidimensionale", qui è stata usata una strategia "bidimensionale" variabile (figura 8.21), tramite la quale le stesse posizioni possono essere visitate da molte direzioni differenti. (Mantenere un orientamento costante della torretta produce il riconoscimento da parte della rete neurale ART2 come discusso prima.)

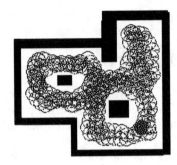

Figura 8.21 Simulatore dell'ambiente di test per la localizzazione "bidimensionale". Il tracciato preso dal simulatore mostra che, girovagando, il robot potrebbe avvicinarsi alle locazioni da direzioni arbitrarie.

Il sensore sonar è stato utilizzato come ingresso alla rete neurale ART2, poiché si è visto che gran parte dello spazio lontano dalle pareti della recinzione non conteneva caratteristiche distinguibili dai sensori a infrarossi (un'interessante caratteristica della rete neurale ART2 è che gli schemi "piatti", cioè privi di caratteristiche evidenti, rilevabili al di sopra del livello accettabile di rumore di fondo, non possono essere classificati).

Anche in questo caso, non vi era nessuna zona dell'ambiente definita unicamente nello spazio percettivo (figura 8.22).

In questo caso il robot è stato addestrato a "girovagare", cioè ad aggirare gli ostacoli con un comportamento uniforme e continuo. Per evitare che il robot rimanesse bloccato in una parte dell'ambiente, è stato aggiunto un rumore casuale al vettore di uscita del controllore neurale.

Inoltre, per applicare questa strategia dell'esplorazione a più zone dell'ambiente e rendere il comportamento imprevedibile, la sensibilità di aggiramento

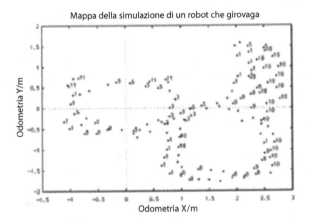

Figura 8.22 Punti locazione creati dalla simulazione di un robot che girovaga; per maggiore chiarezza non sono state qui mostrate tutte le categorie della rete ART.

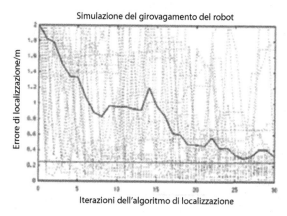

Figura 8.23 Errore di localizzazione per la simulazione di un robot che girovaga (l'errore medio è stato calcolato con circa 30 prove).

degli ostacoli veniva cambiata a intervalli casuali, aggiustando il termine di guadagno applicato al neurone relativo al moto rotazionale. Così facendo, la simulazione ha prodotto una buona verifica delle capacità del robot di localizzarsi senza rivisitare la stessa sequenza di posizioni a ogni giro.

Anche con le suddette estensioni, durante il comportamento del "girovagare" il robot potrebbe richiedere molto tempo per costruire una mappa completa in una piccola recinzione come l'ambiente di prova. Ciò non è sorprendente, poiché la strategia di esplorazione scelta è basata sul caso e sulla "legge dei grandi numeri", per dirigere il robot verso zone della mappa non ancora esplorate.

Ciò si riflette nei risultati ottenuti (figura 8.23). Mentre il robot non ha mai fallito nella localizzazione, ha invece richiesto molto tempo prima di essere in grado di trovare un percorso unico lungo la recinzione. Il numero medio di passi è stato 10,2, ma vi erano delle variazioni intorno a questo numero (lo scarto quadratico medio è stato pari a 7,5), a seconda che il caso fosse più o meno fortunato e consentisse al sistema di localizzazione di effettuare delle buone esplorazioni durante l'esplorazione casuale.

Malgrado le limitazioni già discusse, la simulazione dell'esplorazione casuale sembra verificare i principi fondamentali dell'algoritmo di localizzazione, che riproducono una buona capacità di localizzazione senza una sequenza rigida "di punti di riferimento". Tuttavia, i risultati significativamente migliori sono stati raggiunti, sia nella costruzione della mappa sia nella localizzazione, quando è stato usato il comportamento di inseguimento del muro che ha comportato un grande vantaggio nell'esplorazione mediante percorsi canonici rispetto ai movimenti casuali (per una discussione più dettagliata su questo aspetto, si veda anche [Nehmzow 95b]). In particolare, la costruzione con una mappa è molto più efficiente, usando molti meno punti di riferimento in un'area di dimensioni simili. Una mappa costruita con una sola esplorazione dell'ambiente può contenere tutte le informazioni necessarie al robot che si è

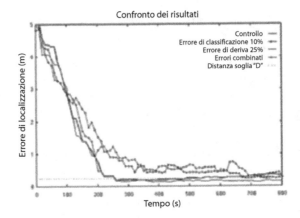

Confronto dei risultati

Figura 8.24 Confronto delle differenti simulazioni di inseguimento del muro. La media degli errori è stata calcolata su circa 30 prove per ciascuna simulazione. È stato adoperato un identico comportamento di inseguimento del muro per tutto. I tempi presi dal simulatore sono il risultato della velocità del sistema operativo impiegato e non dovrebbero essere considerati come "tempo reale"; essi sono stati forniti solo per il confronto relativo dei risultati.

disorientato per localizzarsi utilizzando la stessa strategia di esplorazione. La localizzazione inoltre è molto più facile quando si segue lo stesso percorso precedente.

Gli esperimenti con un robot reale

Dopo aver completato queste simulazioni, il sistema è stato provato sul robot FortyTwo nel laboratorio di robotica dell'Università di Manchester. Il comportamento di inseguimento del muro è stato usato per l'esplorazione, insieme alla

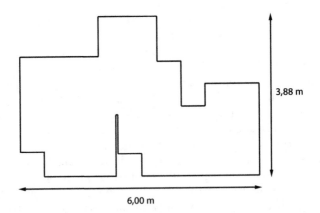

Figura 8.25 Ambiente adoperato per i test con i robot reali. Per l'esplorazione è stato usato un comportamento di inseguimento del muro in senso orario; i sensori a infrarossi del robot sono stati impiegati per fornire gli ingressi alla rete neurale ART2.

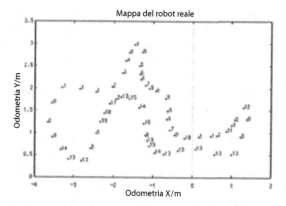

Figura 8.26 Mappa generata dal robot reale. I punti locazione seguono il percorso del robot che insegue il muro lungo la recinzione come mostrato in figura 8.24.

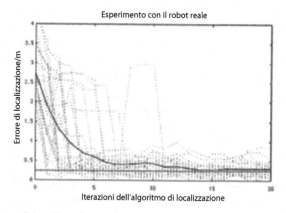

Figura 8.27 Errore di localizzazione sul robot reale. La linea spessa mostra la media dell'errore calcolata su circa 30 prove; la linea orizzontale posta a y = 0,25 denota la distanza di soglia D usata durante la generazione della mappa.

rete ART2 configurata per ricevere gli ingressi dai 16 sensori a infrarossi del robot. La costruzione della mappa è stata effettuata durante un singolo circuito di una recinzione fatta di pareti e di scatole (figura 8.25), progettata espressamente per contenere zone di ambiguità percettive, come indicato nella mappa (figura 8.26). La velocità media in avanti del robot intorno a questa recinzione era di 0,10 ms⁻¹.

L'algoritmo è stato eseguito per 20 iterazioni per ogni prova, per un totale di 30 prove. I risultati forniti nella figura 8.27 mostrano una tendenza verso il basso nel tempo dell'errore medio di localizzazione. La posizione effettiva del robot è stata acquisita dall'odometria globale, poiché non erano disponibili mezzi esterni di registrazione della posizione reale del robot FortyTwo. I risultati mostrati saranno perciò accurati tanto quanto consente l'effetto di deriva odometrica.

Il tempo e il numero di iterazioni per cui l'errore dell'algoritmo si colloca sotto la soglia di distanza D è stato misurato in ogni prova. Il numero medio di passi era pari a 7,0, con uno scarto quadratico medio di 5,6. Il tempo medio impiegato era di 27,3 secondi, con uno scarto quadratico medio di 21,9 secondi (la curva media, come appare in figura 8.27, impiega più tempo per raggiungere il livello D perché questo calcolo considera il caso peggiore degli errori di localizzazione come spiegato precedentemente).

L'analisi dei tentativi individuali di localizzazione evidenzia che l'algoritmo era capace di localizzarsi con successo, una volta che il robot aveva viaggiato attraverso una sequenza unica di percezioni lungo il perimetro del recinto. Per esempio, seguendo in senso orario il percorso del robot riportato in figura 8.26, la sequenza 0, 1, 5 delle categorie della rete ART2 identificano univocamente il punto alle coordinate (−1,3, 2,8). Tuttavia, la sequenza 0, 1 potrebbe essere ambigua, poiché esistono 2 luoghi possibili lungo il percorso dove questa si verifica.

Nei risultati mostrati, l'errore di localizzazione è calcolato come differenza tra la posizione "effettiva" del robot, ottenuta dall'odometria, e la posizione stimata, ottenuta dall'algoritmo di localizzazione. Dove due o più ipotesi condividono lo stesso livello di confidenza, l'errore è calcolato in base all'ipotesi più lontana dalla locazione attuale. Quando il sistema si localizza in una posizione memorizzata sulla mappa che è la più vicina alla posizione effettiva del robot, il miglior risultato teoricamente possibile potrebbe essere un errore di localizzazione con un valore compreso tra 0 e D, cioè la distanza di soglia usata nella costruzione della mappa.

Come prima, un'ulteriore analisi dei risultati ha mostrato che non è soltanto la sequenza di categorie della rete ART percepite che determina la posizione stimata del robot, ma anche la "dimensione" delle regioni corrispondenti nello spazio cartesiano (il numero di locazioni nell'intorno che condividono la stessa categoria percettiva). Perciò, il robot continua ad accumulare informazioni utili anche quando nessun cambiamento è stato rilevato dalla rete ART. L'esperimento è stato ripetuto sul robot facendogli attuare un comportamento antiorario di inseguimento del muro per localizzarsi di nuovo, piuttosto che il solito inseguimento orario del muro per la costruzione della mappa. Ne è risultato lo stesso livello di prestazione precedente, dimostrando che la capacità di localizzazione è indipendente dalla sequenza temporale di punti di riferimento, come nel caso di studio 5.

Valutazione delle prestazioni mediante le misure basate sull'entropia
Fin qui, abbiamo valutato le prestazioni di localizzazione determinando l'errore di localizzazione in metri e osservando i cambiamenti nell'errore durante l'avanzamento dell'esperimento. Un secondo metodo di valutazione della prestazione è l'uso delle misure basate sull'entropia introdotte nel paragrafo 8.2.4, che determina l'efficacia dell'associazione tra la posizione fisica del robot e la risposta interna del proprio sistema di localizzazione.

Con l'impiego della procedura sperimentale descritta, possiamo quantificare la prestazione del nostro sistema di localizzazione sulla distanza percorsa

Tabella 8.9 Caratterizzazione dei sei differenti ambienti nei quali le misure delle prestazioni basate sull'entropia sono state applicate al sistema di localizzazione basata sull'evidenza (EBL, *evidence-based localisation*).

Descrizione	Percorso (m)	Locazione bins	Numero di prove	Posizione nella mappa
A Area distributori bevande	60	24	298	88
B Ingresso a forma di T	54	14	263	71
C Corridoio a forma di L	146	40	474	185
D Piccola stanza vuota	23	8	232	33
E Corridoio singolo	51	14	248	61
F E più persone in movimento	51	14	249	61

dal robot. Tuttavia, affinché i risultati siano significativi, abbiamo bisogno di confrontare quantitativamente le prestazioni del nostro sistema con altri sistemi di localizzazione. In questi esperimenti, perciò, abbiamo deciso di confrontare il nostro sistema con due strategie di localizzazione "di base"; la localizzazione che usa l'integrazione del percorso e la localizzazione che usa solo i punti di riferimento osservabili.

La procedura sperimentale descritta sopra è stata ripetuta in 6 differenti ambienti nel Dipartimento di informatica dell'Università di Manchester, descritti nella tabella 8.9. In ciascun esperimento, la prima frazione di dati memorizzati è stata usata per la costruzione della mappa e i dati rimanenti sono stati usati per la verifica. In ciascun caso, il numero di prove è stato scelto con cura, in modo che ciascuna parte dell'ambiente fosse egualmente rappresentata nei dati. Gli ambienti da *A* a *E* rimanevano non modificati nel corso degli esperimenti. Per valutare l'impatto dei cambiamenti in un ambiente nei differenti sistemi, abbiamo aggiunto persone in movimento nell'ambiente E per ottenere un ambiente *F* dinamico. Abbiamo lasciato questo ambiente non modificato durante la costruzione della mappa.

Tuttavia, durante la memorizzazione dei dati usati per la fase di verifica, 29 persone camminavano attorno al robot (la posizione intermedia tra il robot e il muro è stata seguita in 11 dei 29 casi). Altre 9 persone erano nel corridoio o nei vani delle porte non appena il robot passava, con l'aggiunta perciò di punti di riferimento nuovi non presenti nella mappa. Per di più, in 4 occasioni, le porte di emergenza nelle immediate vicinanze del robot sono state lasciate aperte per diversi secondi, rimuovendo in questo modo i punti di riferimento presenti nella mappa sebbene siamo stati attenti a non consentire al robot di uscire dal percorso.

Integrazione non corretta del percorso

Per la localizzazione, al robot è stato consentito di usare soltanto le proprie letture odometriche grezze. All'inizio di ciascuna prova, l'odometria non corretta del robot (si veda la figura 3.9) è stata inizializzata alla posizione "corretta"; l'orientamento preso dalla corretta traccia odometrica è mostrato in figura 3.11. I dati memorizzati dal robot sono stati utilizzati di nuovo, usando l'integrazione del percorso per produrre le coordinate (x, y) nel tempo. Per ottenere la risposta R, le coordinate (x, y) prodotte dalla strategia di integrazione del percorso sono state codificate grossolanamente in zone, usando la griglia tratteggiata mostrata in figura 3.11. Per mantenere un numero finito di possibili risposte, ogni volta che la posizione stimata si collocava in una delle zone non occupate dalla traccia odometrica corretta, la risposta è stata classificata come "al di fuori" dell'ambiente ed è stata assegnata a un numero separato di zone per il resto di quella prova.

Uso dei punti di riferimento percettivi
Al robot è stato consentito di usare soltanto le letture correnti del sensore sonar e del sensore ad infrarosso per localizzarsi, mediante i punti di riferimento osservabili correntemente. In questo sistema, l'ingresso sensoriale corrente è classificato mediante il primo vicino rispetto a un insieme di prototipi memorizzati. Ciascun prototipo memorizzato consiste in una caratteristica percettiva sonar normalizzata e in una caratteristica infrarossa normalizzata. La classificazione è decisa mediante la normalizzazione delle letture del sensore sonar e del sensore a infrarossi correnti, e usando l'equazione 8.32 (come nel sistema di localizzazione basato sull'evidenza) per determinare il vicino più prossimo:

$$d_k = \left\| \vec{S}_c - \vec{S}_k \right\| + \left\| \vec{I}_c - \vec{I}_k \right\| \qquad (8.32)$$

dove d_k indica la differenza sensoriale corrente per la locazione k, $\vec{S}_k$ e $\vec{I}_k$ sono le letture del sensore sonar e del sensore a infrarossi normalizzate per la locazione k, e $\vec{S}_c$ e $\vec{I}_c$ sono le letture correnti normalizzate dei sensori sonar e dei sensori a infrarossi (in questi esperimenti, come risulta dalla tabella 5.1, D $= 0,375$ m, T $= 1,5$).

Per facilitare un confronto diretto con il sistema di localizzazione basato sull'evidenza, abbiamo utilizzato gli stessi prototipi memorizzati e creati dalla componente per la costruzione della mappa di quel sistema. Durante la verifica la classe delle uscite (cioè il vicino più prossimo) è stata presa come risposta del robot R.

Risultati
Come ci potevamo aspettare, i risultati in figura 8.28 mostrano che la prestazione dell'integrazione del percorso peggiora con il passare del tempo, mentre il sistema che usa soltanto dei punti di riferimento correntemente osservabili si comporta in modo approssimativamente costante e la prestazione del sistema basato sull'evidenza migliora nel tempo.

Il sistema di localizzazione basato sull'evidenza ha impiegato più tempo a localizzarsi nell'ambiente dinamico, ma ha ottenuto lo stesso livello totale di prestazione. Le prestazioni di entrambi i sistemi basati sui punti di riferimento e l'integrazione del percorso sono peggiorate in un ambiente dinamico (evitare le persone più volte, significa un accumulo di errore di movimento rotazionale nell'odometria del robot).

Le misure ottenute nei differenti esperimenti sono riepilogati nella tabella 8.10 nella quale il valore medio di $U(L|R)$ (si veda l'equazione 8.30) per il sistema basato sui punti di riferimento e l'integrazione del percorso riflette rispettivamente i livelli totali delle ambiguità percettive e delle derive odometriche che si sono verificate nei differenti ambienti.

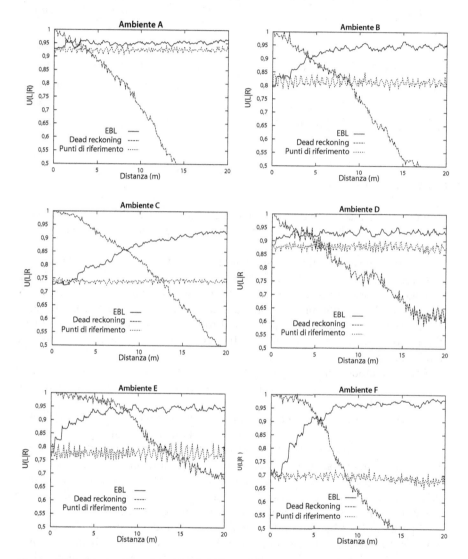

Figura 8.28 Risultati in sei ambienti differenti. È vero per tutti gli ambienti che la prestazione dell'integrazione del percorso si deteriora con l'aumentare della distanza di viaggio, mentre aumenta per la localizzazione basata sull'evidenza (EBL). La localizzazione basata puramente sul riconoscimento dei punti di riferimento non è influenzata dalla distanza di viaggio percorsa.

Tabella 8.10 Riepilogo dei risultati per la localizzazione basata sull'evidenza, per la localizzazione basata sui punti di riferimento percettivi e per la localizzazione con integrazione del percorso senza correzione (si veda la figura 8.27). $U(L|R)$ e $H(L|R)$ sono rispettivamente la media dei coefficienti di incertezza e la media dell'entropia.

	EBL dist/m per $U(L|R)=0,9$	Classificatore dei punti di riferimento $U(L|R)$	Classificatore dei punti di riferimento $H(L|R)$	Integrazione del percorso $U(L|R)$	Integrazione del percorso $H(L|R)$
A	0,0	0,925	0,227	0,663	1,013
B	3,8	0,814	0,487	0,724	0,719
C	13,6	0,739	0,980	0,785	0,807
D	0,5	0,878	0,236	0,786	0,413
E	3,0	0,776	0,585	0,864	0,355
F	4,7	0,690	0,808	0,686	0,819

8.4 Conclusioni

L'analisi è il fondamento della ricerca scientifica. La validità di un esperimento deve essere comprovata in base ad alcuni parametri di prestazione e agli esiti prefigurati dalle ipotesi di partenza.

L'analisi rileverà se il robot si comporta correttamente e se una determinata ipotesi che riguarda l'interazione tra il robot e l'ambiente possa essere confermata sperimentalmente. Il metodo di analisi più semplice è la descrizione qualitativa che include oltre alla traccia delle traiettorie e delle fotografie, la descrizione verbale della prestazione del robot che dichiara se il robot porti a termine o meno alcuni comportamenti e come li esegua secondo l'opinione dell'osservatore.

Questo metodo però presenta l'inconveniente di essere soggettivo e di non essere perciò adatto a guidare il processo di progettazione o di verifica indipendente degli esperimenti.

Il metodo della descrizione quantitativa, per esempio quello degli indicatori di misura delle prestazioni, fornisce uno strumento di analisi più preciso.

Gli indicatori possono essere usati per alterare in maniera sistematica i parametri del sistema, al fine di ottenere una prestazione migliore. Essi possono anche essere usati per una replica indipendente degli esperimenti, una procedura comune nella scienza. La difficoltà è riuscire a trovare dei descrittori quantitativi che siano utili per valutare i compiti dei robot.

Il paragrafo 8.2 ha introdotto alcuni metodi statici che possono essere usati per analizzare il comportamento del robot, e 3 casi di studio hanno esemplificato come questo potesse essere realizzato praticamente. Per i compiti del robot che coinvolgono la localizzazione, l'associazione tra la posizione effettiva del robot e la posizione stimata, un buon indicatore è fornito dall'analisi della tabella delle contingenze. L'*entropia* e il *coefficiente di incertezza* (si veda il paragrafo 8.2.4, p. 201) consentono una valutazione quantitativa sulla rilevanza di questa associazione. I casi di studio 10 e 12 hanno applicato queste modalità per valutare la costruzione della mappa e i sistemi di localizzazione di un robot.

Nel caso di studio 12 l'obiettivo era misurare come un robot apprenda velocemente e con successo a seguire un percorso indicato da un operatore. Questo risultato è stato ottenuto definendo una condizione di errore, e misurando la distanza media tra i fallimenti (per esempio le situazioni in cui la condizione di errore era stata incontrata). Questa distanza media tra i fallimenti fornisce una descrizione statistica della relazione tra il tempo di addestramento e la frequenza di fallimento nel seguire un percorso prescritto.

In conclusione, il punto centrale di questo capitolo ha mostrato che è determinante avere delle misure quantitative del comportamento del robot e delle prestazioni rispetto a determinati obiettivi. Queste misure consentono la modifica controllata dei parametri del sistema e la replica dell'esperimento da parte di altri gruppi di ricerca. I casi di studio hanno presentato degli esempi di come questo possa essere ottenuto.

8.5 Letture di approfondimento

Analisi statistica del comportamento dei robot
E. Batschelet, *Circular Statistic in Biology*. Academic Press, New York, 1981.

J.H. Zar, *Biostatistical Analysis*. Prentic Hall, New Jersey, 1984.

L. Sachs, *Applied Statistics*, 2nd ed. Springer, Berlin-Heidelberg-New York, 1984.

W. Press, S. Teukolsky, W. Vetterling, B. Flannery, *Numerical Recipes in C*. Cambridge University Press, Cambridge UK, 1992.

Caso di studio 11
U. Nehmzow, "Meaning" through clustering by self-organisation of spatial and temporal information. In: C.L. Nehaniv (ed) *Computation for metaphors, analogy and agents*, pp. 209-229. Springer, Berlin-Heidelberg-New York, 1999.

Caso di studio 12
C. Owen, U. Nehmzow, Middle scale navigation: a case study. In: N. Sharkey, U. Nehmzow (eds.), Spatial reasoning in mobile robots and animals, *Technical Report Series*, Report No. UMCS-97-4-1, Dept. of Computer Science, University of Manchester, 1997 (disponibile all'indirizzo internet *http://cswww.essex.ac. uk/staff/edfn/navigation.html*).

Caso di studio 13
T. Duckett, U. Nehmzow, A robust, perception-based localisation method for a mobile robot. *Technical Report Series*, Report No. UMCS-96-11-1, Dept. of Computer Science, University of Manchester, 1996.

T. Duckett, U. Nehmzow, Mobile robot self-localisation and measurement of performance in middle scale environments. *Journal of Robotics and Autonomous Systems*, vol. 24, pp. 57-69, 1998.

Il futuro della robotica

Il capitolo finale pone l'attenzione sulle ragioni del successo della robotica mobile e indica le sfide future della ricerca in questo campo.

9.1 I risultati

Dai tempi di robot come Shakey, tra gli anni sessanta e settanta, la robotica ha registrato grandi progressi. Inizialmente l'operatività era inaffidabile, soprattutto a causa di un hardware inadatto e di sensori rudimentali. Attualmente non è ancora possibile realizzare i piani più ambiziosi (come progettare un robot che sia in grado di assemblare il kit di un televisore) e, spesso, le prestazioni sono risultate deludenti (come quei robot che sono in grado di completare soltanto parti di una sequenza di comportamenti o che richiedono molto tempo per la pianificazione dei loro movimenti).

Sia per l'inaffidabilità dell'hardware del robot, sia per la lentezza di calcolo dei computer, nei primi tempi la ricerca sulla robotica mobile intelligente ha accantonato il progetto di costruire robot e ha focalizzato invece l'attenzione sulla simulazione e sulle caratteristiche del controllo teorico. Allo stato attuale l'hardware del robot – in particolare i sensori, gli attuatori e le batterie – sono stati migliorati a tal punto che i veicoli guidati automaticamente sono comunemente impiegati nelle industrie.

Abbiamo anche tratto beneficio dai grandi miglioramenti nella capacità hardware di calcolo, che ha permesso la creazione di software di controllo molto sofisticati. Per esempio, oggi è possibile analizzare le immagini di una telecamera acquisite con una certa frequenza per guidare le macchine su strada o interpretare una grande quantità di dati ricevuti dai sensori in tempo reale. Di conseguenza, è stato possibile mandare un robot mobile esploratore sul pianeta Marte[1] o all'interno dei crateri vulcanici[2], e si è iniziato a pensare, da un punto di vista commerciale, alla possibile vendita di robot domestici per ambienti non strutturati e mutevoli, quali i nostri soggiorni e i nostri giardini[3]. I robot autonomi mobili sono ora in grado di localizzarsi e di navigare in ambienti non modificati, utilizzando naturalmente i punti di riferimento che si presentano e che essi percepiscono nell'ambiente, e saranno sempre più utilizzati in applicazioni industriali con compiti di trasporto di materiale. Inoltre, i robot autonomi svolgeranno un ruolo sempre più importante nei compiti di ispezionamento e di esplorazione. Il più grande impatto commerciale dei robot, comunque, sarà probabilmente nei giocattoli intelligenti. Robot da intrattenimento, con un grande repertorio di possibili azioni e con una struttura di controllo complessa, sono già in commercio e diventeranno sempre più parte della nostra vita.

9.2 Le ragioni del successo

Naturalmente, i progressi tecnologici, sia nella componente hardware del robot sia nella capacità di calcolo dei computer, sono stati determinanti per il recente successo della robotica, ma vi sono stati anche altri fattori.

Uno dei più importanti passi avanti è stato probabilmente l'aver compreso che l'hardware e il software dovevano essere considerati inscindibili. L'idea di costruire "controllori intelligenti" da inserire in piattaforme robotiche non ha ottenuto un buon risultato, poiché l'hardware e il software dipendono l'uno dall'altro; il segnale percepito da un sensore (hardware) crea le basi del processo di controllo (software). Il processo di controllo, dunque, guida un attuatore (hardware) per assolvere a qualche compito.

La constatazione di questa interdipendenza ha condotto a rivedere e a correggere il metodo di ricerca nel campo della robotica: a operare cioè assai più con robot reali e assai meno con modelli numerici semplificati. L'utilizzo di "agenti situati e integrati" (*embedded, situated agents*) è stato uno dei principali fattori che ha contribuito all'evoluzione nella robotica mobile.

L'impiego di robot reali ha portato a risultati prima impossibili: l'interazione tra il robot e l'ambiente ha prodotto effetti imprevedibili ("fenomeni emergenti"); per esempio ostacoli che vengono spostati per effetto del contatto o persone che si allontanano dalla traiettoria del robot (il modo più facile per evitare l'ostacolo: l'ostacolo evita il robot). Una volta che è stato possibile disporre di un numero sufficiente di robot reali (dalla fine degli anni ottanta in avanti), la ricerca ha prodotto robot più realistici e di maggiore successo.

---

[1] Per l'esplorazione di Marte è stato utilizzati il robot Sojourner
(http://mars.jpl.nasa.gov/MPF/rover/sojourner.html).
[2] Nel 1994, per l'esplorazione dei vulcani in Antartide è stato impiegato il robot Dante
(http://www.ri.cmu.edu/projects/project_163.html).
[3] Sono, per esempio, già disponibili dei robot tagliaerba autonomi, mentre cominciano ora a essere commercializzati dei robot aspirapolvere autonomi.

Un altro fattore che ha contribuito ai successi è stato l'impiego crescente di strutture di controllo distribuite, composte di semplici elementi ("comportamenti") che interagiscono tra loro, generando sinergicamente il comportamento totale del robot. Questi controllori tendono a essere meno fragili rispetto ai controllori monolitici.

Riassumendo, i progressi della tecnologia hanno spianato la strada, poiché hanno fornito nuovi possibili approcci per il controllo. Il conseguente cambiamento nel paradigma della ricerca, principalmente concentrato sulla sperimentazione con robot reali che operano nel loro ambiente obiettivo, porterà a nuovi progressi nella realizzazione di robot affidabili, robusti e in grado di eseguire compiti determinati.

9.3 Sfide

Eppure, le applicazioni di robot "intelligenti" non sono molto diffuse. Come ho potuto osservare, vi sono tre importanti aree di sfida nella ricerca sulla robotica mobile: tecnologia, controllo e metodologia.

9.3.1 Sfide tecnologiche

Ogni algoritmo di controllo è valido solo se le informazioni che gli vengono fornite sono corrette. Occorre sviluppare nuove modalità sensoriali (esempi recenti sono i sistemi globali di posizionamento e i radar laser) e sensori in grado di pre-elaborare i propri dati sensoriali grezzi e di fornire, quindi, informazioni più utili al controllore. Uno degli esempi più innovativi è fornito dalle telecamere disponibili in commercio che automaticamente riconoscono un oggetto colorato e forniscono informazioni circa la sua posizione al controllore.

Affinché la robotica mobile possa avere un maggiore impatto sull'industria e sulla società, è necessario focalizzare l'attenzione sulla continuità di funzionamento dei robot. I robot mobili dovranno operare virtualmente senza una supervisione, portando a termine in continuo alcuni compiti specifici, senza che sia necessaria la presenza di un operatore (eccetto che per la manutenzione). Attualmente, la necessità di fornire energia a un robot mobile rappresenta un "collo di bottiglia": sono necessarie nuove tecnologie per le batterie, le celle a combustibile, l'energia solare e i motori a combustione interna. Si tende dunque a ottenere robot capaci di autoricaricarsi e di collegarsi a stazioni per la ricarica energetica senza nessuna guida esterna. I primi modelli di laboratorio sono già disponibili.

9.3.2 Sfide nel campo del controllo

Uno dei principali obiettivi della ricerca nella robotica mobile dovrebbe essere ottenere robot che abbiano un'autonomia maggiore e siano, in definitiva, capaci di condurre un'operazione continua in ambienti non strutturati e parzialmente non prevedibili. Periodi di operatività più lunghi e un ambiente meno strutturato, tuttavia, aumenteranno la probabilità che il robot incontri situazioni non previste dal progettista. L'*apprendimento*, nel senso più ampio del termine, costituisce una delle maggiori sfide nel controllo dei robot mobili. Finora si è ottenuto l'apprendimento di associazioni dirette tra ingresso e uscita, di funzioni di ricompensa (utilizzabili nei processi decisionali) e di rappresentazioni interne dell'ambiente del robot.

Tuttavia il problema del senso comune – guidare cioè il processo di ragionamento con l'esperienza, per evitare che vengano considerate possibilità inutili – è un nodo centrale e ancora irrisolto, nei robot mobili intelligenti.

Un altro problema fondamentale ancora irrisolto, è legato alla produzione di rappresentazioni interne generalizzate, alla costruzione di concetti e alla rilevazione delle novità. Vi sono diversi aspetti nella complessa questione di come dare un senso alla percezione. Da un lato, la generalizzazione e la formazione dei concetti riducono la quantità di memoria necessaria nell'operatività continua; inoltre – cosa ben più importante – forniscono il metro con il quale valutare le percezioni del sensore del robot. Il riconoscimento delle novità, dall'altro lato, è essenziale per l'esecuzione di numerosi compiti dei robot mobili, tra i quali l'ispezione, la sorveglianza, la navigazione e l'apprendimento delle capacità fondamentali che legano il sensore all'attuatore.

9.3.3 Sfide metodologiche

Come si è detto le tre principali sfide riguardanti i metodi della ricerca della robotica mobile sono: la terminologia, la progettazione e la procedura.

Terminologia
Gli obiettivi della ricerca, la descrizione del metodo, i risultati e la loro interpretazione dipendono tutti in maniera cruciale dalla terminologia che utilizziamo. La robotica mobile invita per natura a "voli pindarici". Un robot può calcolare una funzione di costo e volgerla in risultato: ciò significa che il robot sta "pensando"? I robot si occuperanno di un numero sempre maggiore di compiti, molti dei quali banali e ripetitivi: ciò non significa che "subentreranno". Come si è osservato, un linguaggio impreciso rende difficile per gli scienziati comprendere esattamente il metodo utilizzato e i risultati ottenuti. D'altra parte, i voli pindarici creano speranze che, non potendo essere soddisfatte, possono portare a una disillusione simile a quella che si era verificata con l'intelligenza artificiale negli anni settanta.

Progettazione contro evoluzione
I controllori dei robot mobili possono essere progettati o evoluti attraverso algoritmi genetici. Questi ultimi rappresentano un'opzione attraente, che promette il raggiungimento di soluzioni che non sono state trovate con altre modalità, ma si tratta di una promessa non ancora esaudita.

A oggi non vi sono soluzioni per il controllo del robot mobile attraverso l'evoluzione simulata, che abbiano superato la progettazione, che rappresenta ancora il mezzo più potente per ottenere controllori per robot mobili. La sfida è perciò sviluppare ulteriori strumenti di progettazione e raffinare il processo di progettazione esistente.

Attualmente molti parametri, e persino intere strutture, di controllo vengono determinati mediante prove ed errori. Sono disponibili pochi strumenti di progettazione per i controllori di robot mobili; il metodo usuale è l'implementazione di un controllore sul robot, cui fa seguito la fase di prova. A differenza di altri processi di progettazione (per esempio quello di un circuito elettronico), non esiste una metodologia progettuale prestabilita nella robotica mobile che consenta di ottenere un controllore in modo deterministico. Dunque, il progetto deve essere condotto attraverso procedure sperimentali.

Procedura
Come si è discusso nel capitolo 8, la valutazione del comportamento del robot dipende ancora in massimo grado da misure *qualitative*. Per guidare il processo di progettazione, è necessario attuare sempre più valutazioni *quantitative* delle prestazioni del robot. La sfida consiste nello sviluppo di tali misure.

Tuttavia, l'intera comunità di ricerca deve superare una duplice sfida: la prima è adottare delle misure proprie, per permettere quindi valutazioni quantitative dei risultati; la seconda è stabilire una procedura per la verifica indipendente degli esperimenti. Attualmente la ripetizione degli esperimenti è in genere impossibile (eccetto che in casi specifici), poiché, come si è detto, in assenza di una specifica e univoca terminologia, non è possibile identificare le descrizioni dei robot, dei compiti e degli ambienti. La sfida è trovare questo linguaggio specifico e condiviso, per utilizzarlo anche nelle verifiche indipendenti dei risultati sperimentali.

9.4 Il principio

Questo libro ha offerto un rapido sguardo sull'affascinante area di ricerca dell'intelligenza artificiale nella robotica mobile. I casi di studio hanno fornito esempi sull'apprendimento e la navigazione dei robot, sulle misure quantitative delle prestazioni e sulla simulazione del robot attraverso modelli di apprendimento. Ma questo è solo il principio; questo testo vuole essere un base di partenza per stimolare l'interesse nei confronti dei robot mobili autonomi e intelligenti, che si muovono senza supervisione, apprendono attraverso prove ed errori, si adattano a un mondo che muta rapidamente e portano a termine – sempre e al meglio – i compiti loro assegnati. Buona fortuna!

9.5 Letture di approfondimento

Robotica mobile in generale
R.C. Arkin, *Behavior-based robotics*. MIT Press, Cambridge MA, 1998.
G. Dudek, M. Jenkin, *Computational Principles of Mobile Robotics*. Cambridge University Press, Cambridge, 2000.

P. McKerrow, *Introduction to Robotics*. Addison-Wesley, Sydney, 1991.

J. Borenstein, H.R. Everett, L. Feng, *Navigating Mobile Robots*. AK Peters, Wellesley MA, 1996.

Intelligenza artificiale e scienza cognitiva nella robotica

V. Braitenberg, *Vehicles: experiments in synthetic psychology*. MIT Press, Cambridge MA, 1984.

R. Pfeifer, C. Scheier, *Understanding intelligence*. MIT Press, Cambridge MA, 1999.

R.R. Murphy, *An introduction to AI robotics*. MIT Press, Cambridge MA, 2000.

R. Kurzweil, *The age of intelligent machines*. MIT Press, Cambridge MA, 1990.

M.A. Arbib (ed.), *The handbook of brain theory and neural networks*. MIT Press, Cambridge MA, 1995.

C.R. Gallistel, *The organisation of learning*. MIT Press, Cambridge MA, 1990.

Appendice

Soluzioni degli esercizi

1. Sensori sonar (p. 28)

Osservando le letture del sonar di figura 3.5 (qui riportata) si possono fare le seguenti osservazioni. Innanzitutto, le letture del sonar rilevano che il robot era stato guidato a una distanza dal muro, più o meno costante, di circa 60 cm. Nella linea più bassa del sonar sono visibili chiaramente anche quattro porte.

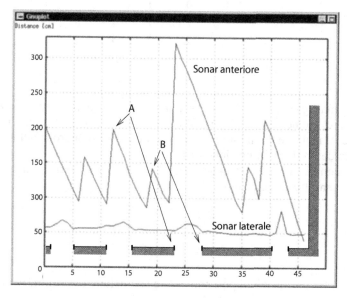

Figura 1 Interpretazione delle letture di un sensore sonar.

Ogni porta è preceduta da due picchi sulla parte frontale del sonar, cioè quando è stato riconosciuto il primo telaio della porta (punto "A" in figura 1), e quando compare il secondo telaio della porta (punto "B" in figura 1).

Anche la larghezza delle porte può essere stimata. Poiché il telaio della porta (punto "A") è rilevato al passo 12 ed è perso al passo 19 dell'asse temporale, il robot ha rilevato il telaio della porta per sei passi temporali. Nell'esempio la misura è stata rilevata ogni 20 cm, così la larghezza delle porte dovrebbe essere di circa 1,20 m. Non si tratta di una misura irragionevole.

Che il robot si sposti verso un muro alla fine del tragitto può essere dedotto dal fatto che la distanza delle letture frontali del sonar decrescono costantemente dopo il passo 40.

Non è altrettanto facile capire se nell'esperimento le porte erano aperte oppure no. La profondità delle porte è misurata con un valore di circa 10 cm, che indica che erano chiuse. Tuttavia, anche se la porta fosse aperta, il raggio di azione del sonar rivolto verso la parete potrebbe non essere abbastanza stretto per passare attraverso l'uscio e, quindi, individuare il telaio della porta.

2. Aggiramento completo degli ostacoli con i neuroni di McCulloch e Pitts (p. 60)

La tabella di verità che deve essere implementata è la seguente:

Tabella 1 Tabella di verità per l'aggiramento completo degli ostacoli

LW	RW	LM	RM
0	0	1	1
0	1	-1	1
1	0	1	-1
1	1	-1	-1

La prima riga della tabella di verità indica che la soglia Θ deve essere inferiore a zero. Come prima, scegliamo Θ pari a $-0,01$. Determiniamo i pesi w_{LW} e w_{RW} per il neurone del motore di sinistra. I pesi per il neurone del motore destro sono determinati in maniera analogo.

La seconda, la terza e la quarta riga della tabella di verità sono convertite nelle seguenti tre disequazioni:

$$w_{RW} < \theta$$
$$w_{LW} > \theta$$
$$w_{LW} + w_{RW} < \theta$$

Queste tre disequazioni possono essere soddisfatte dai valori, per esempio, $w_{LW} = 0,3$ e $w_{RW} = -0,5$.

3. Inseguimento dell'obiettivo e aggiramento degli ostacoli (p. 87)

La tabella di verità per il robot che insegue l'obiettivo e aggira gli ostacoli, è la seguente:

Tabella 2 Tabella di verità per l'inseguimento dell'obiettivo e l'aggiramento degli ostacoli

LW	RW	BS	LM
0	0	−1	−1
0	0	1	1
0	1	−1	−1
0	1	1	−1
1	0	−1	1
1	0	1	1
1	1	−1	don't care
1	1	1	don't care

Questo robot, ovviamente, non eseguirà mai un movimento in avanti, poiché il sensore di boa indica di "girare a sinistra" o di "girare a destra", movimento che sarà eseguito come una rotazione. Pertanto possiamo ridurre la tabella di verità a una funzione del motore di sinistra e, successivamente, implementare l'esatto opposto della funzione del motore di sinistra per il motore di destra. Adesso cercheremo di implementare questa tabella di verità usando un neurone di McCulloch e Pitts per ciascun motore e analizzando solo il motore di sinistra. La struttura di questa rete è mostrata in figura 2.

La prima e la seconda riga della tabella di verità danno come valore $w_B > \Theta$ (con una selezione arbitraria in questo caso di $\Theta = -0,01$).

La quinta riga della tabella di verità dà $w_L - w_B > \Theta$, e dalla quarta riga della tabella di verità è possibile determinare la disequazione $w_R + w_B < \Theta$. Questo ci permette di selezionare tre pesi che soddisfano le condizioni, per esempio $w_L = 5$, $w_B = 3$ e $w_R = -5$. L'analisi di tutte le linee della tabella di verità conferma che questi pesi implementeranno la funzione richiesta.

La struttura finale della rete è mostrata in figura 3. I pesi per il motore di destra sono l'immagine speculare di quelli calcolati per il motore di sinistra (tenendo conto, naturalmente, che il sensore di boa possiede una codifica direzionale di "+1/−1").

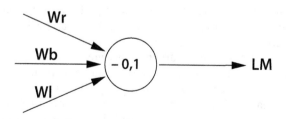

Figura 2 Struttura del neurone richiesto per il motore sinistro.

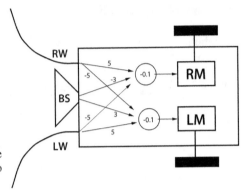

Figura 3 Un robot mobile che insegue un obiettivo e aggira gli ostacoli usando i neuroni di McCulloch e Pitts.

4. Media e deviazione standard (p. 198)

Un robot è fermo davanti a un ostacolo e ottiene dai suoi sensori sonar il seguente intervallo di letture (in cm): 60, 58, 58, 61, 63, 62, 60, 60, 59, 60, 62, 58.

Usando l'equazione 8.3, possiamo calcolare la distanza media come

$$\mu = \frac{721}{12} = 60,08 \text{ cm}$$

L'equazione 8.4 può essere usata per calcolare la deviazione standard come

$$\sigma = \sqrt{\frac{1}{11}30,92} = 1,68$$

ciò significa che il 68,3% di tutti i valori cade nell'intervallo $60,08 \pm 1,68$ cm.

L'errore standard è $\overline{\sigma} = 0,48$ (equazione 8.5); tale valore indica che, con una percentuale di certezza del 68,3%, la vera media è situata nell'intervallo $60,08 \pm 1,68$ cm.

5. Applicazione al problema della classificazione (p. 199)

Un robot mobile è stato dotato di un algoritmo prefissato per riconoscere le vie d'accesso utilizzando una telecamera. La probabilità che il sistema produca una risposta corretta è la stessa per ogni immagine.

Il sistema è stato sperimentato inizialmente usando 750 immagini: una metà contiene una via d'accesso, mentre la restante metà non ne contiene nessuna. L'algoritmo produce risposte corrette in 620 casi.

In una seconda serie di esperimenti sono presentate al robot 20 immagini. Qual è la probabilità che vi siano due errori di classificazione, e quanti errori sono attesi nella classificazione di queste 20 immagini?

Risposta

Se il sistema di classificazione è utilizzato in n esperimenti indipendenti per classificare i dati, esso produrrà n risposte, ognuna delle quali può essere corretta o scorretta. Questa è una distribuzione binomiale.

Definiamo p, la probabilità di produrre una risposta non corretta, come:

$$p = 1 - \frac{620}{750} = 0,173$$

La probabilità p_2^{20} di produrre 2 errori in venti classificazioni può essere determinata utilizzando l'equazione 8.6:

$$p_2^{20} = \frac{20!}{(20-2)!2!} 0,173^2 (1 - 0,173)^{20-2} = 0,186$$

Il numero di errori μ_b attesi nei 20 esperimenti è dato dall'equazione 8.7:

$$\mu_b = np = 20\left(1 - \frac{620}{750}\right) = 3,47$$

6. T-Test (p. 200)

Un programma di controllo è stato sviluppato per permettere al robot di uscire dai vicoli ciechi. Nella prima versione del programma il robot impiega i seguenti tempi (in secondi) per uscire dal vicolo cieco: 10,2 9,5 9,7 12,1 8,7 10,3 9,7 11,1 11,7 9,1.

Dopo che il programma è stato migliorato, un secondo insieme di esperimenti produce i seguenti risultati: 9,6 10,1 8,2 7,5 9,3 8,4.

Questi risultati indicano che il secondo programma funziona significativamente meglio?

Risposta

Assumendo che il risultato dell'esperimento abbia una distribuzione normale (gaussiana), per rispondere a questa domanda possiamo applicare il T-test.

$\mu_1 = 10,21$; $\sigma_1 = 1,112$; $\mu_2 = 8,85$; $\sigma_2 = 0,977$

Applicando l'equazione 8.13 otteniamo:

$$T = \frac{10,21 - 8,85}{\sqrt{(10-1)1,112^2 + (6-1)0,997^2}} \sqrt{\frac{10 \cdot 6 (10 + 6 - 2)}{10 + 6}} = 2,456$$

Poiché $k = 10 + 6 - 2$, $t_\alpha = 2,145$ (si veda la tabella 8.1). La disequazione $|2,546| > 2,145$ è verificata, l'ipotesi H_0 (cioè $\mu_1 = \mu_2$) è scartata, ciò significa che il secondo programma dà risultati significativamene migliori rispetto al primo, la probabilità che tale affermazione risulti erronea è 0,05.

7. Test χ^2 (p. 203)

Un robot si trova in un ambiente che contiene quattro punti di riferimento sporgenti: A, B, C e D. Il programma per l'identificazione dei punti di riferimento produce 4 risposte α, β, γ e δ agli stimoli sensoriali ricevuti in corrispondenza di queste 4 posizioni. In un esperimento che prevede 200 visite in prossimità dei vari punti di riferimento, è ottenuta la tabella di contingenza 8.4 (i numeri indicano la frequenza di una particolare risposta della mappa ottenuta in una particolare posizione).

Tabella 3 Tabella di contingenza per il programma di identificazione dei punti di riferimento.

	α	β	γ	δ	
A	19	10	8	3	$N_{A.} = 40$
B	7	40	9	4	$N_{B.} = 60$
C	8	20	23	19	$N_{C.} = 70$
D	0	8	12	10	$N_{D.} = 30$
	$N_{.\alpha} = 34$	$N_{.\beta} = 78$	$N_{.\gamma} = 52$	$N_{.\delta} = 36$	$N = 200$

Il valore in uscita dal classificatore è associato significativamente alla posizione del robot?

Risposta
Secondo l'equazione 8.15,

$$n_{A\alpha} = \frac{40 * 34}{200} = 6,8; \quad n_{A\beta} = \frac{40 * 78}{200} = 15,6$$

e così via (la tabella dei valori attesi è la tabella 4).

Tabella 4 Valori attesi per il programma di identificazione dei punti di riferimento.

	α	β	γ	δ
A	6,8	15,6	10,4	7,2
B	10,2	23,4	15,6	10,8
C	11,9	27,3	18,2	12,6
D	5,1	11,7	7,8	5,4

La tabella dei valori attesi è ben condizionata per l'analisi χ^2, nessuno dei valori è minore di 4.
In base all'equazione 8.16,

$$\chi^2 = \frac{(19 - 6,8)^2}{6,8} + \frac{(10 - 15,6)^2}{15,6} + \ldots = 66,9$$

Il sistema ha $16-4-4+1 = 9$ gradi di libertà (equazione 8.17). In accordo con la tabella 8.3, $\chi^2_{0,05} = 16,9$. La disequazione

$$\chi^2 = 66,9 > \chi^2_{0,05} = 16,9$$

è verificata, quindi vi è un'associazione significativa tra la posizione del robot e il valore in uscita del sistema di identificazione della posizione.

8. V di Cramer (p. 204)

Vengono confrontati due differenti paradigmi di costruzione della mappa. Il paradigma A fornisce la tabella di contingenza 5, il paradigma B produce la tabella 6. Quale dei due meccanismi produce la mappa con la correlazione più forte tra la posizione del robot e la risposta della mappa?

Tabella 5 Risultati del meccanismo 1 di generazione della mappa.

	α	β	γ	δ	
A	29	13	5	7	$N_{A.} = 54$
B	18	4	27	3	$N_{B.} = 52$
C	8	32	6	10	$N_{C.} = 56$
D	2	7	18	25	$N_{D.} = 52$
	$N_{.\alpha} = 57$	$N_{.\beta} = 56$	$N_{.\gamma} = 56$	$N_{.\delta} = 45$	$N = 214$

Tabella 6 Risultati del meccanismo 2 di generazione della mappa.

	α	β	γ	δ	ε	
A	40	18	20	5	7	$N_{A.} = 90$
B	11	20	35	10	3	$N_{B.} = 79$
C	5	16	10	39	5	$N_{C.} = 75$
D	2	42	16	18	9	$N_{D.} = 87$
E	6	11	21	9	38	$N_{E.} = 85$
	$N_{.\alpha} = 64$	$N_{.\beta} = 107$	$N_{.\gamma} = 102$	$N_{.\delta} = 81$	$N_{.\varepsilon} = 62$	$N = 416$

Risposta
Per rispondere a questa domanda useremo la V di Cramer.

I valori attesi sono riportati, rispettivamente, nelle tabelle 7 e 8. Osservando entrambe le tabelle dei valori attesi, si può vedere che i dati sono ben condizionati e sono in accordo con i criteri elencati nel paragrafo 8.2.4.

Nel caso del meccanismo 1 per la costruzione della mappa, determiniamo $\chi^2 = 111$ e $V = 0,42$, nel caso del meccanismo 2 otteniamo $\chi^2 = 229$ e $V = 0,37$. La mappa 1 ha la correlazione più forte tra la risposta della mappa e la posizione. Entrambi gli esperimenti sono soggetti ad alcune variazioni casuali, quindi per eliminare l'influenza del rumore casuale, è necessario far girare ogni esperimento un certo numero di volte.

Tabella 7 Valori attesi per il meccanismo 1 di costruzione della mappa.

	α	β	γ	δ
A	14,4	14,1	14,1	11,4
B	13,9	13,6	13,6	10,9
C	14,9	14,7	14,7	11,8
D	13,9	13,6	13,6	10,9

Tabella 8 Valori attesi per il meccanismo 2 di generazione della mappa.

	α	β	γ	δ	ε
A	13,8	23,1	22,1	17,5	13,4
B	12,2	20,3	19,4	15,4	11,8
C	11,5	19,3	18,4	14,6	11,2
D	13,4	22,4	21,3	16,9	13
E	13,1	21,9	20,8	16,6	12,7

9. Coefficiente di incertezza (p. 207)

Un sistema di localizzazione produce le risposte mostrate in figura 8.2. Esiste una correlazione statisticamente significativa tra la risposta del sistema e la posizione del robot?

Risposta
Per rispondere alla domanda, calcoliamo il coefficiente di incertezza $U(L|R)$, secondo l'equazione 8.30. Per fare ciò, abbiamo bisogno di calcolare $H(L)$, $H(R)$ e $H(L|R)$. Applicando le equazioni 8.25, 8.26, 8.27 e 8.30 otteniamo:

$$H(L) = -\left(\frac{15}{100}\ln\frac{15}{100} + \frac{21}{100}\ln\frac{21}{100} + \ldots + \frac{21}{100}\ln\frac{21}{100}\right) = 1,598$$

$$H(R) = -\left(\frac{18}{100}\ln\frac{18}{100} + \frac{20}{100}\ln\frac{20}{100} + \ldots + \frac{23}{100}\ln\frac{23}{100}\right) = 1,603$$

$$H(L,R) = -\left(0 + \frac{2}{100}\ln\frac{2}{100} + \frac{15}{100}\ln\frac{15}{100} + \ldots + \frac{23}{100}\ln\frac{23}{100} + 0\right) = 2,180$$

$$H(L|R) = 2,180 - 1,603 = 0,577$$

$$U(L|R) = \frac{1,598 - 0,577}{1,598} = 0,639$$

Questo coefficiente di incertezza indica una correlazione abbastanza forte tra la posizione del robot e la risposta del sistema di localizzazione.

Indice degli esercizi e dei casi di studio

Esercizi

Casi di studio

Bibliografia

[Allman 77] J. Allman, Evolution of the Visual System in Early Primates. *Progress in Psychobiology and Physiological Psychology*, vol. 7, pp. 1-53. Academic Press, New York, 1977.

[Arbib 95] M. Arbib (ed.), *The Handbook of Brain Theory and Neural Networks*. MIT Press, Cambridge MA, 1995.

[Arkin 98] R. Arkin, *Behavior-Based Robotics*. MIT Press, Cambridge MA, 1998.

[Atiya & Hager 93] S. Atiya, G.D. Hager, Real-Time Vision-Based Robot Localization. *IEEE Trans-actions on Robotics and Automation*, vol. 9 (6), pp. 785-800, 1993.

[Bailey & Chen 83] C. Bailey, M. Chen, Morphological basis of long-term habituation and sensitization in *Aplysia*. *Science*, vol. 220, pp. 91-93, 1993.

[Ballard & Whitehead 92] D.H. Ballard, S.D. Whitehead, Learning Visual Behaviours. In: H. Wechsler (ed.) *Neural Networks for Perception*, vol. 2, pp. 8-39. Academic Press, New York, 1992.

[Ballard 97] D.H. Ballard, *An Introduction to Natural Computation*. MIT Press, Cambridge MA, 1997.

[Barto 90] A.G. Barto, Connectionist Learning for Control. In: [Miller et al. 90], pp. 5-58.

[Barto 95] A.G. Barto, Reinforcement Learning. In: [Arbib 95], pp. 804-809.

[Batschelet 81] E. Batschelet, *Circular Statistics in Biology*. Academic Press, New York, 1981.

[Beale & Jackson 90] R. Beale, T. Jackson, *Neural Computing: An Introduction*. Adam Hilger, Bristol, Philadelphia and New York, 1990.

[Bennett 96] A. Bennett, Do Animals Have Cognitive Maps? *Journal of Experimental Biology*, vol. 199, pp. 219-224, 1996.

[Bicho & Schöner 97] E. Bicho, G. Schöner, The dynamic approach to autonomous robotics demonstrated on a low-level vehicle platform. *Journal of Robotics and Autonomous Systems*, vol. 21 (1), pp. 23-35, 1997.

[Bishop 95] C. Bishop, *Neural Networks for Pattern Recognition*. Oxford University Press, Oxford, 1995.

[Borenstein et al. 96] J. Borenstein, H.R. Everett, L. Feng, *Navigating Mobile Robots*. AK Peters, Wellesley MA, 1996.

[Braitenberg 84] V. Braitenberg, *Vehicles: Experiments in Synthetic Psychology*. MIT Press, Cambridge MA, 1984.

[Brooks 85] R. Brooks, A Robust Layered Control System for a Mobile Robot. *MIT AI Memo*, n. 864, Cambridge MA, 1985 (ftp://publications.ai.mit.edu/ai-publications/pdf/ AIM864.pdf)

[Brooks 86] R. Brooks, Achieving Artificial Intelligence through Building Robots. *MIT AI Memo*, n. 899, Cambridge MA, 1986 (ftp://publications.ai.mit.edu/ai-publications/pdf/AIM899.pdf)

[Brooks 90] R. Brooks, Elephants Don't Play Chess. In: P. Maes (ed.) *Designing Autonomous Agents: Theory and Practice from Biology to Engineering and Back*. MIT Press, Cambridge MA, 1990.

[Brooks 91a] R. Brooks, Artificial Life and Real Robots. In: F. Varela, P. Bourgine (eds.) *Toward a Practice of Autonomous Systems*, pp. 3-10. MIT Press, Cambridge MA, 1991.

[Brooks 91b] R. Brooks, Intelligence without Reason. *Proc. IJCAI 91*, vol. 1, pp. 569-595. Morgan Kaufmann, San Mateo CA, 1991 (ftp://publications.ai.mit.edu/aipublications/pdf/AIM 1293.pdf)

[Broomhead & Lowe 88] D.S. Broomhead, D. Lowe, Multivariable functional interpolation and adaptive networks. *Complex Systems*, vol. 2, pp. 321-355, 1988.

[Bühlmeier et al. 96] A. Bühlmeier, H. Dürer, J. Monnerjahn, M. Nölte, U. Nehmzow, Learning by Tuition, Experiments with the Manchester 'FortyTwo'. *Technical Report*, Report No. UMCS-96-1-2. Dept. of Computer Science, University of Manchester, 1996.

[Burgess & O'Keefe 96] N. Burgess, J. O'Keefe, Neuronal Computations Underlying the Firing of Place Cells and their Role in Navigation. *Hippocampus*, vol. 7, pp. 749-762, 1996.

[Burgess et al. 93] N. Burgess, J. O'Keefe, M. Recce, Using Hippocampal 'Place Cells' for Navigation, Exploiting Phase Coding. In: S.J. Hanson, C.L. Giles, J.D. Cowan (eds.) *Advances in Neural Information Processing Systems*, vol. 5, pp. 929-936. Morgan Kaufmann, San Mateo CA, 1993.

[Calter & Berridge 95] P. Calter, D. Berridge, *Technical Mathematics*, 3rd ed. John Wiley and Sons, New York, 1995.

[Carpenter & Grossberg 87] G. Carpenter, S. Grossberg, ART2: Self-Organization of Stable Category Recognition Codes for Analog Input Patterns. *Applied Optics*, vol. 26, pp. 4919-4930, 1987.

[Cartwright & Collett 83] B.A. Cartwright, T.S. Collett, Landmark Learning in Bees. *Journal of Comparative Physiology*, vol. 151, pp. 521-543, 1983.

[Chapius & Scardigli 93] N. Chapius, P. Scardigli, Shortcut Ability in Hamsters (*Mesocricetus auratus*): The Role of Environmental and Kinesthetic Information. *Animal Learning and Behaviour*, vol. 21, pp. 255-265, 1993.

[Chen et al. 98] H. Chen, R. Boyle, H. Kirby, F. Montgomery, Identifying Motorway Incidents by Novelty Detection. *Proc 8th World Conference on Transport Research*, 1998.

[Churchland 86] P. Smith Churchland, *Neurophilosophy*. MIT Press, Cambridge MA, 1986.

[Clark et al. 88] S.A. Clark, T. Allard, W.M. Jenkin, M.M. Merzenich, Receptive Fields in the Body Surface Map in Adult Cortex Defined by Temporally Correlated Inputs. *Nature*, vol. 332 (31), pp. 444-445, 1988.

[Colombetti & Dorigo 93] M. Colombetti, M. Dorigo, Robot Shaping: Developing Situated Agents through Learning. *Technical Report*, Report No. 40. International Computer Science Institute, Berkeley CA, 1993.

[Connell & Mahadevan 93] J. Connell, S. Mahadevan (eds.), *Robot Learning*. Kluwer, Boston MA, 1993.

[Cosens 93] D. Cosens (personal communication). Dept. of Zoology, Edinburgh University, 1993.

[Crevier 93] D. Crevier, *AI: The Tumultuous History of the Search for Artificial Intelligence*. Basic Books (Harper Collins), New York, 1993.

[Critchlow 85] A. Critchlow, *Introduction to Robotics*. Macmillan, New York, 1985.

[Crook et al. 02] P. Crook, S. Marsland, G. Hayes, U. Nehmzow, A Tale of Two Filters – On-Line Novelty Detection. *Proc. IEEE Internat. Conference Robotics and Automation*, 2002.

[Daskalakis 91] N. Daskalakis, *Learning Sensor-Action Coupling in Lego Robots*, MSc Thesis. Department of Artificial Intelligence, Edinburgh University, 1991.

[Duckett & Nehmzow 96] T. Duckett, U. Nehmzow, A Robust, Perception-Based Localisation Method for a Mobile Robot. *Technical Report*, Report No. UMCS-96-11-1. Dept. of Computer Science, University of Manchester, 1996.

[Duckett & Nehmzow 97] T. Duckett, U. Nehmzow, Experiments in Evidence Based Localisation for a Mobile Robot. In: Proc AISB workshop on "Spatial Reasoning in Animals and Robots". *Technical Report*, Report No. UMCS-97-4-1. Dept. of Computer Science, University of Manchester, 1997.

[Duckett & Nehmzow 98] T. Duckett, U. Nehmzow, Mobile Robot Self-Localization and Measurement of Performance in Middle Scale Environments. *Journal of Robotics and Autonomous Systems*, vol. 24 (1-2), pp. 57-69, 1998.

[Duckett & Nehmzow 99] T. Duckett, U. Nehmzow, Knowing Your Place in Real World Environments. *Proc. Eurobot 99*, IEEE Computer Society, 1999.

[Duckett 00] T. Duckett, *Concurrent Map Building and Self-Localisation for Mobile Robot Navigation*, PhD Thesis. Dept. of Computer Science, University of Manchester, 2000.

[Edlinger & Weiss 95] T. Edlinger, G. Weiss, Exploration, Navigation and Self-Localization in an Autonomous Mobile Robot. In: *Autonome Mobile Systeme '95*, Karlsruhe, Germany, 30. Nov - 1. Dez 1995.

[Elfes 87] A. Elfes, Sonar-Based Real-World Mapping and Navigation. *IEEE Journal of Robotics and Automation*, vol. 3 (3), pp. 249-265, 1987.

[Emlen 75] S.T. Emlen, Migration: Orientation and Navigation. In: D.S. Farner, J.R. King, K.C. Parkes (eds.). *Avian Biology*, vol. V, pp. 129-219. Academic Press, New York, 1975.

[Ewert & Kehl 78] J.-P. Ewert, W. Kehl, Configurational prey-selection by individual experience in the toad *Bufo bufo*. *J. Comparative Physiology A*, vol. 126, pp. 105-114, 1978.

[Franz et al. 98] M. Franz, B. Schölkopf, H Mallot, H Bülthoff, Learning View Graphs for Robot Navigation. *Autonomous Robots*, vol. 5, pp. 111-125, 1998.

[Fritzke 93] B. Fritzke, Growing Cell Structures – a Self-Organizing Network for Unsupervised and Supervised Learning. *Technical Report*, Report No. 93-026. International Computer Science Institute, Berkeley CA, 1993.

[Fritzke 94] B. Fritzke, Growing Cell Structures – a Self-Organizing Network for Unsupervised and Supervised Learning. *Neural Networks*, vol. 7 (9), pp. 1441-1460, 1994.

[Fritzke 95] B. Fritzke, A Growing Neural Gas Network Learns Topologies. In: G. Tesauro, D.S. Touretzky, T.K. Leen (eds.), *Advances in Neural Information Processing Systems 7*, pp. 625-632. MIT Press, Cambridge MA, 1995.

[Gallistel 90] C.R. Gallistel, *The Organisation of Learning*. MIT Press, Cambridge MA, 1990.

[Giralt et al. 79] G. Giralt, R. Sobek, R. Chatila, A Multi-Level Planning and Navigation System for a Mobile Robot – A First Approach to HILARE. *Proc. 6th IJCAI*, Tokyo, 1979.

[Gladwin 70] T. Gladwin, *East is a Big Bird*. Harvard University Press, Cambridge MA, 1970.

[Gould & Gould 88] J.L. Gould, C. Grant Gould, *The Honey Bee*. Scientific American Library, New York, 1988.

[Greenberg et al. 87] S. Greenberg, V. Castellucci, H. Bayley, J. Schwartz, A molecular mechanism for long-term sensitisation in *Aplysia*. *Nature*, vol. 329, pp. 62-65, 1987.

[Grossberg 88] S. Grossberg, *Neural Networks and Natural Intelligence*. MIT Press, Cambridge MA, 1988.

[Groves & Thompson 70] P. Groves, R. Thompson, Habituation: A dual-process theory. *Psychological Review*, vol. 77 (5), pp. 419-450, 1990.

[Harnad 90] S. Harnad, The Symbol Grounding Problem, *Physica D*, vol. 42, pp. 225-346, 1990.

[Heikkonen 94] J. Heikkonen, *Subsymbolic Representations, Self-Organising Maps, and Object Motion Learning*, PhD Thesis. Lappeenranta University of Technology, Lappeenranta, Finland, 1994.

[Hertz et al. 91] J. Hertz, A. Krogh, R.G. Palmer, *Introduction to the Theory of Neural Computation*. Addison-Wesley, Redwood City CA, 1991.

[Horn & Schmidt 95] J. Horn, G. Schmidt, Continuous Localization of a Mobile Robot Based on 3D Laser Range Data, Predicted Sensor Images, and Dead-Reckoning. *Journal of Robotics and Autonomous Systems*, vol. 14 (2-3), pp. 99-118, 1995.

[Hubel 79] D.H. Hubel, The Visual Cortex of Normal and Deprived Monkeys. *American Scientist*, vol. 67 (5), pp. 532-543, 1979.

[Jones & Flynn 93] J.L. Jones, A.M. Flynn, *Mobile Robots: Inspiration to Implementation*. AK Peters, Wellesley MA, 1993.

[Kaelbling 90] L. Kaelbling, *Learning in Embedded Systems*, PhD Thesis, *Stanford Technical Report*, Report No. TR-90-04, 1990. Pubblicato con lo stesso titolo presso MIT Press, Cambridge MA, 1993.

[Kaelbling 92] L. Kaelbling, An Adaptable Mobile Robot. In: F. Varela, P. Bourgine (eds.), *Toward a Practice of Autonomous Systems*, pp. 41-47. MIT Press, Cambridge MA, 1992.

[Kanade et al. 89] T. Kanade, F.C.A. Groen, L.O. Hertzberger (eds.), *Intelligent Autonomous Systems 2*. Proceedings of IAS 2, Amsterdam, 1989.

[Kampmann & Schmidt 91] P. Kampmann, G. Schmidt, Indoor Navigation of Mobile Robots by Use of Learned Maps. In: [Schmidt 91], pp. 151-169.

[Kleijnen & Groenendaal 92] J. Kleijnen, W. van Groenendaal, *Simulation – A Statistical Perspective*. John Wiley and Sons, New York, 1992.

[Knieriemen & Puttkamer 91] T. Knieriemen, E. von Puttkamer, Real-Time Control in an Autonomous Mobile Robot. In: [Schmidt 91], pp. 187-200.

[Knieriemen 91] T. Knieriemen, *Autonome Mobile Roboter*. BI Wissenschaftsverlag, Mannheim, 1991.

[Knudsen 82] E.I. Knudsen, Auditory and Visual Maps of Space in the Optic Tectum of the Owl. *Journal of Neuroscience*, vol. 2, pp. 1177-1194 (da [Gallistel 90]).

[Kohonen 88] T. Kohonen, *Self Organization and Associative Memory*, 2nd ed. Springer, Berlin-Heidelberg-New York, 1988.

[Kohonen 95] T. Kohonen, Learning Vector Quantization. In: [Arbib 95], pp. 537-540.

[Kuipers & Byun 88] B.J. Kuipers, Y.-T. Byun, A Robust, Qualitative Method for Robot Spatial Learning. *Proc. AAAI*, pp. 774-779. Morgan Kaufmann, San Mateo CA, 1988.

[Kurz 94] A. Kurz, *Lernende Steuerung eines autonomen mobilen Roboters*. VDI Fortschrittsberichte, VDI Verlag, Düsseldorf, 1994.

[Kurz 96] A. Kurz, Constructing Maps for Mobile Robot Navigation Based on Ultrasonic Range Data. *IEEE Transactions on Systems, Man and Cybernetics, Part B: Cybernetics*, vol. 26 (2), pp. 233-242, 1996.

[Kurzweil 90] R. Kurzweil, *The Age of Intelligent Machines*. MIT Press, Cambridge MA, 1990.

[Kyselka 87] W. Kyselka, *An Ocean in Mind*. University of Hawaii Press, Honolulu, 1987.

[Lee 95] D.C. Lee, *The Map-Building and Exploration Strategies of a Simple Sonar-Equipped Mobile Robot; an Experimental Quantitative Evaluation*, PhD Thesis. University College London, London, 1995.

[Lee et al. 98] T. Lee, U. Nehmzow, R. Hubbold, Mobile Robot Simulation by Means of Acquired Neural Network Models. *Proc. European Simulation Multiconference*, pp. 465-469. Manchester, 1998.

[Lemon & Nehmzow 98] O. Lemon, U. Nehmzow, The Scientific Status of Mobile Robotics: Multi-Resolution Mapbuilding as a Case Study. *Journal of Robotics and Autonomous Systems*, vol. 24 (1-2), pp. 5-15, 1998.

[Leonard et al. 90] J. Leonard, H. Durrant-Whyte, I. Cox, Dynamic Mapbuilding for an Autonomous Mobile Robot. *Proc. IEEE IROS*, pp. 89-96, 1990.

[Lewis 72] D. Lewis, *We, the Navigators*. University of Hawaii Press, Honolulu, 1972.

[Lowe & Tipping 96] D. Lowe, M. Tipping, Feed-Forward Neural Networks and Topographic Mappings for Exploratory Data Analysis. *Neural Computing and Applications*, vol. 4, pp. 83-95, 1996.

[Lynch 60] K. Lynch, *The Image of the City*. MIT Press, Cambridge MA, 1960.

[Maes & Brooks 90] P. Maes, R. Brooks, Learning to Coordinate Behaviors. *Proc. AAAI*, pp. 796-802. Morgan Kaufmann, San Mateo CA, 1990.

[Maeyama et al. 95] S. Maeyama, A. Ohya, S. Yuta, Non-stop Outdoor Navigation of a Mobile Robot. *Proc. International Conference on Intelligent Robots and Systems (IROS) 95*, pp. 130-135, Pittsburgh PA, 1995.

[Mahadevan & Connell 91] S. Mahadevan, J. Connell, Automatic Programming of Behavior-based Robots using Reinforcement Learning. *Proc. 9th National Conference on Artificial Intelligence, AAAI 1991*, pp. 768-773. Morgan Kaufmann, San Mateo CA, 1991.

[Marsland 01] S Marsland, *On-Line Novelty Detection Through Self-Organisation with Application to Inspection Robotics*, PhD Thesis. Dept. of Computer Science, University of Manchester, 2001.

[Marsland 02] S. Marsland, Novelty Detection in Learning Systems. *Neural Computing Surveys*, vol. 3, pp. 1-39, 2002.

[Martin & Nehmzow 95] P. Martin, U. Nehmzow, "Programming" by Teaching: Neural Network Control in the Manchester Mobile Robot. *Conference on Intelligent Autonomous Vehicles IAV 95*, pp. 297-302, 1995.

[Mataric 91] M. Mataric, Navigating with a Rat Brain: A Neurobiologically-Inspired Model for Robot Spatial Representation. In: [SAB 91], pp. 169-175, 1991.

[Mataric 92] M. Mataric, Integration of Representation Into Goal-Driven Behaviour-Based Robots. *IEEE Transactions on Robotics and Automation*, vol. 8 (3), pp. 304-312, 1992.

[McCulloch & Pitts 43] W.S. McCulloch, W. Pitts, A Logical Calculus of Ideas Immanent in Nervous Activity. *Bulletin of Mathematical Biophysics*, vol. 5, pp. 115-133, 1943.

[McKerrow 91] P. McKerrow, *Introduction to Robotics*. Addison-Wesley, Sydney, 1991.

[Miller et al. 90] W.T. Miller, R.S. Sutton, P.J. Werbos (eds.), *Neural Networks for Control*. MIT Press, Cambridge MA, 1990.

[Mitchell 97] T. Mitchell, *Machine Learning*. McGraw-Hill, New York, 1997.

[Moody & Darken 89] J. Moody, C. Darken, Fast Learning in Networks of Locally Tuned Processing Units. *Neural Computation*, vol. 1, pp. 281-294, 1989.

[Moravec 83] H. Moravec, The Stanford Cart and the CMU Rover. *Proceedings of the IEEE*, vol. 71 (7), 1983.

[Moravec 88] H. Moravec, Sensor Fusion in Certainty Grids for Mobile Robots. *AI Magazine Summer 1988*, pp. 61-74, 1988.

[Nehmzow et al. 89] U. Nehmzow, J. Hallam, T. Smithers, Really Useful Robots. In: [Kanade et al. 89], vol. 1, pp. 284-293, 1989.

[Nehmzow & Smithers 91] U. Nehmzow, T. Smithers, Mapbuilding Using Self-Organising Networks. In: [SAB 91], pp. 152-159.

[Nehmzow et al. 91] U. Nehmzow, T. Smithers, J. Hallam, Location Recognition in a Mobile Robot Using Self-Organising Feature Maps. In: G. Schmidt (ed.), *Information Processing in Autonomous Mobile Robots*, pp. 267-277. Springer, Berlin-Heidelberg-New York, 1991.

[Nehmzow & Smithers 92] U. Nehmzow T. Smithers, Using Motor Actions for Location Recognition. In: F. Varela, P. Bourgine (eds.), *Toward a Practice of Autonomous Systems*, pp. 96-104, MIT Press, Cambridge MA, 1992.

[Nehmzow 92] U. Nehmzow, *Experiments in Competence Acquisition for Autonomous Mobile Robots*, PhD Thesis. University of Edinburgh, 1992.

[Nehmzow 94] U. Nehmzow, Autonomous Acquisition of Sensor-Motor Couplings in Robots. *Technical Report*, Report No. UMCS-94-11-1. Dept. of Computer Science, University of Manchester, 1994.

[Nehmzow & McGonigle 94] U. Nehmzow, B. McGonigle, Achieving Rapid Adaptations in Robots by Means of External Tuition. In: D. Cliff, P. Husbands, J.A. Meyer, S. Wilson (eds.), *From Animals to Animats 3*, pp. 301-308. MIT Press, Cambridge MA, 1994.

[Nehmzow 95a] U. Nehmzow, Flexible Control of Mobile Robots through Autonomous Competence Acquisition. *Measurement and Control*, vol. 28, pp. 48-54, 1995.

[Nehmzow 95b] U. Nehmzow, Animal and Robot Navigation. *Robotics and Autonomous Systems*, vol. 15 (1-2), pp. 71-81, 1995.

[Nehmzow & Mitchell 95] U. Nehmzow, T. Mitchell, The Prospective Student's Introduction to the Robot Learning Problem. *Technical Report*, Report No. UMCS-95-12-6. Dept. of Computer Science, Manchester University, 1995.

[Nehmzow et al. 96] U. Nehmzow, A. Bühlmeier, H. Dürer, M. Nölte, Remote Control of Mobile Robot via Internet. *Technical Report*, Report No. UMCS-96-2-3. Dept. of Computer Science, Manchester University, 1996.

[Nehmzow et al. 98] U. Nehmzow, T. Matsui, H. Asoh, "Virtual Coordinates": Perception-based Localisation and Spatial Reasoning in Mobile Robots. *Proc. Intelligent Autonomous Systems 5 (IAS 5)*, Sapporo, 1998. Ripubblicato in: *Robotics Today*, vol. 12 (3), 1999.

[Nehmzow 99a] U. Nehmzow, Vision Processing for Robot Learning. *Industrial Robot*, vol. 26 (2), pp. 121-130, 1999.

[Nehmzow 99b] U. Nehmzow, "Meaning" through Clustering by Self-Organisation of Spatial and Temporal Information. In: C. Nehaniv (ed.) *Computation for Metaphors, Analogy and Agents*, pp. 209-229. Springer, Heidelberg-London-New York, 1999.

[Nehmzow 99c] U. Nehmzow, Acquisition of Smooth, Continuous Obstacle Avoidance in Mobile Robots. In: H. Ritter, H. Cruse, J. Dean (eds.), *Prerational Intelligence: Adaptive Behavior and Intelligent Systems without Symbols and Logic*, vol. 2, pp. 489-501. Kluwer Acad. Publ., Dordrecht, 1999.

[Nehmzow & Owen 00] U. Nehmzow, C. Owen, Robot Navigation in the Real World: Experiments with Manchester's FortyTwo in Unmodified, Large Environments. *Robotics and Autonomous Systems*, vol. 33, pp. 223-242, 2000.

[Newell & Simon 76] A. Newell, H. Simon, Computer Science as Empirical Enquiry: Symbols and Search. *Communications of the ACM*, vol. 19 (3), pp. 113-126, 1976.

[Nilsson 69] N. Nilsson, A Mobile Automation: An Application of Artificial Intelligence Techniques. *First International Joint Conference on Artificial Intelligence*, pp. 509-520. Washington DC, 1969.

[Nomad 93] *Nomad 200 User's Guide*. Nomadic Technologies, Mountain View CA, 1993.

[O'Keefe & Nadel 78] J. O'Keefe, L. Nadel, *The Hippocampus as a Cognitive Map*. Oxford University Press, Oxford, 1978.

[O'Keefe 89] J. O'Keefe, Computations the Hippocampus Might Perform. In: L. Nadel, L.A. Cooper, P. Culicover, R.M. Harnish (eds.), *Neural Connections, Mental Computation*. MIT Press, Cambridge MA, 1989.

[Oreskes et al. 94] N. Oreskes, K. Shrader-Frechette, K. Belitz, Verification, Validation, and Confirmation of Numerical Models in the Earth Sciences. *Science*, vol. 263, pp. 641-646, 1994.

[O'Sullivan et al. 95] J. O'Sullivan, T. Mitchell, S. Thrun, Explanation Based Learning for Mobile Robot Perception. In: K. Ikeuchi, M. Veloso (eds.), *Symbolic Visual Learning*, ch. 11, Oxford University Press, Oxford, 1995.

[Owen 95] C. Owen, *Landmarks, Topological Maps and Robot Navigation*, MSc Thesis. Manchester University, 1995.

[Owen & Nehmzow 96] C. Owen, U. Nehmzow, Route Learning in Mobile Robots through Self-Organisation. *Proc. Eurobot 96*, pp. 126-133. IEEE Computer Society, 1996.

[Owen & Nehmzow 98] C. Owen, U. Nehmzow, Map Interpretation in Dynamic Environments. *Proc. 8th International Workshop on Advanced Motion Control*, IEEE Press, 1998.

[Owen 00] C. Owen, *Map-Building and Map-Interpretation Mechanisms for a Mobile Robot*, PhD Thesis. Dept. of Computer Science, University of Manchester, 2000.

[Pfeifer & Scheier 99] R. Pfeifer, C. Scheier, *Understanding Intelligence*. MIT Press, Cambridge MA, 1999.

[Pomerleau 93] D. Pomerleau, Knowledge-Based Training of Artificial Neural Networks for Autonomous Robot Driving. In: [Connell & Mahadevan 93], pp. 19-43.

[Prescott & Mayhew 92] T. Prescott, J. Mayhew, Obstacle Avoidance through Reinforcement Learning. In: J.E. Moody, S.J. Hanson, R.P. Lippman (eds.), *Advances in Neural Information Processing Systems 4*, pp. 523-530. Morgan Kaufmann, San Mateo CA, 1992.

[Press et al. 92] W. Press, S. Teukolsky, W. Vetterling, B. Flannery, *Numerical Recipes in C*. Cambridge University Press, Cambridge UK, 1992.

[Puterman 94] M. Puterman, *Markov Decision Processes – Discrete Stochastic Dynamic Programming*. John Wiley and Sons, New York, 1994.

[Ramakers 93] W. Ramakers, *Investigation of a Competence Acquiring Controller for a Mobile Robot*, Licentiate Thesis. Vrije Universiteit Brussel, 1993.

[Recce & Harris 96] M. Recce, K.D. Harris, Memory for Places: A Navigational Model in Support of Marr's Theory of Hippocampal Function. *Hippocampus*, vol. 6, pp. 735-748, 1996.

[Reilly et al. 82] D.L. Reilly, L.N. Cooper, C. Erlbaum, A Neural Model for Category Learning. *Biological Cybernetics*, vol. 45, pp. 35-41, 1982.

[Rosenblatt 62] F. Rosenblatt, *Principles of Neurodynamics: Perceptrons and the Theory of Brain Mechanisms*. Spartan, Washington DC, 1962.

[Rumelhart & McClelland 86] D.E. Rumelhart, J.L. McClelland (eds.), *Parallel Distributed Processing*, vol. 1 "Foundations". MIT Press, Cambridge MA, 1986.

[Rumelhart et al. 86] D.E. Rumelhart, G. Hinton, R.J. Williams, Learning Internal Representations by Error Propagation. In: [Rumelhart & McClelland 86], pp. 318-362.

[SAB 91] J.-A. Meyer, S. Wilson (eds.), *From Animals to Animats*. Proc. 1st International Conference on Simulation of Adaptive Behaviour. MIT Press, Cambridge MA, 1991.

[Sachs 82] L. Sachs, *Applied Statistics*. Springer, Berlin-Heidelberg-New York, 1982.

[St. Paul 82] U. von St. Paul, Do Geese Use Path Integration for Walking Home? In: F. Papi, H.G. Wallraff (eds.), *Avian Navigation*, pp. 298-307. Springer, Berlin-Heidelberg-New York, 1982.

[Shepanski & Macy 87] J.F. Shepanski, S.A. Macy, Teaching Artificial Neural Networks to Drive: Manual Training Techniques of Autonomous Systems Based on Artificial Neural Networks. *Proceedings of the 1987 Neural Information Processing Systems Conference*, pp. 693-700. American Institute of Physics, New York, 1987.

[Schmidt 91] G. Schmidt (ed.), *Information Processing in Autonomous Mobile Robots*. Springer, Berlin-Heidelberg-New York, 1991.

[Schmidt 95] D. Schmidt, Roboter als Werkzeuge für die Werkstatt. In: [Spektrum 95].

[Shubik 60] M. Shubik, Simulation of the Industry and the Firm. *American Economic Review*, vol. L (5), pp. 908-919, 1960.

[Smithers 95] T. Smithers, On Quantitative Performance Measures of Robot Behaviour. *Journal of Robotics and Autonomous Systems*, vol. 15, pp. 107-133, 1995.

[Sonka et al. 93] M. Sonka, V. Hlavac, R. Boyle, *Image Processing, Analysis and Machine Vision*, Chapman and Hall, London, 1993.

[Sparks & Nelson 87] D.L. Sparks, J.S. Nelson, Sensory and motor maps in the mammalian superior colliculus. *Trends in Neuroscience*, vol. 10, pp. 312-317, 1987 (da [Gallistel 90]).

[Spektrum 95] *Spektrum der Wissenschaft*, pp. 96-115, März, 1995.

[Stanley 76] J.C. Stanley, Computer simulation of a model of habituation. *Nature*, vol. 261, pp. 146-148, 1976.

[Stelarc] Stelarc: http://www.stelarc.va.com.au

[Stevens et al. 95] A. Stevens, M. Stevens, H. Durrant-Whyte, 'OxNav': Reliable Autonomous Navigation, *Proc. IEEE International Conference on Robotics and Automation*, vol. 3, pp. 2607-2612, Piscataway NJ, 1995.

[Sutton 84] R. Sutton, *Temporal Credit Assignment in Reinforcement Learning*, PhD Thesis. University of Massachusetts, Amherst MA, 1984.

[Sutton 88] R. Sutton, Learning to Predict by the Method of Temporal Differences. *Machine Learning*, vol. 3, pp. 9-44, 1988.

[Sutton 90] R. Sutton, Integrated Architectures for Learning, Planning and Reacting Based on Approximating Dynamic Programming. *Proceedings of the 7th International Conference on Machine Learning*, pp. 216-224. Morgan Kaufmann, San Mateo CA, 1990.

[Sutton 91] R. Sutton, Reinforcement Learning Architectures for Animats. In: [SAB 91], pp. 288-296.

[Tani & Fukumura 94] J. Tani, N. Fukumura, Learning Goal-Directed Sensory-Based Navigation of a Mobile Robot. *Neural Networks*, vol. 7 (3), pp. 553-563, 1994.

[Tarassenko et al. 95] L. Tarassenko, P. Hayton, N. Cerneaz, M. Brady, Novelty Detection for the Identification of Masses in Mammograms, *Proc. IEEE Conference on Artificial Neural Networks*, 1995.

[Taylor & MacIntyre 98] O. Taylor, J. MacIntyre, Adaptive Local Fusion Systems for Novelty Detection and Diagnostics in Condition Monitoring. *SPIE Int. Symposium on Aerospace and Defensive Sensing*, 1998.

[Thompson 86] R. Thompson, The neurobiology of learning and memory. *Science*, vol. 233, pp. 941-947, 1986.

[Tolman 48] E. C. Tolman, Cognitive Maps in Rats and Men. *Psychol. Rev.*, vol. 55, pp. 189-208, 1948.

[Torras 91] C. Torras i Genís, Neural Learning Algorithms and their Applications in Robotics. In: A. Babloyantz (ed.), *Self-Organization, Emerging Properties and Learning*, pp. 161-176. Plenum Press, New York, 1991.

[Walcott & Schmidt-Koenig] C. Walcott, K. Schmidt-Koenig, The effect on homing of anaesthesia during displacement. *Auk 90*, pp. 281-286, 1990.

[Walter 50] W.G. Walter, An Imitation of Life. *Scientific American*, vol. 182 (5), pp. 42-45, 1950. W.G. Walter, A Machine that Learns. *Scientific American*, vol. 185 (2), pp. 60-63, 1951.

[Wang & Hsu 90] D. Wang, C. Hsu, SLONN: A simulation language for modelling of neural networks. *Simulation*, vol. 55, pp. 69-83, 1990.

[Wang & Arbib 92] D. Wang, M. Arbib, Modelling the dishabituation hierarchy: The role of the primordial hippocampus. *Biological Cybernetics*, vol. 76, pp. 535-544, 1992.

[Waterman 89] T.H. Waterman, *Animal Navigation*. Scientific American Library, New York, 1989.

[Watkins 89] C.J.C.H. Watkins, *Learning from Delayed Rewards*, PhD Thesis. King's College, Cambridge UK, 1989.

[Webster 81] *Webster's Third New International Dictionary*. Encyclopaedia Britannica Inc., Chicago, 1981.

[Wehner & Räber 79] R. Wehner, F. Räber, Visual Spatial Memory in Desert Ants *Cataglyphis bicolor*, *Experientia*, vol. 35, pp. 1569-1571, 1979.

[Wehner & Srinivasan 81] R. Wehner, M. V. Srinivasan, Searching Behaviour of Desert Ants, Genus *Cataglyphis* (Formicidae, Hymenoptera). *Journal of Comparative Physiology*, vol. 142, pp. 315-338, 1981 (da [Gallistel 90]).

[Wehner et al. 96] R. Wehner, B. Michel, P. Antonsen, Visual Navigation in Insects: Coupling Egocentric and Geocentric Information. *Journal of Experimental Biology*, vol. 199, pp. 129-140. The Company of Biologists Limited, Cambridge UK, 1996.

[Weiss & Puttkamer 95] G.Weiss, E. von Puttkamer, A Map Based on Laserscans Without Geometric Interpretation. *Intelligent Autonomous Systems 4 (IAS 4)*, pp. 403-407, Karlsruhe, Germany, 1995.

[Whitehead & Ballard 90] S. Whitehead, D. Ballard, Active Perception and Reinforcement Learning. *Neural Computation*, vol. 2, pp. 409-419, 1990.

[Wichert 97] G. von Wichert, *Ein Beitrag zum Erlernen der Wahrnehmung: Grundlagen und Konsequenzen für die Architektur autonomer, mobiler Roboter*, PhD Thesis. Technical University of Darmstadt, 1997.

[Wiltschko & Wiltschko 95] R. Wiltschko, W. Wiltschko, *Magnetic Orientation in Animals*. Springer, Berlin-Heidelberg-New York, 1995.

[Wiltschko & Wiltschko 98] W. Wiltschko, R. Wiltschko, The Navigation System in Birds and its Development. In: R.P. Balda, I.M. Pepperberg, A. C. Kamil (eds.), *Animal Cognition in Nature*, pp. 155-200. Academic Press, 1998.

[Yamauchi & Beer 96] B. Yamauchi, R. Beer, Spatial Learning for Navigation in Dynamic Environments. *IEEE Transactions on Systems, Man and Cybernetics, Part B: Cybernetics*, vol. 26 (3), pp. 496-505, 1996.

[Yamauchi & Langley 96] B. Yamauchi, P. Langley, Place Recognition in Dynamic Environments. *Journal of Robotics Systems*, Special Issue on Mobile Robots, vol. 14 (2), pp. 107-120, 1996.

[Ypma & Duin 97] A. Ypma, R. Duin, Novelty Detection Using Self-Organizing Maps. *Proc. ICONIP*, 1997.

[Zeil et al. 96] J. Zeil, A. Kelber, R. Voss, Structure and Function of Learning Flights in Bees. *J. Experimental Biology*, vol. 199 (1), pp. 245-252, 1996.

[Zimmer 95] U. Zimmer, Self-Localization in Dynamic Environments. *IEEE/SOFT International workshop BIES 95*, Tokyo, 1995.

Indice analitico